材 料 力 学
（第二版）

梁利华　许杨剑　马　利　编著

科学出版社

北　京

内 容 简 介

本书是根据教育部高等学校力学基础课程教学指导分委员会对力学系列课程的要求,结合编者多年的教学经验,按机械、土木两类专业的教学要求编写的。

本书基本内容包括:绪论,轴向拉伸、压缩与剪切,扭转,弯曲内力,弯曲应力,弯曲变形,简单的超静定问题,应力状态分析和强度理论,组合变形,压杆稳定,能量法,动载荷,交变应力和疲劳强度。各章设有习题,书末附有习题参考答案。本书结构紧凑,语句简明,由浅入深,注意联系工程实际,便于教学和自学。

本书是融合数字化资源的新形态教材,通过书中二维码关联相应数字教学资源,便于预习和复习使用。

本书可作为高等工科院校 48～80 学时的材料力学教学用书,也可供有关工程技术人员参考。

图书在版编目(CIP)数据

材料力学/梁利华,许杨剑,马利编著. —2 版. —北京:科学出版社,2022.11
ISBN 978-7-03-073726-7

Ⅰ. ①材… Ⅱ. ①梁… ②许… ③马… Ⅲ. ①材料力学-高等学校-教材 Ⅳ. ①TB301

中国版本图书馆 CIP 数据核字(2022)第 206102 号

责任编辑:邓 静 毛 莹 / 责任校对:王 瑞
责任印制:张 伟 / 封面设计:迷底书装

科 学 出 版 社 出版
北京东黄城根北街 16 号
邮政编码:100717
http://www.sciencep.com

北京建宏印刷有限公司 印刷
科学出版社发行 各地新华书店经销

*

2012 年 2 月第 一 版 开本:787×1092 1/16
2022 年 11 月第 二 版 印张:15
2023 年 1 月第 12 次印刷 字数:375 000

定价:59.00 元
(如有印装质量问题,我社负责调换)

第二版前言

本教材第一版自 2012 年出版以来,深受广大教师和学生的好评,是高校机械类和土木类等专业材料力学课程广泛采用的教材。

本教材第二版在保持第一版原有风格和特色的基础上,修订和完善了部分内容,并且基于立体化教材的建设要求,增加了数字化资源,包括工程案例图文、演示动画和相应微课视频,能让学生在有限的教学时间内更好理解材料力学的工程应用,以便学以致用。

本教材共 13 章,包括:绪论,轴向拉伸、压缩与剪切,扭转,弯曲内力,弯曲应力,弯曲变形,简单的超静定问题,应力状态和强度理论,组合变形,压杆稳定,能量法,动载荷,交变应力和疲劳强度。附录包括平面图形的几何性质、型钢表。

本教材按机械、土木两类专业要求编写,可满足 48～80 学时材料力学课程的教学需求。

参加本教材第二版编写工作的有梁利华教授、许杨剑教授和马利副教授,梁利华任主编。其中,梁利华编写第 1、8、9、10、11、12 章,许杨剑编写第 4、5、6、7 章,马利编写第 2、3、13 章。

由于编者水平有限,教材中的不足之处在所难免,恳请各位读者批评指正。

编　者

2022 年 5 月

第一版前言

本书是根据教育部高等学校力学基础课程教学指导分委员会对力学系列课程的要求,结合编者二十多年的教学经验,按机械、土木两类专业的教学要求编写的,可满足56~80学时材料力学课程的教学需求。考虑到机械类、土木类专业应用型本科院校学生的实际情况,在保证基础的前提下,本书精选传统的材料力学教学内容,内容叙述循序渐进,结构安排合理紧凑,知识表述清晰简明。

本书以构件的基本变形为主线,介绍了应力状态分析、组合变形、压杆稳定、能量法、动载荷、疲劳和静不定问题分析等材料力学课程的基本内容。为了培养学生的工程应用能力,本书介绍了材料力学分析模型,并引入了诸多工程实践。考虑到各院校学时减少的实际情况,编写本书时简化了理论推导过程,使学生在有限的教学时间内掌握构件的强度、刚度、稳定性计算方法,了解工程材料的力学行为,为后续专业课的学习打下良好基础。为了适应现代计算技术的快速发展,在课程内容、例题和习题的编排上降低了对计算能力的要求,将有限的学时用于加强基础,重视概念的拓宽与更新。

为了有助于读者对知识的理解,书中的插图采用立体感与透明感较强的二维与三维图形,以期得到更形象直观的描述效果。

参加本书编写工作的有柴国钟、梁利华、王效贵和卢炎麟。柴国钟任主编,并编写第1、8章;梁利华编写第2、3、10、12章;王效贵编写第7、9、11、13章;卢炎麟编写第4、5、6章。另外,吴化平、许杨剑等参与编写了附录部分和部分习题参考答案。

由于编者水平有限,书中的不足之处在所难免,恳请各位读者批评指正。

编　者

2011 年 11 月

目　　录

第1章 绪 论

1.1 材料力学的任务

机械、土木等工程中的机械和结构都是由零部件和结构元件通过一定的方式连接而成的,这些零部件和结构元件统称为构件。机械和结构工作时,一般来说,这些构件都会受到载荷的作用。

为了保证机械和结构的正常工作,每一个构件都必须能够安全、正常地工作。工程构件安全设计的任务就是要保证构件具有足够的强度、刚度和稳定性。

强度是指构件在外力作用下抵抗破坏(断裂)或显著变形的能力。如果构件的强度不够,就有可能在工作时发生破坏,如机车车轴和飞机机翼的断裂、压力容器和管道的破裂、大型水坝被洪水冲垮等,这些都会导致重大的安全事故。

刚度是指构件在外力作用下抵抗变形或位移的能力。如果构件的刚度不足,就有可能产生过大的变形或位移,从而引起机械和结构的振动、噪声,加快机械零部件之间的摩擦磨损,精密机床还会因其主轴或其他零部件变形过大而影响其加工精度。

稳定性是指承压构件具有保持其原有稳定平衡形态的能力。如果构件的稳定性不够,就有可能在工作时丧失其稳定的平衡形式(简称失稳),如承压细长杆会突然弯曲、薄壁构件承载时会发生折皱等,从而使这些构件不能安全、正常地工作。

构件的强度、刚度、稳定性标志着构件承受载荷的能力,简称承载能力。

一个设计合理的构件,不但应该有足够的承载能力,还应该满足降低材料消耗、减轻自身重量和节约成本等要求。因此,材料力学的任务就是要研究如何在满足强度、刚度和稳定性的条件下,为设计既安全又经济的构件提供必要的理论基础和分析计算方法。

构件的承载能力除了与构件的形状和尺寸有关外,还与制成构件的材料其本身的力学性能(又称机械性能)有关,而材料的力学性能需要通过试验来测定;材料力学中的一些理论分析方法是在某些假设的基础上建立的,其分析结果是否可靠,也需要通过试验加以验证。因此,试验分析在材料力学研究中具有重要的作用。材料力学的发展史证明,材料力学正是应用理论分析和试验分析方法并与工程实际结构相结合的产物。

1.2 材料力学的基本假设

在外力作用下,固体将发生变形。各类构件一般都由固体材料制成,由于构件的强度、刚度和稳定性等问题与构件的变形密切相关,因此,材料力学研究的构件,其材料是真实可变形的固体(简称变形固体)。变形固体的性质是多方面的,为了抓住与构件变形相关的主要因素,同时简化分析,材料力学中对变形固体作如下假设。

(1) **连续性假设**。组成固体的物质连续(不留空隙)地分布在固体的体积内。实际上,组成固体的粒子之间存在着微观空隙,并不连续,但这种空隙与构件的宏观尺寸相比极其微小,可以忽略不计。

(2) **均匀性假设**。固体内任意点的力学性能都完全相同。就广泛使用的金属来说,组成金属的各晶粒的性能并不完全相同。但由于构件内含有为数极多且无规则排列的晶粒,固体的力学性能是各晶粒的力学性能的统计平均量,因而可以认为力学性能是均匀的。

(3) **各向同性假设**。固体的力学性能沿任何方向都是相同的。各方向力学性能相同的材料,称为**各向同性材料**。对金属等由晶体组成的材料,虽然每个晶粒的力学性能具有方向性,但由于它们的大小远小于构件的尺寸,且排列也不规则,因此它们的统计平均值在各个方向是相同的。钢铁、铸铁、玻璃等也都可看做各向同性材料。

当然,也有些工程材料,它们的力学性能具有明显的方向性,如木材,其顺纹与横纹的强度是不同的;又如单向纤维增强复合材料,沿其纤维方向和垂直于纤维方向的力学性能也是不相同的。这类材料属于**各向异性材料**。

实践表明,基于这些假设建立的材料力学理论,其分析结果的精确度能够满足对工程实际构件的分析与设计要求。

1.3　杆件变形的基本形式

工程实际中的构件,其几何形状是多种多样的。力学研究中,通常根据构件的几何特征,将它们分为杆件、板和壳、块体等。

材料力学所研究的构件主要为杆件。所谓**杆件**,是指纵向尺寸远大于横向尺寸的构件。工程结构中的梁、柱和机械中的传动轴等,都是杆件的例子。若杆件的轴线为直线,则称为直杆,如图 1.1(a)所示;轴线为曲线,则称为曲杆,如图 1.1(b)所示。材料力学中所研究的主要是等截面直杆,简称等直杆。

作用在杆件上的力具有不同的类型,相应的杆件变形形式也各不相同。杆件变形的基本形式有以下四种。

1. 轴向拉伸或压缩

杆件受大小相等、方向相反,且与杆的轴线重合的一对外力作用,变形表现为杆件沿轴线方向伸长或缩短。例如,图 1.2(b)所示的简易吊车,在外力 F 作用下,AC 杆受到轴向拉伸(图 1.2(a)),而 BC 杆受到轴向压缩(图 1.2(c))。起吊重物的钢索、桁架的杆件、液压油缸的活塞杆、压缩机挺杆等的变形,都属于轴向拉伸或压缩变形。材料力学中将受轴向拉伸或压缩的杆件称为**杆**。

2. 剪切

杆件受大小相等、方向相反,且相距很近的一对横向力(垂直于杆件轴线的力)作用,变形表现为杆件沿两横向力作用截面发生相对错动。图 1.3(a)所示铆钉连接,在一对横向力 F 作用下,铆钉受到剪切而沿 n-n 面发生相对错动(图 1.3(b))。机械中常用的连接件,如键、销钉、螺栓等都产生剪切变形。

3. 扭转

杆件受一对绕轴线的外力偶作用,变形表现为各横截面绕轴线发生相对转动。图 1.4 所示的传动轴,在外力偶作用下发生扭转变形。汽车的凸轮轴、电机和水轮机的主轴等,它们在工作状态下产生的变形主要是扭转变形。材料力学中,将承受扭转变形的杆件称为**轴**。

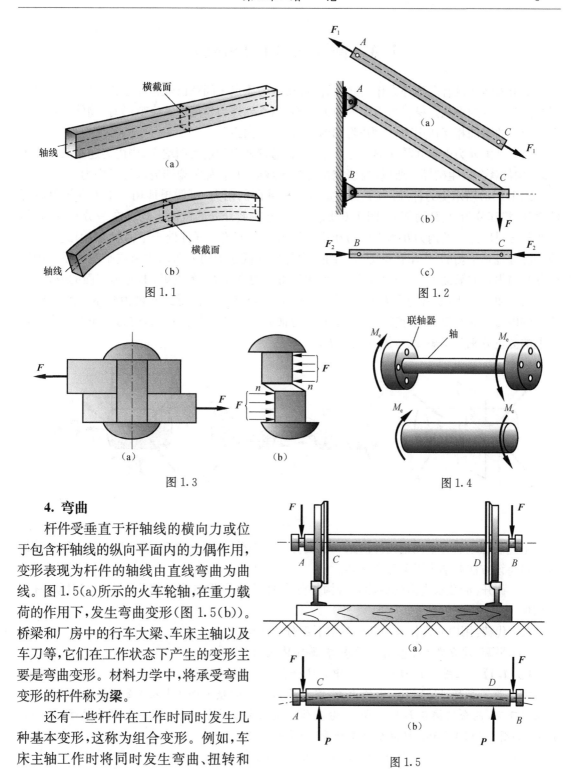

图 1.1

图 1.2

图 1.3

图 1.4

4. 弯曲

杆件受垂直于杆轴线的横向力或位于包含杆轴线的纵向平面内的力偶作用，变形表现为杆件的轴线由直线弯曲为曲线。图 1.5(a)所示的火车轮轴，在重力载荷的作用下，发生弯曲变形(图 1.5(b))。桥梁和厂房中的行车大梁、车床主轴以及车刀等，它们在工作状态下产生的变形主要是弯曲变形。材料力学中，将承受弯曲变形的杆件称为**梁**。

还有一些杆件在工作时同时发生几种基本变形，这称为组合变形。例如，车床主轴工作时将同时发生弯曲、扭转和压缩三种基本变形，钻床立柱同时发生拉伸和弯曲两种基本变形。本书中，首先依次研究四种基本变形的强度及刚度计算，然后再研究组合变形。

图 1.5

1.4　截面法、内力和应力

变形固体在没有受到外力作用之前,内部质点与质点之间就已经存在着相互作用力,以使固体保持一定的形状。材料力学中的内力是指,当受到外力作用而发生变形时,物体内各部分之间产生的附加相互作用力,称为"**附加内力**",简称"**内力**"。

内力是由外力引起并与变形同时产生的,它随着外力的增大而增大,当内力超过某一临界值时,构件就会发生破坏。所以,要研究构件的承载能力,首先需要研究和计算内力。

图 1.6(a)所示受力杆件,为了要确定其某横截面的内力,可假想地用一平面在该处将杆件截开,将其分为 A、B 两部分(图 1.6(b)),两部分在截开处的截面上均存在一分布内力系,且两部分对应点上的内力互为作用力和反作用力。由于整个杆件处于平衡状态,因此截开的两个部分也是平衡的,作用在每部分上的外力与所截截面上的分布内力组成平衡力系。把这个分布内力系向截面上某一点(如形心)简化后得到的主矢 $\boldsymbol{F}_R$ 和主矩 $\boldsymbol{M}$,称为截面的内力。

为了便于分析,通常把主矢 $\boldsymbol{F}_R$ 和主矩 $\boldsymbol{M}$ 沿各坐标轴分解,得到各**内力分量**。图 1.6(c)所示的内力主矢在三个坐标轴上的分量分别为轴力 F_N、剪力 F_{Sy} 和 F_{Sz},内力主矩在三个坐标轴上的分量分别为扭矩 T、弯矩 M_y 和 M_z。

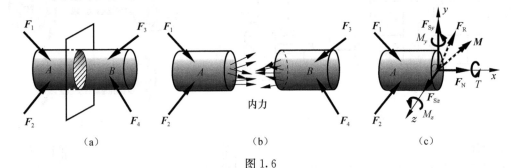

(a)　　　　　　　　　(b)　　　　　　　　(c)

图 1.6

上述假想地用一平面把构件沿某一截面分成两部分,以显示并确定内力的方法称为**截面法**。可将该方法归纳为以下三个步骤。

(1) 截开:沿欲求内力的截面处将构件分成两部分,任取其中一部分作为研究对象,称为**分离体**。

(2) 代替:用内力代替舍去部分对留下部分的作用。

(3) 平衡:建立静力平衡方程并求解,确定内力分量。

【例 1.1】　求图 1.7(a)所示支架中 AB 杆和 BC 杆的内力。

解　为了求杆 AB 和 BC 中的内力,假想地沿两杆的横截面 1-1 及 2-2 截开支架,然后取支架的下部(包含铰接点 B 的部分)为分离体。去除部分对分离体的作用力用内力 $\boldsymbol{F}_{N1}$ 和 $\boldsymbol{F}_{N2}$ 代替,如图 1.7(b)所示。根据图示坐标系,由平衡方程

$$\sum F_y = 0, \quad F_{N1}\sin\theta - F = 0$$

$$\sum F_x = 0, \quad -F_{N1}\cos\theta - F_{N2} = 0$$

求得内力 F_{N1} 和 F_{N2} 分别为

$$F_{N1} = \frac{F}{\sin\theta}$$

$$F_{N2} = -\frac{F}{\tan\theta}$$

式中,负号表示内力 F_{N2} 与图中假设的方向相反。

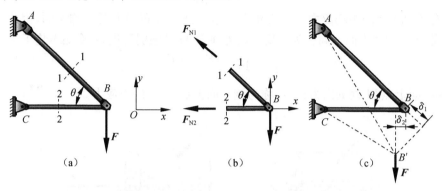

图 1.7

　　一般,可以假设杆件的变形与杆件的尺寸相比非常小(如例 1.1 的图 1.7(c)中 δ_1 和 δ_2 远小于杆长)。这样,在用静力平衡方程求支座反力和内力时,可以直接采用结构原有的尺寸而忽略其变形,从而大大简化分析过程,此假设称为**小变形假设**。

　　【例 1.2】　图 1.8(a)所示折杆 ABC,外力 F 平行于 x-y 平面。求横截面 D 上的内力。

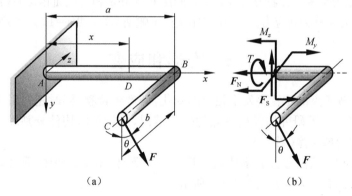

图 1.8

　　解　取图 1.8(b)所示分离体 DBC,在其 D 截面上画出了可能存在的内力,对分离体建立相关的静力平衡方程,有:

　　由 $\sum F_x = 0$, $-F_N + F\sin\theta = 0$,得到 $F_N = F\sin\theta$;

　　由 $\sum F_y = 0$, $F_S - F\cos\theta = 0$,得到 $F_S = F\cos\theta$;

　　由 $\sum M_x = 0$, $-T + Fb\cos\theta = 0$,得到 $T = Fb\cos\theta$;

　　由 $\sum M_y = 0$, $M_y - Fb\sin\theta = 0$,得到 $M_y = Fb\sin\theta$;

　　由 $\sum M_z = 0$, $-M_z + F(a-x)\cos\theta = 0$,得到 $M_z = F(a-x)\cos\theta$。

　　其中,F_N 为轴力,F_S 为剪力,M_y、M_z 为弯矩,T 为扭矩。

　　下面介绍应力的概念。考虑图 1.6(b)所示分离体,在其截面上围绕点 M 取微小面积 ΔA (图 1.9(a)),作用在 ΔA 上的分布内力的合力为 $\Delta \boldsymbol{F}$,则 $\Delta \boldsymbol{F}$ 与 ΔA 的比值为内力在面积 ΔA 上的平均集度,用 $\boldsymbol{p}_m$ 表示,即

$$\boldsymbol{p}_m = \frac{\Delta \boldsymbol{F}}{\Delta A} \tag{1.1}$$

式中,$\boldsymbol{p}_m$ 称为 ΔA 上的**平均应力**。一般来说,内力在截面上的分布是不均匀的,因此平均应力 $\boldsymbol{p}_m$ 将随所取 ΔA 的大小而不同。为了反映内力在点 M 的强弱程度,可令 ΔA 趋于零,即

$$\boldsymbol{p} = \lim_{\Delta A \to 0} \frac{\Delta \boldsymbol{F}}{\Delta A} = \frac{\mathrm{d}\boldsymbol{F}}{\mathrm{d}A} \tag{1.2}$$

式中,$\boldsymbol{p}$ 为截面上点 M 处的内力集度,称为该截面上点 M 处的**总应力**。

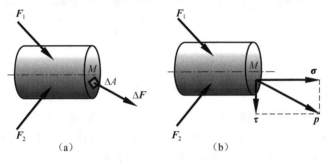

图 1.9

　　$\boldsymbol{p}$ 是一个矢量,通常将其分解为与截面垂直的法向分量 $\boldsymbol{\sigma}$ 和与截面相切的切向分量 $\boldsymbol{\tau}$(图 1.9(b))。$\boldsymbol{\sigma}$ 称为正应力,$\boldsymbol{\tau}$ 称为切应力。应力的单位是 Pa(帕斯卡),$1\mathrm{MPa} = 10^6 \mathrm{Pa} = 1\mathrm{N/mm}^2$。

1.5　变形和应变

　　物体受力后,各质点的位置要发生相应的变化,即产生**位移**,同时还要引起物体形状发生改变,即产生**变形**。为了研究构件内各点的变形情况,可设想将构件分割成许多微小正六面体,这种微元体称为**单元体**(图 1.10)。

　　以平面问题为例,从被考察的物体内部选取一单元体 $ABCD$,物体受力后该单元体发生位移和变形,成为 $A'B'C'D'$,如图 1.11(a)所示。

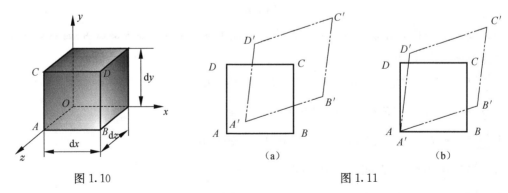

图 1.10　　　　　　　　　　　　　　　　　　图 1.11

　　单元体由原始位置和形状 $ABCD$ 变为 $A'B'C'D'$,这其中包含了单元体的刚体位移和单元体变形。去除刚体位移后,得到图 1.11(b)所示单元体的变形图。单元体的变形包括:单元

体边长的改变和单元体相邻边夹角的改变。

定义 x 方向（AB 边）的变形为

$$\Delta l_x = \overline{A'B'} - \overline{AB} \tag{1.3}$$

单位长度的变形为

$$\varepsilon_x = \lim_{\overline{AB} \to 0} \frac{\overline{A'B'} - \overline{AB}}{\overline{AB}} \tag{1.4}$$

称为 A 点处沿 x 方向的**线应变**，又称为正应变。同理，可定义 A 点处沿 y 方向线段 $\overline{AD}$ 的变形 Δl_y 和线应变 ε_y，即

$$\Delta l_y = \overline{A'D'} - \overline{AD} \tag{1.5}$$

$$\varepsilon_y = \lim_{\overline{AD} \to 0} \frac{\overline{A'D'} - \overline{AD}}{\overline{AD}} \tag{1.6}$$

x 及 y 方向微线段 $\overline{AB}$ 和 $\overline{AD}$ 的夹角变为 $\angle B'A'D'$，减少了（$\angle D'AD + \angle B'AB$），定义 A 点处的切应变

$$\gamma_{xy} = \lim_{\substack{\overline{AB} \to 0 \\ \overline{AD} \to 0}} \left(\frac{\pi}{2} - \angle B'A'D' \right) = \lim_{\substack{\overline{AB} \to 0 \\ \overline{AD} \to 0}} (\angle D'AD + \angle B'AB) \tag{1.7}$$

由式（1.4）、式（1.6）和式（1.7）的定义可知，线应变以相应方向的线段伸长为正、缩短为负；当 x 及 y 方向微线段之间的夹角减小时，切应变为正，反之为负。线应变和切应变都是无量纲量，切应变通常用弧度（rad）表示。

1.6　材料力学的分析模型

如前所述，材料力学的主要任务是研究构件的强度、刚度和稳定性问题。因此，对于工程中的实际机械零部件和结构元件，如何将其简化为材料力学的分析模型，是进行强度、刚度和稳定性分析的基础。

材料力学的模型简化，关键有两点：一是要抓住问题的物理本质，即要分清主次，抓住本质和主流，略去不重要的细节，使其能够比较准确、真实地反映受力和变形情况；二是简化模型，使其简单，便于用材料力学或其他力学方法进行分析。

【例 1.3】　图 1.12(a) 所示带有牛腿的矩形截面立柱承受屋架重量和吊车梁载荷，试建立立柱的分析模型。

解　在建筑结构中，立柱结构常用于支撑建筑物及附属结构的重量。图 1.12(a) 所示的带有牛腿的矩形截面立柱，屋架重量载荷以均布载荷的形式作用在矩形截面立柱上表面，其合力为 $\boldsymbol{F}_1$；由于吊车梁载荷在牛腿 B 上表面的分布较为复杂，从安全角度考虑，可认为其以集中力的形式作用在牛腿 B 上表面的外边缘，如图 1.12(b) 所示。

为了研究立柱任意截面（$mnpq$ 截面）的内力，通常需将各种载荷向该截面形心简化。假设牛腿边缘到立柱形心的距离（偏心距）为 e，如图 1.12(c) 所示。将 $\boldsymbol{F}_1$ 和 $\boldsymbol{F}_2$ 向 $mnpq$ 截面形心简化，得到 $mnpq$ 截面上的内力，如图 1.12(d) 所示，其中轴力 $F_N = F_1 + F_2$，弯矩 $M = F_2 e$。

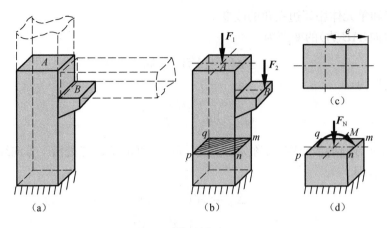

图 1.12

【例 1.4】   建立图 1.13(a)所示传动轴受横向载荷时的分析模型(通常传动轴同时受扭转和横向载荷作用,此处仅考虑横向载荷作用下的分析模型)。

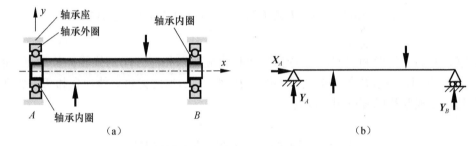

图 1.13

解   图 1.13(a)所示传动轴,两端由球轴承支撑。轴承内圈与传动轴之间、轴承外圈与轴承座之间通常为过渡或过盈配合。

由于轴承加工公差以及工作时的摩擦磨损,钢珠与内、外圈之间有微小的间隙,因此球轴承不能限制轴在 x-y 平面内的微小转动,故通常将其简化为铰支约束。同理,球轴承虽然也不能限制轴沿轴线方向的微小移动,但一旦产生移动,钢珠的向心力就会阻止其进一步移动。因此,可将传动轴的一端轴承简化为固定铰支约束,另一端简化为光滑铰支约束(图 1.13(b))。

类似地,图 1.14(a)所示起重行车的导轨结构,或图 1.14(b)所示的桥梁结构,都可以简化为左、右侧支承分别为固定铰支和光滑铰支约束,如图 1.14(c)所示。

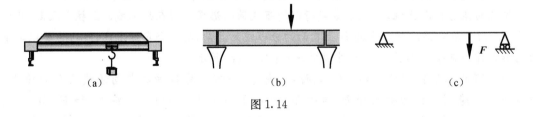

图 1.14

【例1.5】 建立活塞式压缩机的活塞杆分析模型。

解 活塞式压缩机的活塞杆简图如图1.15(a)所示,活塞杆两端部分别通过销轴与活塞和曲轴连接。在 x-z 平面内,活塞杆两端可以绕销轴转动(图1.15(b));而在 y-z 平面内,由于销轴的约束,活塞杆两端部在此平面内不能转动,但可上、下滑动(图1.15(c))。

工作时,旋转的曲轴通过销轴带动活塞杆进而推动活塞上、下运动。与活塞杆所受的工作载荷相比,活塞杆与销轴等之间的摩擦力较小,分析时可以忽略。由于忽略了摩擦力,因此在 x-z 平面内活塞杆两端可简化为铰支座,其受力简图如图1.15(d)所示。而在 y-z 平面内,由于活塞杆两端部是不能转动但可上、下滑动,其受力简图如图1.15(e)所示。

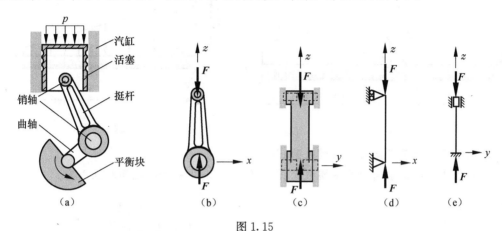

图1.15

【例1.6】 单位长度重量为 q 的长钢条放置在水平刚性平面上,钢条的一端伸出水平面一小段 CD,其长度为 a,如图1.16(a)所示。试建立钢条的分析模型。

解 由于钢条自重的作用,外伸于刚性平面外的钢条 CD 段必将下垂,从而导致 BC 段上拱。由于钢条 B、C 点均不能沿垂直方向向下移动,但可转动,故可绘制出如图1.16(b)所示的受力简图。

在图1.16(b)中,上拱段 BC 的长度 l 尚未确定。由于钢条变形后其轴线是光滑连续的,上拱段 BC 的左侧段 AB 始终紧贴在水平面上,因此钢条轴线在 B 点的切线斜率等于零,利用此条件,待阅读完第6章之后,读者可以自己确定长度 l 的值。

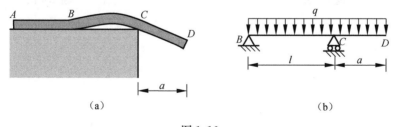

图1.16

分析模型的合理与否,直接关系到最后分析结果的精度和可靠性。要建立合理的分析模型,除了要有材料力学等相关知识外,还需对工程实际结构的工作原理有比较深入的了解。通过上述例子,希望读者能够举一反三,正确建立常见机械零部件和工程结构元件的分析模型。

在学习材料力学过程中,要正确理解基本概念,注意各力学量的物理意义和有关公式的适用条件,独立完成一定数量的习题,以巩固和加深对基本理论的理解,提高分析和解决工程实际问题的能力。

习　题

1.1　求题 1.1 图所示悬臂梁在横截面 C 的轴力、剪力及弯矩。

1.2　求题 1.2 图所示简支梁在横截面 C 的内力。

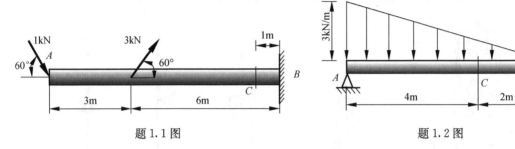

题 1.1 图　　　　　　　　　　　　　　　　题 1.2 图

1.3　求题 1.3 图所示半圆曲杆在横截面 C 处的内力。

1.4　求题 1.4 图所示空间曲拐在横截面 C 处的内力,其中杆和杆之间相互垂直。

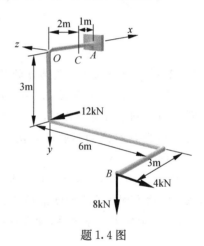

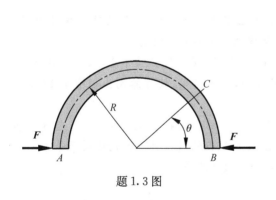

题 1.3 图　　　　　　　　　　　　　　　　题 1.4 图

第 2 章 　轴向拉伸、压缩与剪切

2.1 　轴向拉伸或压缩的概念与实例

　　工程中有很多承受轴向拉伸或压缩的杆件,如起重机构连接螺栓(图 2.1(a))、
活塞式压缩机的连杆(图 2.1(b))、桥梁的桥墩和钢缆(图 2.1(c))等。

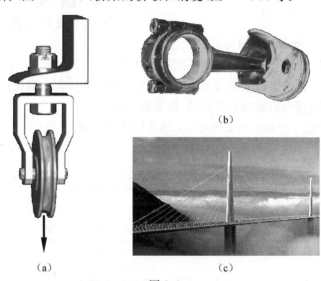

（a）　　　　　　　　　　　　（c）

图 2.1

　　这些受拉或受压的杆件,虽然外形和加
载方式各不相同,但它们的共同特点是:作用
于杆件上的外力合力的作用线与杆件轴线重
合,杆件沿着轴线方向伸长或缩短。杆件的
这种变形形式称为**轴向拉伸**或**轴向压缩**。

　　承受轴向拉伸或压缩的杆件,其计算简

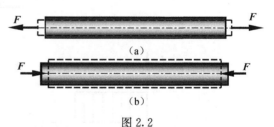

图 2.2

图一般表示为图 2.2 所示形式。图中实线和虚线分别表示杆件变形前和变形后的外形。

2.2 　轴力和轴力图

　　内力是物体在外力作用下,其内部引起的相互作用力的改变量,它的大小及方向一般采用截
面法进行确定。为此,沿拉杆(图 2.3(a))的任一横截面 m-m 假想地将杆截成 I、II 两段,取 I
段为分离体进行研究,并将 II 段对 I 段的作用以截面上的内力来代替(图 2.3(b)),根据变形
体的连续性假设,在截开的面上将有连续分布的内力,其合力为 $\boldsymbol{F}_{\mathrm{N}}$。由该段杆的平衡方程
$\sum F_x = 0$,得

$$F_N - F = 0, \quad F_N = F$$

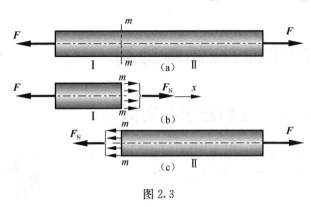

图 2.3

因为外力 **F** 的作用线与杆件轴线重合,分布内力的合力 F_N 的作用线也必然与杆件的轴线重合,这样的内力 F_N 称为轴力。如果取 Ⅱ 段为分离体进行研究(图 2.3(c)),根据平衡条件,同样可以得到轴力 $F_N = F$。为了使不论取 Ⅰ 段还是 Ⅱ 段为分离体进行研究,得到的轴力不仅大小相等,而且正负也一致,规定:使杆段(分离体)受拉的轴力为正、受压的轴力为负。根据这样的规定,图 2.3(b)、(c)所示轴力均为正。

当直杆所受的外力多于两个时,杆的不同段上将有不同的轴力。为了清楚地显示轴力随横截面位置的变化,以便确定最大轴力及所在位置,一般用横轴表示横截面位置,纵轴表示轴力的大小,从而可绘出轴力沿轴线的变化图,称为**轴力图**。

【例 2.1】 直杆受力如图 2.4(a)所示,试作直杆的轴力图。

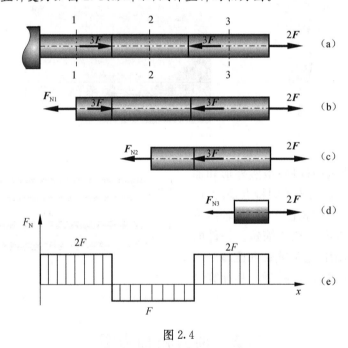

图 2.4

解 由于直杆受到多个外力的作用,轴力将随横截面位置的不同而发生变化,需要将杆件分成三段进行计算。

应用截面法,沿 1-1 截面假想地将直杆截开分成两部分,取右边部分为分离体进行研究。设截面上的轴力 F_{N1} 为正,其受力如图 2.4(b)所示,根据平衡方程 $\sum F_x = 0$,有

$$-F_{N1} + 3F - 3F + 2F = 0$$

故 $F_{N1} = 2F$。

同理,沿 2-2 截面截开,取右边部分为分离体,其受力如图 2.4(c)所示,根据平衡方程 $\sum F_x = 0$,有

$$-F_{N2} - 3F + 2F = 0$$

故 $F_{N2} = -F$。负号表示该横截面上轴力的实际方向与所设方向相反,即为压力。

沿 3-3 截面截开,取右边部分为分离体,其受力分析如图 2.4(d)所示,根据平衡方程 $\sum F_x = 0$,有

$$-F_{N3} + 2F = 0$$

故 $F_{N3} = 2F$。

根据以上计算结果,按比例绘制轴力图,如图 2.4(e)所示。

2.3　拉(压)杆内的应力

2.3.1　拉(压)杆横截面上的应力

为了研究拉(压)杆横截面上的应力,首先观察杆的变形。取一等直杆,在其表面上距杆端稍远处画上一系列与轴线平行的纵向线和与其相垂直的横向线(图 2.5(a)),然后在杆两端施加轴向拉力 F(图 2.5(b)),使杆产生轴向拉伸。此时,可以观察到如下现象:任意两相邻的横向线做了相对平移,即两横向线间所画的各纵向线伸长相等,而变形后的横向线与纵向线仍相互垂直。如果把杆设想成由无限多根面积趋向于零的纵向纤维组成,根据杆表面各纵向纤维的伸长都相等,可作如下假设:**变形前为平面的横截面,变形后仍为平面且仍垂直于杆轴线**。该假设称为**平面假设**,它是材料力学中的一个重要假设。

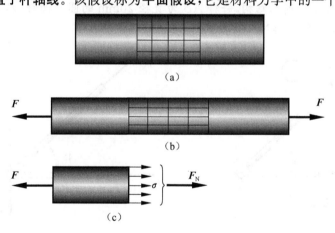

图 2.5

根据平面假设,任意两相邻平面间的各纵向纤维伸长相等,由此可知它们所受的正应力相等,即在横截面上均匀分布,而由于变形后的横向线与纵向线仍相互垂直,故横截面上无切应力作用,如图 2.5(c)所示。由于轴力为横截面上分布内力(正应力)的合力,即

$$F_N = \sigma \int_A \mathrm{d}A = \sigma A$$

由此可得轴向拉伸时杆横截面上的正应力计算公式

$$\sigma = \frac{F_N}{A} \qquad (2.1)$$

对于轴向压缩,式(2.1)同样适用。根据式(2.1),正应力的正负规定与轴力 F_N 的正负规定一致:拉应力为正,压应力为负。

 需要说明的是,对于等截面直杆,如果作用在其两端面上的拉(压)外力沿截面均匀分布(图2.6(a)),则式(2.1)精确适用于全杆横截面上的正应力计算;如果作用在其两端面上的拉(压)外力不是沿截面均匀分布,但其合力通过截面形心(图2.6(b)),则根据圣维南原理,除杆端局部区域外,平面假设仍适用,即式(2.1)适用于端部局部区域外的杆段。所谓圣维南原理是指:**当作用于弹性体上某小区域的力系被另一静力等效的力系代替时,对该区域附近的应力和应变有显著的影响,而对稍远处的影响很小,可以忽略不计。** 另外,对于轴力沿轴线发生变化,或非等截面杆,式(2.1)应改写为

$$\sigma(x) = \frac{F_N(x)}{A(x)} \qquad (2.2)$$

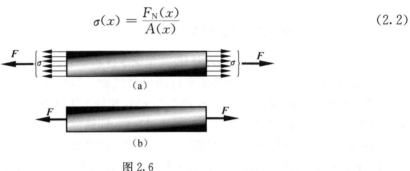

图 2.6

【**例 2.2**】 如图 2.7 所示结构,斜杆 *AB* 为直径 20mm 的圆截面杆,水平杆 *CB* 为 15mm×15mm 的方截面杆,*F*=20kN。试求杆件 *AB*、*CB* 的应力。

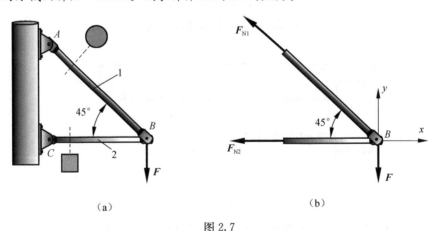

图 2.7

解 先求各杆内力。根据平衡方程

$$\sum F_x = 0, \quad \sum F_y = 0$$

$$\begin{cases} -F_{N1}\cos 45° - F_{N2} = 0 \\ F_{N1}\sin 45° - F = 0 \end{cases}$$

可以求出：$F_{N1} = 28.3kN$，$F_{N2} = -20kN$。AB 和 CB 杆的横截面面积 A_1、A_2 分别为

$$A_1 = \frac{\pi}{4} \times 20^2 = 314.2(mm^2)，\quad A_2 = 15 \times 15 = 225(mm^2)$$

因此，两杆应力分别为

$$\sigma_1 = \frac{F_{N1}}{A_1} = \frac{28.3 \times 10^3}{314.2} = 90(MPa)，\quad \sigma_2 = \frac{F_{N2}}{A_2} = \frac{-20 \times 10^3}{225} = -89(MPa)$$

2.3.2　拉(压)杆斜截面上的应力

前面讨论了直杆轴向拉伸或压缩时横截面上的应力。试验和工程实际构件的破坏表明，对于不同材料制成的杆件，当受轴向拉伸或压缩时，其破坏并不都沿横截面发生，有时却沿斜截面发生。因此，为了全面地分析拉(压)杆的破坏情况，除了杆横截面上应力外，还需要进一步研究与杆件轴线呈任意角度斜截面上的应力。

图 2.8(a)所示直杆，轴向拉力为 $\boldsymbol{F}$，横截面面积为 A。由式(2.1)，其横截面上的正应力 σ 为

$$\sigma = \frac{F_N}{A} = \frac{F}{A} \tag{a}$$

令与横截面呈 α 角的斜截面的面积为 A_α，则 A_α 与 A 之间的关系应为

$$A_\alpha = \frac{A}{\cos\alpha} \tag{b}$$

如图 2.8(b)所示，若沿斜截面 m-m 假想地把杆件分成两部分，以 $\boldsymbol{F}_\alpha$ 表示斜截面上的内力，由左段的平衡条件可知

$$F_\alpha = F \tag{c}$$

仿照横截面上正应力的分析方法，可以得出斜截面上的全应力在斜截面上均匀分布且沿着轴线方向的结论(图 2.8(b))。若以 p_α 表示斜截面 m-m 上的全应力，则有

$$p_\alpha = \frac{F_\alpha}{A_\alpha} = \frac{F}{A_\alpha} = \frac{F}{A}\cos\alpha = \sigma\cos\alpha \tag{d}$$

将 p_α 分解成垂直于斜截面的正应力 σ_α 和相切于斜截面的切应力 τ_α (图 2.8(c))，则有

$$\begin{cases} \sigma_\alpha = p_\alpha\cos\alpha = \sigma\cos^2\alpha \\ \tau_\alpha = p_\alpha\sin\alpha = \dfrac{\sigma}{2}\sin2\alpha \end{cases} \tag{2.3}$$

由此可见，在拉(压)杆的任一斜截面上各点处，不仅存在正应力，而且存在切应力，其数值均随截面的方位角而变化。当 $\alpha = 0°$(杆的横截面)时，正应力取最大值

$$\sigma_{max} = \sigma_{0°} = \sigma$$

当 $\alpha = 45°$时，切应力取最大值

$$\tau_{max} = \frac{\sigma}{2}$$

斜截面的方位角及其上应力的正负规定为：以 x 轴为始边，方位角 α 逆时针转向时为正，正应力使斜截面受拉时为正，切应力以对所研究杆段内任意点取矩顺时针转向时为正。按照这样的规定，图 2.8(c)所示的正应力 σ_α 与切应力 τ_α 均为正。

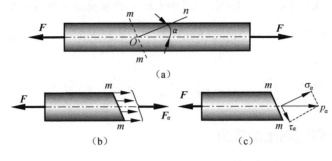

图 2.8

2.4 拉(压)杆的变形、胡克定律

杆件受轴向拉(压)时,其轴向与横向尺寸均要发生变化。杆件沿轴线方向的变形称为轴向变形或纵向变形,垂直于轴线方向的变形称为横向变形。

设杆件变形前的长度为 l(图 2.9),在轴向拉力 F 作用下,杆长变为 l_1,则杆的轴向变形为

$$\Delta l = l_1 - l \tag{2.4}$$

将 Δl 除以杆件的原长,得杆件轴线方向的线应变

$$\varepsilon = \frac{\Delta l}{l} \tag{2.5}$$

式中,ε 称为杆件的纵向线应变,是杆件轴向的相对变形。由式(2.5)可知,拉杆的轴向变形 Δl 为正,其轴向线应变 ε 也为正。同样,压杆的轴向变形 Δl 为负,其轴向线应变也为负。

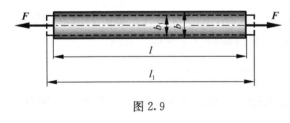

图 2.9

试验表明,一般工程材料在正应力 σ 未超过某一极限应力(称为比例极限,见 2.5 节)时,杆的伸长(缩短)与外力 F 及杆的原长 l 成正比,而与横截面面积 A 成反比,即 $\Delta l \propto \frac{Fl}{A}$。引入比例系数 E,同时考虑到 $F = F_N$,有

$$\Delta l = \frac{Fl}{EA} = \frac{F_N l}{EA} \tag{2.6}$$

这一比例关系,称为**胡克定律**。应用式(2.6)即可根据外力 F 或轴力 F_N 确定杆的伸长或缩短,Δl 的正负与 F_N 的正负一致。其中,比例常数 E 称为**弹性模量**,反映材料抵抗拉伸(压缩)变形的能力,其值随材料而异,通过试验测定;由式(2.6)可知,E 的量纲与应力的量纲相同,其常用单位为 GPa(1GPa=10^3MPa);EA 称为杆的**抗拉(抗压)刚度**,对于长度和受力均相同的拉(压)杆,其 EA 越大,则杆的变形越小,故其反映杆件抵抗拉伸(压缩)变形的能力。

由式(2.1)、式(2.5)和式(2.6),可得胡克定律的另一表示形式

$$\varepsilon = \frac{\sigma}{E} \tag{2.7}$$

它比式(2.6)具有更普遍的意义,称为单向应力状态下的胡克定律,可简述为:**当应力不超过材料的比例极限时,正应力与线应变成正比**。

式(2.6)适用于等截面杆两端受轴向载荷的情况。若杆的各段内其轴力不同或抗拉(抗压)刚度不同,则需分别计算各段的变形,然后叠加求得整个杆的变形,即

$$\Delta l = \sum_{i=1}^{n} \frac{F_{Ni} l_i}{E_i A_i} \qquad (2.8)$$

式中,下标 i 表示第 i 段杆的相关值。

若杆的轴力或抗拉(抗压)刚度沿杆的轴线发生连续变化,则首先取微杆段 $\mathrm{d}x$ 进行分析,求得其变形,然后对其积分得到整个杆的变形,即

$$\Delta l = \int_l \frac{F_N(x)}{EA(x)} \mathrm{d}x \qquad (2.9)$$

如图 2.9 所示,杆件的横向尺寸为 b,变形后为 b_1,则横向相对变形为

$$\varepsilon' = \frac{\Delta b}{b} = \frac{b_1 - b}{b} \qquad (2.10)$$

式中,ε' 表示横向的单位长度变形量,称为横向线应变。

试验表明,轴向拉伸时,杆沿轴向伸长,其横向尺寸减小;轴向压缩时,杆沿轴向缩短,其横向尺寸则增大,即横向线应变 ε' 与轴向线应变 ε 异号。试验还表明,应力不超过材料的比例极限时,ε' 与 ε 成正比,其比值的绝对值为一无量纲常数,称为泊松比,用 μ 表示,即

$$\mu = \left| \frac{\varepsilon'}{\varepsilon} \right| = -\frac{\varepsilon'}{\varepsilon} \quad \text{或} \quad \varepsilon' = -\mu\varepsilon \qquad (2.11)$$

式中,$0 < \mu < 0.5$,对于不同的材料,其值由试验测定。

弹性模量 E 与泊松比 μ 都是材料的弹性常数。表 2.1 给出了几种常用材料 E 和 μ 值。

表 2.1　几种常用材料 E 和 μ 的值

材料名称	E/GPa	μ
碳钢	196~216	0.24~0.28
合金钢	186~206	0.25~0.30
灰铸铁	78.5~157	0.23~0.27
铜及其合金	72.6~128	0.31~0.42
铝合金	70	0.33

【例 2.3】　如图 2.10(a)所示钢制阶梯杆。已知轴向外力 $F_1 = 50\mathrm{kN}$,$F_2 = 20\mathrm{kN}$,各段杆长为 $l_1 = 150\mathrm{mm}$,$l_2 = l_3 = 120\mathrm{mm}$,横截面面积 $A_1 = A_2 = 600\mathrm{mm}^2$,$A_3 = 300\mathrm{mm}^2$,钢的弹性模量 $E = 200\mathrm{GPa}$,试求各段杆的纵向变形和线应变。

解　轴力图如图 2.10(b)所示,$F_{N1} = -30\mathrm{kN}$,$F_{N2} = F_{N3} = 20\mathrm{kN}$。各段杆的纵向变形

$$\Delta l_1 = \frac{F_{N1} l_1}{EA_1} = \frac{-30 \times 10^3 \times 150}{200 \times 10^3 \times 600} = -0.0375(\mathrm{mm})$$

$$\Delta l_2 = \frac{F_{N2} l_2}{EA_2} = \frac{20 \times 10^3 \times 120}{200 \times 10^3 \times 600} = 0.02(\mathrm{mm})$$

$$\Delta l_3 = \frac{F_{N3} l_3}{EA_3} = \frac{20 \times 10^3 \times 120}{200 \times 10^3 \times 300} = 0.04(\mathrm{mm})$$

各段杆的线应变

$$\varepsilon_1 = \frac{\Delta l_1}{l_1} = \frac{-0.0375}{150} = -2.5 \times 10^{-4}$$

$$\varepsilon_2 = \frac{\Delta l_2}{l_2} = \frac{0.02}{120} = 1.67 \times 10^{-4}$$

$$\varepsilon_3 = \frac{\Delta l_3}{l_3} = \frac{0.04}{120} = 3.33 \times 10^{-4}$$

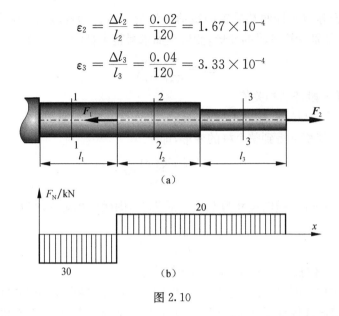

图 2.10

【例 2.4】 如图 2.11(a)所示结构。AB 杆长 2m,其横截面面积为 200mm²;AC 杆的横截面面积为 250mm²。弹性模量 $E=200$GPa,$F=10$kN。试求节点 A 的位移。

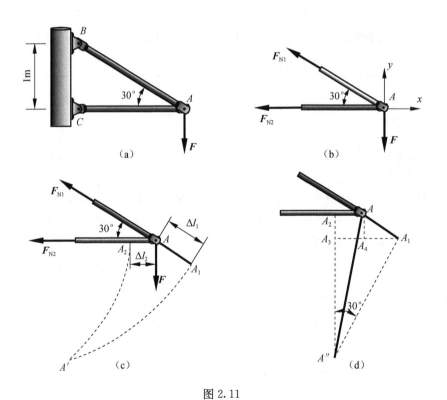

图 2.11

解　设斜杆为杆 1,水平杆为杆 2,取图 2.11(b)所示结构为研究对象。

$$\sum F_x = 0, \quad -F_{N1}\cos\alpha - F_{N2} = 0$$

$$\sum F_y = 0, \quad F_{N1}\sin\alpha - F = 0$$

可以解得

$$F_{N1} = F/\sin\alpha = 2F = 20\text{kN}$$

$$F_{N2} = -F_{N1}\cos\alpha = -\sqrt{3}F = -17.32\text{kN}$$

根据胡克定律

$$\Delta l_1 = \frac{F_{N1}l_1}{EA_1} = \frac{20 \times 10^3 \times 2000}{200 \times 10^3 \times 200} = 1.0(\text{mm})$$

$$\Delta l_2 = \frac{F_{N2}l_2}{EA_2} = -\frac{17.32 \times 10^3 \times 2000 \times \sqrt{3}/2}{200 \times 10^3 \times 250} = -0.6(\text{mm})$$

可见,斜杆 AB 伸长,而水平杆 AC 缩短。

受力前,杆 1 与杆 2 在节点 A 相连接;受力后,各杆的长度虽然发生变化,但仍相连在一起。因此,为了确定节点 A 位移后的新位置,可以分别以 B 和 C 为圆心,以 $l_1 + \Delta l_1$ 和 $l_2 + \Delta l_2$ 为半径作圆,其交点 A' 即为节点 A 的新位置(图 2.11(c))。

一般来说,杆的变形都很小(例如,杆 1 的变形 Δl_1 仅为原杆长 l_1 的 0.05%),上述弧线 $\overset{\frown}{A_1 A'}$ 很小,因而可近似地用切线代替。于是,过 A_1 与 A_2 分别作 AB 和 AC 的垂线相交于 A'',如图 2.11(d)所示,A'' 即可视为节点 A 的新位置,于是

$$AA_1 = \Delta l_1 = 1\text{mm}, \quad AA_2 = |\Delta l_2| = 0.6\text{mm}$$

$$A_3A_4 = AA_2 = 0.6\text{mm}, \quad A_2A_3 = AA_4 = AA_1\sin 30° = 0.5\text{mm}$$

$$A_1A_4 = AA_1\cos 30° = 0.866\text{mm}, \quad A_3A'' = (A_3A_4 + A_1A_4)\cot 30° = 2.54\text{mm}$$

$$A_2A'' = A_2A_3 + A_3A'' = 3.04\text{mm}, \quad AA'' = \sqrt{(A_2A'')^2 + (AA_2)^2} = 3.1\text{mm}$$

2.5 材料拉伸和压缩时的力学性能

构件的强度和刚度等,除了与构件所受的外力、构件的几何形状和尺寸有关外,还与制成构件的材料本身的力学性能有关。因此,在构件的强度和刚度分析中,除了需要计算构件的应力和变形外,还需要了解材料的力学性能。所谓材料的力学性能,是指材料在外力作用下,其抵抗变形和破坏等方面所表现出来的特性。材料的力学性能取决于材料内部的成分及其组织结构,还受到加载速度、温度以及环境介质等的影响。材料的力学性能,需要通过试验方法测定。

2.5.1 低碳钢拉伸时的力学性能

常温、静载下的拉伸试验是材料力学性能测试中最常见的试验方法。我国 2010 年更新并颁布了国家标准 GB/T 228—2010《金属材料室温拉伸试验方法》,为了便于比较不同材料的试验结果,统一规定了试样的形状、加工精度、加载速率、试验环境等。

对于所采用的试样,取长为 l_0 的一段作为试验段,称为标距(图 2.12)。对于圆截面试样,其中部等截面段的直径为 d_0,一般标距 l_0 与直径 d_0 有两种比例,即 $l_0 = 5d_0$ 或 $l_0 = 10d_0$。对于横截面面积为 A_0 的非圆截面试样,则相应地有 $l_0 = 5.65\sqrt{A_0}$ 或 $l_0 = 11.3\sqrt{A_0}$。

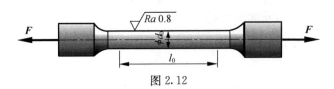

图 2.12

试验时将试样两端装入试验机夹头内,对试样施加拉力 F,由零缓慢增加,直至将试样拉断,测量标距段的伸长 Δl,将拉伸过程中的载荷 F 和对应的伸长 Δl 记录下来,如图 2.13 所示。

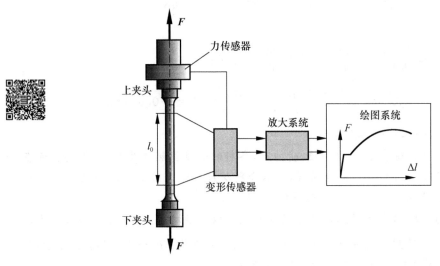

图 2.13

表示 F 和 Δl 的关系曲线(从开始到拉断)称为拉伸曲线或 F-Δl 曲线,图 2.14 所示的是低碳钢(Q235 钢)的 F-Δl 曲线。

由于伸长量 Δl 与试样长度 l_0 及横截面面积 A_0 有关,F-Δl 曲线不仅与材料性能有关,还与试样的几何尺寸有关。因此,为了消除试样尺寸的影响,而只反映材料本身的性能,将 F-Δl 曲线中的纵坐标 F 除以试样的横截面面积 A_0,得应力 $\sigma = \dfrac{F}{A_0}$;将横坐标 Δl 除以试样的标距长度 l_0,得应变 $\varepsilon = \dfrac{\Delta l}{l_0}$。由此,可由 F-Δl 曲线得到"应力与应变"的关系曲线,称为应力-应变曲线,或 σ-ε 曲线。

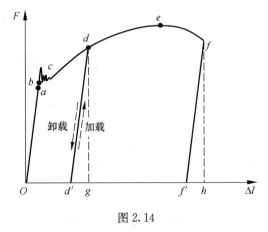

图 2.14

图 2.15(a)为低碳钢的 σ-ε 曲线,反映了其在整个拉伸过程中的力学性能。由图可见,低碳钢 σ 与 ε 之间的关系可分为下列四个阶段。

1. 弹性阶段

这一阶段可分为两部分:斜直线 Oa 和微弯曲线 ab。斜直线 Oa 表示应力与应变成正比关系,此直线段的斜率即为材料的弹性模量 E,即 $E = \dfrac{\sigma}{\varepsilon}$。对应于直线最高点 a 的应力 σ_p 称为材料的**比例极限**。因此,当应力不超过比例极限 σ_p 时,材料服从胡克定律;超过比例极限后,从 a

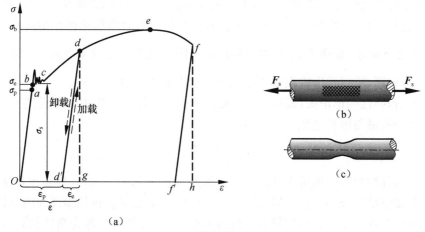

图 2.15

点到 b 点，σ 与 ε 之间的关系为一段微弯曲线，此时若将拉力卸除，则变形也随之消失，这种随载荷卸除而消失的变形（可恢复的变形）称为**弹性变形**。对应于 b 点的应力 σ_e 是材料只产生弹性变形的最大应力，称为**弹性极限**。由于弹性极限 σ_e 与比例极限 σ_p 数值十分接近，工程应用中常不加严格区分。

应力超过 σ_e 后，如再卸除拉力，则变形的一部分随之消失，这部分变形即为弹性变形，同时残留下一部分不能消失的变形，这种不能随载荷卸除而消失的变形称为**塑性变形**或**残余变形**。

2. 屈服阶段

当应力超过 b 点增加到某一数值时，应变有非常明显的增加，而后应力先是下降，然后在很小的范围内波动，在曲线上出现一段接近水平线的小锯齿形线段。这种应力基本保持不变，而应变显著增加的现象，表示材料失去了对变形的抵抗能力，称为**屈服**或**流动**，这个阶段称为屈服阶段。在屈服阶段内的最高应力和最低应力分别称为上屈服极限和下屈服极限。上屈服极限的数值与试样形状、加载速度等因数有关，一般是不稳定的；下屈服极限则有比较稳定的数值，能够反映材料的性质。

根据国家标准（GB/T 228—2021），通常将屈服过程中的第一个应力波峰值定义为上屈服极限，将除第一个波谷外（消除瞬时效应）的最小应力波谷值定义为下屈服极限，即**屈服极限**或**流动极限**，用 σ_s 表示。

表面抛光的试样在应力达到屈服极限时，表面将出现与轴线大致呈 45° 倾角的条纹（图 2.15(b)），这是由于材料内部晶格之间相对滑移形成的，称为滑移线。因为拉伸时在与杆轴线呈 45° 倾角的斜截面上，切应力为最大值，可见屈服现象的出现与最大切应力有关。

当材料发生屈服时，将引起显著的塑性变形。构件在正常工作时一般不允许产生塑性变形，因此屈服极限 σ_s 是衡量材料强度的一个重要指标。

3. 强化阶段

通过屈服阶段以后，材料又恢复了抵抗变形的能力，要使它继续变形必须增加拉力。这种现象称为材料的强化。在图 2.15(a) 中，强化阶段中的最高点 e 所对应的应力是材料所能承受的最大应力，称为**强度极限**，用 σ_b 表示。在强化阶段中，试样的横向尺寸有明显缩小。

4. 局部变形阶段

通过 e 点以后，在试样的某一局部范围内，横向尺寸急剧缩小，形成颈缩现象（图 2.15

(c)),因此这一阶段也称为**颈缩阶段**。由于颈缩部分的横截面面积急剧减小,因此使试样继续伸长所需要的拉力也相应减少。在应力-应变曲线中,过 e 点后用横截面原始面积 A_0 算出的应力 $\sigma = \dfrac{F}{A_0}$ 随之下降,降落到 f 点时,试样被拉断。因为应力到达强度极限后,试样出现颈缩现象,随后即被拉断,所以强度极限 σ_b 是衡量材料强度的另一重要指标。

试样拉断后,弹性变形消失,而塑性变形残留下来。试样的长度由原始长度 l_0 变为 l_1,用百分比表示的伸长量与原长之比

$$\delta = \frac{l_1 - l_0}{l_0} \times 100\% \qquad (2.12)$$

称为**伸长率**。试样的塑性变形越大,即 $(l_1 - l_0)$ 越大,δ 也就越大。因此,伸长率是衡量材料塑性的指标。低碳钢的伸长率很高,其均值为 $20\% \sim 30\%$,表明低碳钢的塑性性能很好。

工程上通常按伸长率的大小把材料分成两大类:$\delta > 5\%$ 的材料称为塑性材料,如碳钢、黄铜、铝合金等;而把 $\delta < 5\%$ 的材料称为脆性材料,如灰铸铁、玻璃、陶瓷等。

试样拉断后,若以 A_1 表示颈缩处的最小横截面面积,则用百分比表示的比值

$$\psi = \frac{A_0 - A_1}{A_0} \times 100\% \qquad (2.13)$$

称为**断面收缩率**。ψ 也是衡量材料塑性的指标。

在上述试验过程中,如果加载至材料的强化阶段中的任一点(如图 2.15(a)中的 d 点)时,逐渐卸载,则在卸载过程中应力与应变沿着直线的关系变化。此直线段 dd' 与 Oa 基本平行。由此可见,在强化阶段中,试样的总应变 ε 包括了弹性应变 ε_e 和塑性应变 ε_p。卸载后,弹性应变消失,剩下塑性应变。如果卸载后,再缓慢加载,则在加载过程中,应力与应变基本上仍沿着卸载时的同一直线 dd' 变化,直到开始卸载时的 d 点为止,然后沿着原来的路径 def 变化。

由此可见,试样在强化阶段中,经过卸载后再加载,其加载曲线为图 2.15(a)所示的 $d'def$。图中直线部分最高点 d 的应力值,可以认为是材料经过卸载而又重新加载时的比例极限。它显然比原来的比例极限提高了;但拉断后的残余应变则较原来的小,如图 2.16 所示。材料在常温静载下,经过前述的卸载后发生的这两个现象称为材料的**冷作硬化**。工程上常利用冷作硬化提高某些构件在弹性阶段内所能承受的最大载荷,如起重用的钢索和建筑用的钢筋,常用冷拔工艺以提高强度。另外,零件初加工后,冷作硬化使材料变脆变硬,给进一步加工带来不便,且容易产生裂纹。实际应用中,常常通过退火工艺以消除冷作硬化的影响。

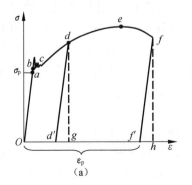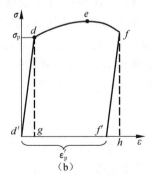

图 2.16

上述拉伸试验中,低碳钢出现了明显的四个阶段,其强度指标值有两个,即屈服极限 σ_s 和强度极限 σ_b;衡量塑性特性的指标也有两个,即伸长率 δ 和断面收缩率 ψ。

2.5.2 其他塑性材料拉伸时的力学性能

图 2.17 为其他几种金属材料拉伸时的 $\sigma\text{-}\varepsilon$ 曲线。其中,有些材料如 Q345 钢等,和低碳钢一样,有明显的弹性阶段、屈服阶段、强化阶段和局部变形四个阶段;有些材料如黄铜 H62,没有屈服阶段,但其他三个阶段却很明显;还有些材料如高碳钢 T10A,没有屈服阶段和局部变形阶段,只有弹性阶段和强化阶段。

对于没有明显屈服阶段的塑性材料,按国家标准(GB/T 228—2021)规定,取产生 0.2% 塑性应变时的应力值作为材料的屈服极限,称为名义屈服极限,并用 $\sigma_{0.2}$ 表示,如图 2.18 所示。

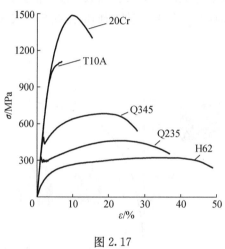

图 2.17

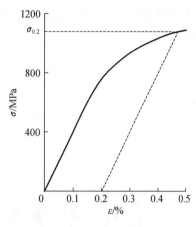

图 2.18

2.5.3 铸铁拉伸时的力学性能

铸铁拉伸时的 $\sigma\text{-}\varepsilon$ 关系是一段微弯曲线,如图 2.19 所示,其特点是没有明显的直线部分,也无屈服阶段;此外,直到拉断时的应变都很小,伸长率也很小。铸铁是典型的脆性材料。

由于铸铁 $\sigma\text{-}\varepsilon$ 图没有明显的直线部分,弹性模量 E 的数值随应力的大小而改变,在较低的应力水平下,可近似认为服从胡克定律,通常近似地用一条割线代替曲线的开始部分,并以割线斜率作为弹性模量,称为割线弹性模量。

铸铁拉断时的最大应力即为其强度极限。因为没有屈服现象,强度极限 σ_b 是衡量强度的唯一指标。铸铁等脆性材料的强度极限很低,一般不宜作为承受拉伸载荷构件的材料。

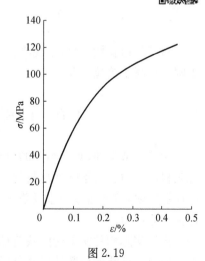

图 2.19

2.5.4 材料压缩时的力学性能

压缩试验标准为 GB/T 7314—2017《金属材料室温压缩试验方法》,适用于测定金属材料在室温下单向压缩的相关力学性能。根据标准,压缩试样一般制成很短的圆柱,以免被压弯。圆柱的高度为直径的 1.5～3 倍。

低碳钢压缩时的应力-应变曲线如图 2.20 所示,为便于比较,图中还画出了拉伸时的应力-应变曲线。可以看出,在屈服之前,压缩曲线与拉伸曲线基本重合,压缩与拉伸时的屈服极限以及弹性模量大致相同。但过了屈服极限后,试样被压扁,横截面面积不断增大,因而试样抗压能力不断增加,故得不到材料压缩时的强度极限。

由此可见,对于低碳钢类塑性材料,从压缩试验中可测得的力学性能指标均能够从拉伸试验中测得,因此从拉伸试验得到的力学性能指标即可满足工程分析设计的要求,一般不需要进行压缩性能试验。

图 2.21 是铸铁压缩时的应力-应变曲线。由图可见,压缩时的应力-应变曲线与拉伸时相似,既没有明显的直线部分(同样假设其近似服从胡克定律),也没有屈服阶段。但铸铁抗压性能远远大于抗拉性能,压缩时的强度极限是拉伸时的 3～5 倍,破坏断面的法线与轴线呈 45°～55°的倾角。

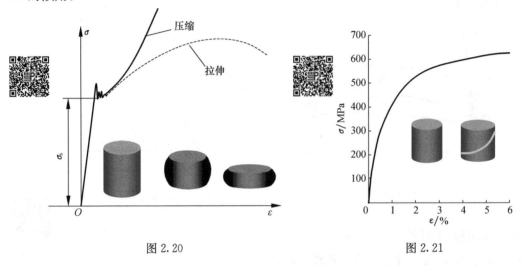

图 2.20　　　　　　　　　　　　　　　　　图 2.21

对于其他脆性材料,如混凝土、石料、玻璃、陶瓷等,其压缩性能与铸铁材料类似,抗压强度极限也远高于抗拉强度极限。

2.6　许用应力、安全因数和强度计算

由 2.5 节可知,对于给定的材料,其所能承受的应力均不能超过某一极限值,这个极限值称为极限应力。对于塑性材料制作成的构件,一般不允许其发生屈服,故其极限应力即为材料的屈服极限 σ_s(或名义屈服极限 $\sigma_{0.2}$);对于脆性材料,由于没有屈服阶段,故取其强度极限 σ_b 作为极限应力。

由于实际构件所承受的载荷估算不准确、构件几何尺寸和形状的制造误差、实际构件材料与试验材料性能的分散性以及分析模型的简化等原因,再考虑到构件设计时应有一定的安全余量,因此构件工作时允许承受的应力(称为许用应力)应小于其极限应力。一般情况下,对于塑性材料,有

$$[\sigma] = \frac{\sigma_\mathrm{s}}{n_\mathrm{s}} \tag{2.14}$$

对于脆性材料,有

$$[\sigma] = \frac{\sigma_\mathrm{b}}{n_\mathrm{b}} \tag{2.15}$$

式中,n_s 及 n_b 称为安全因数。

　　安全因数的确定涉及许多因素,如材料的类型、结构的使用环境等。在静载荷条件下,对于塑性材料,一般取 $n_\mathrm{s}=1.2\sim2.5$;对于脆性材料,一般取 $n_\mathrm{b}=2\sim3.5$,甚至更高。

　　综上分析,构件实际工作中的最大应力应小于或等于材料的许用应力,即

$$\sigma = \frac{F_\mathrm{N}}{A} \leqslant [\sigma] \tag{2.16}$$

式(2.16)即为杆件轴向拉(压)时的强度条件。

　　【例 2.5】　图 2.22 所示立式铣床液压夹具,油缸直径 $D=120\mathrm{mm}$,油压 $p=5\mathrm{MPa}$。活塞杆材料为 45 号钢,许用应力 $[\sigma]=120\mathrm{MPa}$。试确定活塞杆的直径 d。

　　解　活塞杆受轴向拉力 $\boldsymbol{F}$ 作用。首先,不计活塞杆的截面积,可求出活塞杆的受力

$$F = p\frac{\pi D^2}{4} = 5 \times \frac{\pi \times 120^2}{4} = 56548.7(\mathrm{N})$$

显然,活塞杆轴力为

$$F_\mathrm{N} = F = 56548.7\mathrm{N}$$

因此,活塞杆的横截面面积

$$A = \frac{\pi d^2}{4} \geqslant \frac{F_\mathrm{N}}{[\sigma]} = \frac{56548.7}{120} = 471.2(\mathrm{mm}^2)$$

故有 $d \geqslant 24.50\mathrm{mm}$,现取

$$d = 25\mathrm{mm}$$

由于通过油压计算活塞杆轴力时,未减去活塞杆的截面积,因此这样的设计是偏安全的。

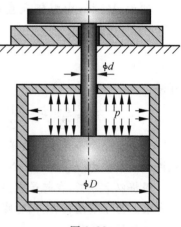

图 2.22

　　【例 2.6】　可以绕铅垂轴 OO_1 旋转的吊车,斜拉杆 AC 由两根 50mm×50mm×5mm 的等边角钢组成,水平横梁 AB 由两根 10 号槽钢组成,如图 2.23(a)所示。AC 杆和 AB 杆的材料都是 Q235 钢,其许用应力 $[\sigma]=120\mathrm{MPa}$。试确定起吊小车位于 A 处时的允许起吊重力(包括起吊小车和电动机的自重)。

　　解　吊车的分析模型如图 2.23(b)所示,研究对象的受力如图 2.23(c)所示。由平衡条件

$$\begin{cases} \sum F_x = 0, & -F_\mathrm{N1} - F_\mathrm{N2}\cos\alpha = 0 \\ \sum F_y = 0, & -F + F_\mathrm{N2}\sin\alpha = 0 \end{cases}$$

$$\sin\alpha = 0.5, \quad \cos\alpha = \frac{\sqrt{3}}{2}$$

求得 $F_\mathrm{N1} = -\sqrt{3}F$,$F_\mathrm{N2} = 2F$。

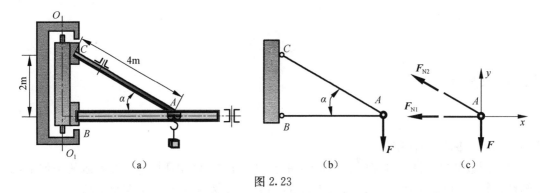

图 2.23

对于 AB 杆,由型钢表查得单根 10 号槽钢的横截面面积为 $12.74\mathrm{cm}^2$,AB 杆由两根槽钢组成,由强度条件

$$\sigma_{AB} = \frac{F_{\mathrm{N1}}}{A_1} \leqslant [\sigma]$$

可得

$$F = \frac{F_{\mathrm{N1}}}{\sqrt{3}} \leqslant \frac{1}{\sqrt{3}}[\sigma]A_1 = \frac{120 \times 2 \times 1274}{\sqrt{3}} = 176700(\mathrm{N}) = 176.7(\mathrm{kN})$$

对于 AC 杆,由型钢表查得单根 $50\mathrm{mm} \times 50\mathrm{mm} \times 5\mathrm{mm}$ 的等边角钢的横截面面积为 $4.803\mathrm{cm}^2$,由强度条件

$$\sigma_{AC} = \frac{F_{\mathrm{N2}}}{A_2} \leqslant [\sigma]$$

可得

$$F = \frac{F_{\mathrm{N2}}}{2} \leqslant \frac{[\sigma]A_2}{2} = \frac{120 \times 2 \times 480.3}{2} = 57600(\mathrm{N}) = 57.6(\mathrm{kN})$$

为保证整个吊车结构的强度,吊车允许的起吊重力应取上述两个载荷中的较小者,即吊车允许的起吊重力$[F] = 57.6\mathrm{kN}$。

根据以上分析,在起吊重力$[F] = 57.6\mathrm{kN}$ 时,AB 杆的应力远小于其许用应力,即其强度有富余。为了节省材料,同时减轻吊车结构的重量,现重新设计 AB 杆的横截面尺寸。

根据强度条件

$$\sigma_{AB} = \frac{F_{\mathrm{N1}}}{A_1} = \frac{\sqrt{3}F}{2 \times A_1'} \leqslant [\sigma]$$

式中,A_1'为单根槽钢的横截面面积。有

$$A_1' \geqslant \frac{\sqrt{3}F}{2[\sigma]} = \frac{\sqrt{3} \times 57600}{2 \times 120} = 415.2(\mathrm{mm}^2) = 4.152(\mathrm{cm}^2)$$

由型钢表,选用 5 号槽钢,其横截面面积为 $6.928\mathrm{cm}^2$。

2.7　拉(压)杆的应变能

弹性固体受外力作用而变形。在变形过程中,外力所做的功将转变为储存于弹性固体内的能量。当外力逐渐减少时,弹性固体又将释放出储存的能量而做功。例如,拧紧钟表发条时,发条发生变形,在放松复原过程中,它带动齿轮系和指针转动,此时发条做功。弹性固体在

外力作用下,因变形而储存的能量称为**应变能**。

现在讨论轴向拉伸或压缩时的应变能。设杆上端固定(图 2.24(a)),作用于下端的拉力缓慢地由零增加到 F。如图 2.24(b)所示,在逐渐加载的过程中,当拉力为 F 时,杆件的伸长为 Δl。如再增加一个微小增量 $\mathrm{d}F$,杆件相应产生的变形增量为 $\mathrm{d}(\Delta l)$。于是已经作用于杆件上的 F 因位移 $\mathrm{d}(\Delta l)$ 而做功

$$\mathrm{d}W = F\mathrm{d}(\Delta l) \tag{a}$$

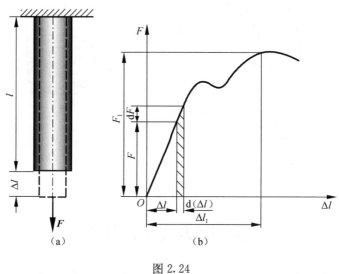

图 2.24

显然,$\mathrm{d}W$ 等于图 2.24(b)中阴影线部分的微面积。因此,拉力由零增加到 F 时,其所做的功 W 应为上述微分面积的总和,即

$$W = \int_0^{\Delta l_1} F\mathrm{d}(\Delta l) \tag{b}$$

其等于 $F\text{-}\Delta l$ 曲线下的面积。在应力小于比例极限的范围内,$F\text{-}\Delta l$ 曲线为一斜直线,斜直线下面的面积是一个三角形,故有

$$W = \frac{1}{2}F\Delta l \tag{c}$$

在缓慢加载的条件下,根据功能原理,拉力 F 所做的功 W 转化为杆件所储存的应变能 V_ε,因此杆件的应变能为

$$V_\varepsilon = W = \frac{1}{2}F\Delta l \tag{d}$$

应变能的量纲与功的量纲相同,其单位为 J(焦耳),$1\mathrm{J} = 1\mathrm{N} \cdot \mathrm{m}$。由于 $F_\mathrm{N} = F$,由胡克定律,有

$$V_\varepsilon = \frac{1}{2}F\Delta l = \frac{1}{2}\frac{F_\mathrm{N}^2 l}{EA} \tag{2.17}$$

式(2.17)表示整根杆内的应变能。每一单位体积内储存的应变能 $v_\varepsilon = \dfrac{V_\varepsilon}{V}$,称为应变能密度。由式(2.17),可得

$$v_\varepsilon = \frac{V_\varepsilon}{V} = \frac{V_\varepsilon}{Al} = \frac{1}{2}\frac{F_\mathrm{N}^2 l}{EA \cdot Al} = \frac{1}{2}\frac{\sigma^2}{E} = \frac{1}{2}\sigma\varepsilon = \frac{1}{2}E\varepsilon^2 \tag{2.18}$$

应变能密度的单位为 $\mathrm{J/m^3}$。

其实,式(2.18)所表示的应变能密度就是应力-应变曲线下的面积(图2.25(a))。需要说明的是,虽然式(2.18)是从轴向拉(压)杆件导出的,可以证明,对于受任何载荷作用的弹性体,其内任意微小单元体,只要是单向受力(图2.25(b)),其应变能密度均可按式(2.18)计算。

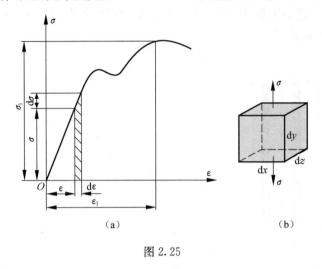

图 2.25

2.8　应力集中的概念

等截面直杆受轴向拉伸或压缩时,横截面上的应力是均匀分布的。工程中的实际构件,常因加工工艺或功能要求等,需在其上切口、开槽、钻孔等,以致在这些部位上截面尺寸发生突然变化。试验结果和理论分析表明,在零件尺寸突然改变处的截面上,应力不再是均匀分布。例如,开有圆孔和带有切口的板条(图2.26),当其受轴向拉伸时,在圆孔和切口附近的局部区域内,应力将剧烈增加,但在离开这一区域稍远处,应力就迅速降低并趋于均匀。这种因杆件外形突然变化而引起局部应力急剧增大的现象,称为**应力集中**。

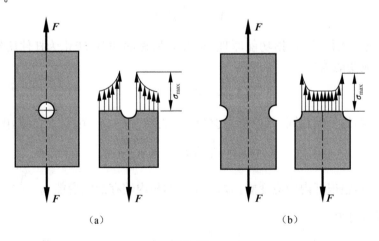

图 2.26

设发生应力集中的截面上的最大应力为 σ_{max}，同一截面上的平均应力为 σ，则比值

$$K = \frac{\sigma_{max}}{\sigma} \tag{2.19}$$

称为**理论应力集中系数**。它反映了应力集中的程度，是一个大于 1 的因数。试验结果表明：截面尺寸改变得越急剧，角越尖，应力集中的程度就越严重。因此，零件上应尽可能地避免带尖角的孔和槽，在阶梯轴的轴肩处要用圆弧过渡，而且在结构允许的范围内，应尽量使圆弧半径大一些。

各种材料对应力集中的敏感程度并不相同。由于塑性材料有屈服阶段，当局部的最大应力 σ_{max} 达到屈服极限 σ_s 时，该处材料的变形可以继续增长，而应力却不再加大。例如，外力继续增加，增加的力就由截面上尚未屈服的材料来承担，使截面上其他点的应力相继增大到屈服极限。这就使截面上的应力逐渐趋于平均，降低了应力不均匀程度，也限制了最大应力 σ_{max} 的数值。因此，用塑性材料制成的零件，在静载作用下可以不考虑应力集中的影响。

对于铸铁等脆性材料，其内部本身含有很多缺陷，如气孔、夹杂等，这些缺陷本身就导致了材料内部的应力集中，试验测得的材料力学性能已经反映了应力集中的影响，而构件外形改变所引起的应力集中就不那么突出了，因此该类材料通常也不考虑应力集中的影响。

而对于玻璃、陶瓷等内部比较均匀的脆性材料，由于没有屈服阶段，当载荷增加时，应力集中处的最大应力 σ_{max} 一直领先，不断增大，一旦达到强度极限 σ_b，该处将产生裂纹，并迅速导致材料破坏。所以对于这类脆性材料制成的构件，应考虑应力集中的影响。

当零部件受随时间变化的载荷作用时，不论是塑性材料还是脆性材料，均应考虑应力集中的影响，具体介绍见第 13 章（交变应力和疲劳强度）。

2.9　剪切和挤压实用计算

销钉、螺栓、铆钉、键等是工程中最常见的连接件，如图 2.27 所示，这些连接件主要承受剪切和挤压作用。由于连接处的应力分布很复杂，工程中一般采用实用计算方法。

剪切和挤压的实用计算，与轴向拉伸或压缩并无实质上的联系，附在本章末，只是因为两种实用计算方法在形式上与拉伸有些相似。

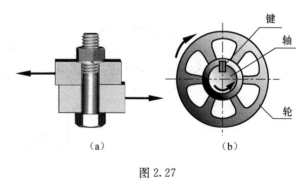

图 2.27

2.9.1　剪切的实用计算

当连接件受到一对大小相等、方向相反、作用线相距很近的力作用时，如图 2.28 (b)所示，其主要失效形式之一是沿剪切面（n-n 截面）发生剪切破坏。这时剪切面上既有剪力又有弯矩，但弯矩很小，故主要是剪力引起的剪切破坏。剪切面上的内力 $\boldsymbol{F}_S$ 与截面相切，称为**剪力**。由平衡方程容易求得

$$F_S = F$$

但剪切面上的切应力分布比较复杂，一般假定其均匀分布。若以 A 表示剪切面的面积，则剪切面上的平均切应力 τ 为

$$\tau = \frac{F_S}{A} \tag{2.20}$$

相应的强度条件为

$$\tau = \frac{F_S}{A} \leqslant [\tau] \tag{2.21}$$

式中，$[\tau] = \dfrac{\tau_b}{n_b}$ 为许用切应力，其中 τ_b 为按实物或模拟剪切破坏试验得到的切应力强度，n_b 为相应的安全因数。

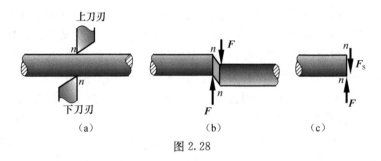

图 2.28

2.9.2　挤压的实用计算

连接件与所连接的构件相互接触并产生挤压，在接触面及附近产生较大的局部接触应力，称为**挤压应力**。挤压应力的分布也是很复杂的，一般假定挤压应力在挤压面上是均匀分布的。所谓挤压面是指接触面在以合力的作用线为法线的平面上的正投影，如图 2.29 所示的圆柱接触面，其挤压面面积 $A_{bs} = \delta d$。

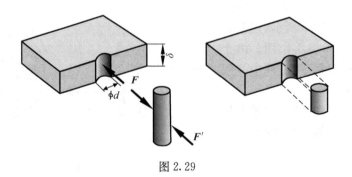

图 2.29

挤压应力可以表示为

$$\sigma_{bs} = \frac{F}{A_{bs}} \tag{2.22}$$

相应的挤压强度条件为

$$\sigma_{bs} = \frac{F}{A_{bs}} \leqslant [\sigma_{bs}] \tag{2.23}$$

对于钢材，$[\sigma_{bs}] = (1.7 \sim 2.0)[\sigma]$，其中 $[\sigma]$ 为拉伸许用应力。

【例 2.7】 电瓶车的挂钩由插销连接(图 2.30(a)),$d=20$mm。挂钩和连接板厚分别为 t_1 $=8$mm 和 $t_2=12$mm。已知 $F=15$kN,$[\tau]=30$MPa,$[\sigma_{bs}]=45$MPa,试校核连接部件的剪切和挤压强度。

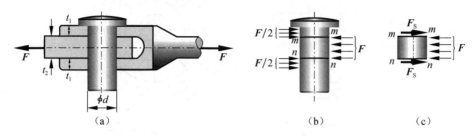

图 2.30

解 插销的剪切计算

$$A = \frac{\pi d^2}{4} = \frac{\pi \times 20^2}{4} = 314.16 (\text{mm}^2), \quad F_S = \frac{F}{2} = 7.5 \text{kN}$$

故

$$\tau = \frac{F_S}{A} = \frac{7.5 \times 10^3}{314.16} = 23.87 (\text{MPa}) \leqslant [\tau]$$

插销不同段的挤压应力分别与挂钩和被连接板的挤压应力相同,因此这里只需要对挂钩和连接板进行挤压强度分析。

挂钩的挤压计算

$$\sigma'_{bs} = \frac{F/2}{t_1 d} = \frac{7.5 \times 10^3}{8 \times 20} = 46.88 (\text{MPa}) \leqslant [\sigma_{bs}]$$

连接板的挤压计算

$$\sigma''_{bs} = \frac{F}{t_2 d} = \frac{15 \times 10^3}{12 \times 20} = 62.5 (\text{MPa}) \geqslant [\sigma_{bs}]$$

很明显,切应力符合剪切强度条件,但挤压应力不符合挤压强度条件。因此,需要按连接板的挤压强度重新设计插销的直径

$$\sigma''_{bs} = \frac{F}{t_2 d} \leqslant [\sigma_{bs}], \quad d \geqslant \frac{F}{t_2 [\sigma_{bs}]} = \frac{15 \times 10^3}{12 \times 45} = 28 (\text{mm})$$

【例 2.8】 图 2.31(a)为一齿轮传动轴,轴的直径 $d=50$mm,通过平键将转矩 $M_e=720$N·m 传递给齿轮。已知平键键宽 $b=16$mm,键高 $h=10$mm,键长 $l=45$mm,键材料的许用切应力 $[\tau]=110$MPa,许用挤压应力 $[\sigma_{bs}]=250$MPa。试校核平键的强度。

解 取轴(连同键)为研究对象(图 2.31(b)),轮毂对键的作用力为 $\boldsymbol{F}$,由平衡方程,有

$$M_e = F \frac{d}{2}, \quad F = \frac{2M_e}{d} = \frac{2 \times 720 \times 1000}{50} = 28800 (\text{N}) = 28.8 (\text{kN})$$

因此,平键剪切面上的剪力 $F_S=F=28.8$kN(图 2.31(c))。由式(2.21),有

$$\tau = \frac{F_S}{A} = \frac{F_S}{bl} = \frac{28800}{16 \times 45} = 40 (\text{MPa}) \leqslant [\tau]$$

平键满足剪切强度条件。

由挤压强度条件,有

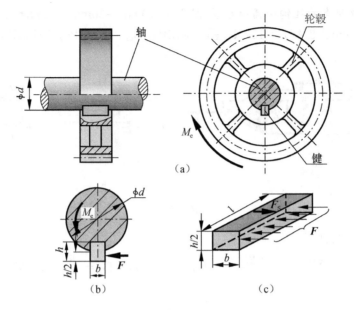

图 2.31

$$\sigma_{bs} = \frac{F}{A_{bs}} = \frac{F}{l \times h/2} = \frac{28800}{45 \times 5} = 128(MPa) \leqslant [\tau] \leqslant [\sigma_{bs}]$$

平键满足挤压强度条件。

【例 2.9】　某钢桁架的一个节点如图 2.32(a)所示。斜杆 AB 由两根 63mm×6mm 的等边角钢组成,受轴向力 $F = 140$kN 作用。该斜杆用直径为 $d = 16$mm 螺栓连接在厚度为 $t = 10$mm 的板上,螺栓按单行排列。已知角钢、板和螺栓材料均为 Q235 钢,许用应力 $[\sigma] = 170$MPa,$[\tau] = 130$MPa,$[\sigma_{bs}] = 300$MPa。试选择所需的螺栓个数并校核角钢的拉伸强度。

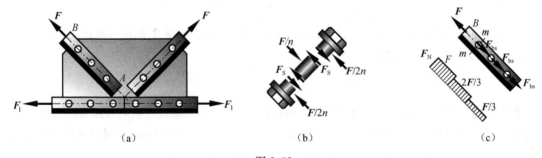

图 2.32

解　(1) 按剪切强度条件选择螺栓个数。

由于此连接中各螺栓的材料和直径相同,且斜杆上轴向力的作用线通过该组螺栓的截面形心,故认为每个螺栓所传递的力相等,为 F/n,这里 n 为螺栓个数。

此连接中的螺栓有两个剪切面(图 2.32(b)),每个剪切面上的剪力为

$$F_S = \frac{F/n}{2} = \frac{F}{2n}$$

螺栓的剪切强度条件为

$$\tau = \frac{F_S}{A_S} = \frac{F/2n}{\pi d^2/4} = \frac{2 \times (140 \times 10^3)}{n\pi \, 16^2} \leqslant [\tau]$$

从而求得所需的螺栓个数

$$n \geqslant 2.68$$

因此取

$$n = 3$$

（2）校核挤压强度。

由于板的厚度（$t=10\text{mm}$）小于两根角钢厚度之和（$2 \times 6 = 12\text{mm}$），所以应校核螺栓与节点板之间的挤压强度。每个螺栓所传递的力为 F/n，即每个螺栓与节点板之间的挤压压力为

$$F_{bs} = \frac{F}{n}$$

而挤压应力为

$$\sigma_{bs} = \frac{F_{bs}}{A_{bs}} = \frac{F/n}{td} = \frac{(140 \times 10^3)/3}{10 \times 16} = 292(\text{MPa}) \leqslant [\sigma_{bs}]$$

满足挤压强度条件。

（3）校核角钢的拉伸强度。

斜杆上三个螺栓按单行排列，该斜杆（含两角钢）的受力图和轴力图如图 2.32(c) 所示。该斜杆在 $m\text{-}m$ 截面上轴力最大，而净截面面积又最小，故为危险截面。该截面上

$$F_{N,max} = F = 140\text{kN}$$

由型钢规格表可查得每根 63mm×6mm 等边角钢的横截面面积为 7.29cm^2，故危险截面的净面积为

$$A = 2 \times (729 - 6 \times 16) = 1266(\text{mm}^2)$$

从而得危险截面上的拉伸应力

$$\sigma = \frac{F_{N,max}}{A} = \frac{140 \times 10^3}{1266} = 111(\text{MPa}) \leqslant [\sigma]$$

满足拉伸强度条件。

习　　题

2.1　试求题 2.1 图所示各杆 1-1、2-2、3-3 截面的轴力并作轴力图。

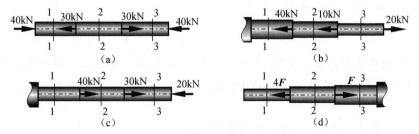

题 2.1 图

2.2 题 2.2 图所示直杆截面为正方形,边长为 a,杆长为 l,在考虑杆本身自重(重量密度为 γ) 时求 1-1 和 2-2 截面上的轴力。

2.3 题 2.3 图所示短柱受外力 $F_1=600\text{kN}$ 及 $F_2=800\text{kN}$ 作用,下部截面为 $80\text{mm}\times80\text{mm}$,上 部截面为 $50\text{mm}\times50\text{mm}$,材料的弹性模量 $E=200\text{GPa}$。求短柱顶部的位移及短柱上、下部 压应力之比。

2.4 题 2.4 图所示中段开槽的杆件,两端受轴向载荷 F 作用,试计算截面 1-1 和截面 2-2 上 的正应力。已知:$F=14\text{kN}$,$b=20\text{mm}$,$b_0=10\text{mm}$,$t=4\text{mm}$。

2.5 正方形结构受力如题 2.5 图所示,各杆横截面面积 $A=2000\text{mm}^2$,求各杆的正应力。

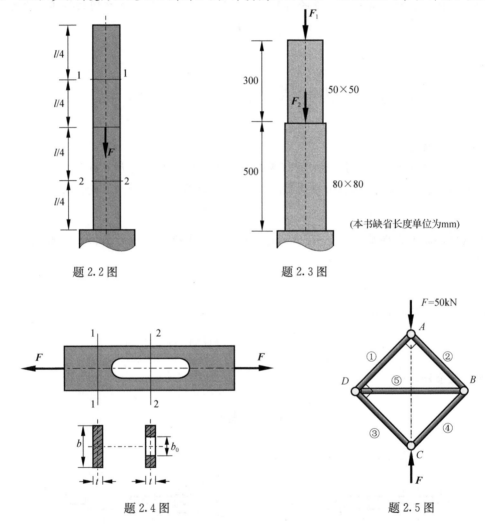

题 2.2 图　　　　　　　　　　　　　　　　　题 2.3 图

题 2.4 图　　　　　　　　　　　　　　　　　题 2.5 图

2.6 等截面杆的横截面面积 $A=5\text{cm}^2$,受轴向拉力 F 作用。如题 2.6 图所示杆沿斜截面被 截开,若该截面上正应力 $\sigma_\alpha=120\text{MPa}$,切应力 $\tau_\alpha=40\text{MPa}$,求力 F 的大小和斜截面的角 度 α。

2.7 如题 2.7 图所示刹车装置,试计算活塞杆的压应力。

2.8 题 2.8 图所示钢杆,$F=20\text{kN}$。设 $E=200\text{GPa}$,试求杆的伸长量。

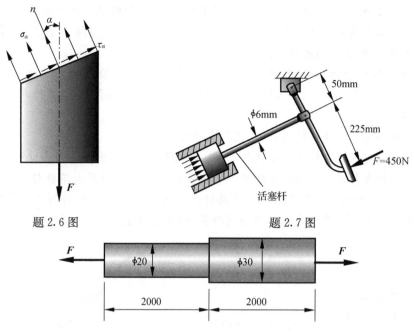

题 2.6 图   题 2.7 图

题 2.8 图

2.9 题 2.9 图所示等直杆横截面面积为 A，弹性模量为 E。试绘制轴力图，并求 D 端的位移。

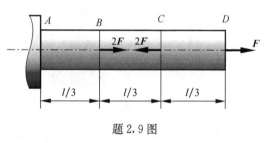

题 2.9 图

2.10 题 2.10 图所示简单杆系中，圆截面杆 AB 与 AC 的直径分别为 $d_1 = 12\text{mm}$，$d_2 = 15\text{mm}$，$F = 35\text{kN}$，$E = 210\text{GPa}$。求 A 点的垂直位移。

2.11 题 2.11 图所示简单杆系中，圆截面杆 AB 与 AC 的直径分别为 $d_1 = 20\text{mm}$，$d_2 = 24\text{mm}$，$F = 5\text{kN}$，$E = 200\text{GPa}$。求 A 点的垂直位移。

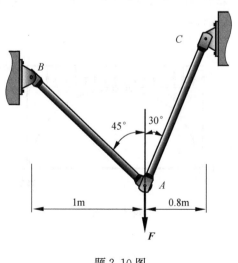

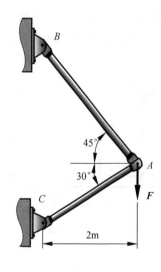

题 2.10 图   题 2.11 图

2.12 一直径为 15mm、标距为 200mm 的圆截面钢杆,在比例极限内进行拉伸试验,当轴向荷载从零开始缓慢地增加到 58.4kN 时,杆伸长了 0.9mm,直径缩小了 0.022mm,试确定材料的弹性模量 E、泊松比 μ。

2.13 某拉伸试验机的结构示意图如题 2.13 图所示。设试验机的 CD 杆与试样 AB 材料同为低碳钢,其 $\sigma_p = 200\text{MPa}$,$\sigma_s = 240\text{MPa}$,$\sigma_b = 400\text{MPa}$。试验机最大拉力为 100kN。

(1) 用这一试验机做拉断试验时,试样直径最大可达多大?

(2) 若设计时取试验机的安全因数 $n = 2$,则 CD 杆的横截面面积为多少?

(3) 若试样直径 $d = 10\text{mm}$,今欲测弹性模量 E,则所加载荷最大不能超过多少?

2.14 题 2.14 图所示简单支架,AB 和 BC 两杆材料相同,材料的拉伸许用应力和压缩许用应力相等,均为 $[\sigma]$。为使支架使用的材料最省,求夹角 α。

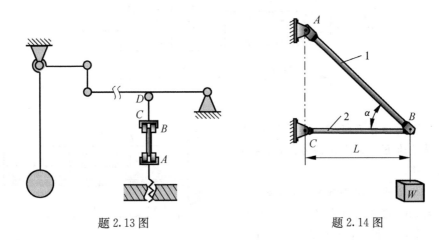

題 2.13 图　　　　　　　　　題 2.14 图

2.15 题 2.15 图所示,刚性梁 AB 用两根钢杆 AC 和 BD 悬挂,受铅直力 $F = 100\text{kN}$ 作用。已知钢杆 AC 和 BD 的直径分别为 $d_1 = 25\text{mm}$ 和 $d_2 = 18\text{mm}$,钢的许用应力 $[\sigma] = 170\text{MPa}$,弹性模量 $E = 210\text{GPa}$。试校核钢杆的强度,并计算 A、B 两点的铅直位移 Δ_A、Δ_B。

2.16 题 2.16 图所示,一拱由刚性块 AB、BC 和拉杆 AC 组成,受均布载荷 $q = 90\text{kN/m}$。若 $R = 12\text{m}$,拉杆的许用应力 $[\sigma] = 150\text{MPa}$,试设计拉杆的直径 d。

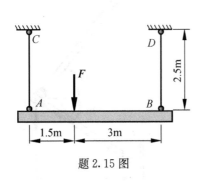　　　　　　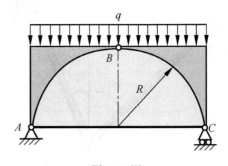

題 2.15 图　　　　　　　　　題 2.16 图

2.17 题 2.17 图所示结构中,钢索 BC 由一组直径 $d=2$mm 的钢丝组成。若钢丝的许用应力 $[\sigma]=160$MPa,AC 梁自重 $Q=3$kN,小车承载 $P=10$kN,且小车可以在梁上自由移动,求钢索需几根钢丝组成?

2.18 题 2.18 图所示防水闸门用一排支杆支撑(图中只画出 1 根),各杆为 $d=150$mm 的圆木,许用应力 $[\sigma]=10$MPa。试求支杆间的最大距离。

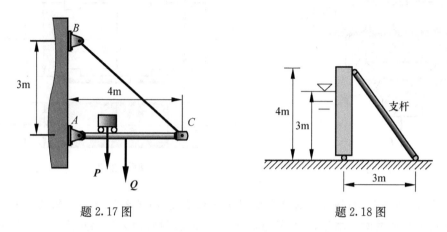

题 2.17 图　　　　　　　　　　　题 2.18 图

2.19 一冲床冲头直径为 20mm,以 $F=120$kN 对厚度为 6mm 的钢板进行冲孔,如题 2.19 图所示。试求钢板上的平均切应力与冲头上的平均压应力。

2.20 题 2.20 图所示拉杆,材料的许用切应力 $[\tau]=100$MPa,许用挤压应力 $[\sigma_{bs}]=240$MPa。试由拉杆头部的剪切和挤压强度条件确定容许拉力 $[F]$。

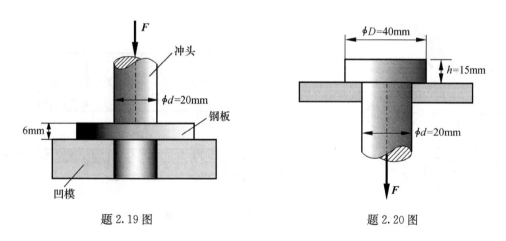

题 2.19 图　　　　　　　　　　　题 2.20 图

2.21 题 2.21 图所示销钉连接,已知许用切应力 $[\tau]=20$MPa,许用挤压应力 $[\sigma_{bs}]=70$MPa。试确定销钉的直径 d。

2.22 题 2.22 图所示两根矩形截面木材,用两块钢板连接在一起,受轴向载荷 $F=45$kN 作用。已知截面厚度 $b=250$mm,沿木材的顺纹方向 $[\sigma]=6$MPa,许用挤压应力 $[\sigma_{bs}]=10$MPa,许用切应力 $[\tau]=1$MPa。试确定接头的尺寸 $\delta、l、h$。

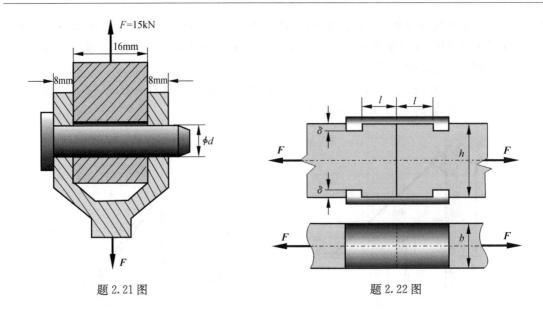

题 2.21 图　　　　　　　　　　　　　　　　题 2.22 图

2.23　如题 2.23 图所示,两轴端部通过凸缘用螺栓相连接,凸缘之间沿着半径为 75mm 的圆周上均匀排列着四个螺栓,若螺栓直径为 25mm,其材料的许用切应力 $[\tau]=40$MPa,轴所传递的扭矩 $T=5$kN·m。试校核该连接接头的强度。

2.24　题 2.24 图所示接头,由两块钢板用四个直径相同的钢铆钉连接而成。已知载荷 $F=80$kN,板宽 $b=80$mm,板厚 $\delta=10$mm,铆钉直径 $d=16$mm,许用切应力 $[\tau]=100$MPa,许用挤压应力 $[\sigma_{bs}]=300$MPa,许用拉应力 $[\sigma]=170$MPa。试校核接头的强度。

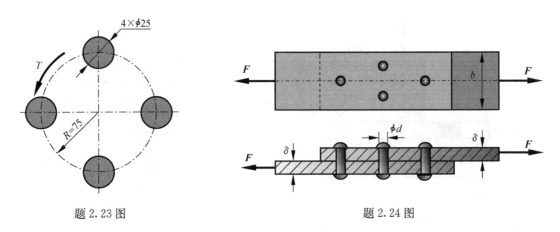

题 2.23 图　　　　　　　　　　　　　　　　题 2.24 图

第3章 扭 转

3.1 扭转的概念与实例

扭转变形是杆件的基本变形之一,其受力特点是:在垂直于杆件轴线的两个相邻平面内作用有反向等值力偶,如图3.1所示。在这样的外力偶作用下,杆的变形特点是:任意两个横截面绕杆轴线发生相对转动。

工程中,将以扭转变形为主的杆件称为轴。汽车转向轴(图3.2(a))、攻丝时的丝钻(图3.2(b))、传动轴(图3.2(c))等都是受扭构件。工程中受纯扭转的构件并不多,但以扭转变形为主的构件却很多,如电动机主轴、水轮机主轴、机床传动轴等,除受扭转变形外还有弯曲变形,这种情况属于组合变形。

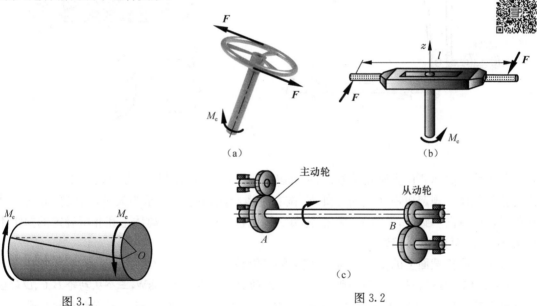

（a）　　　　　　　　　　　　（b）

（c）

图3.1　　　　　　　　　　　　图3.2

3.2 传动轴的外力偶矩、扭矩及扭矩图

对于传动轴,工程中通常给出的是轴的转速和传递的功率,如电动机、发电机、汽轮机等,传动轴所受的外力偶矩,通常可以根据轴的转速 n 和传递的功率 P 来计算。

如图3.3所示的电机轴,已知轴的功率为 $P(\mathrm{kW})$,由于 $1\mathrm{kW}=1000\mathrm{N}\cdot\mathrm{m/s}$,故输入功率 P 相当于在每秒内输入 $P\times1000(\mathrm{N}\cdot\mathrm{m})$ 的功。若传动轴的转速为 $n(\mathrm{r/min})$ 时,则外力偶矩 $M_{\mathrm{e}}(\mathrm{N}\cdot\mathrm{m})$ 在每秒内所完成的功也就是传动轴的输入功,即

$$2\pi\frac{n}{60}M_{\mathrm{e}}=P\times1000$$

由此,有

$$M_e = 9549 \frac{P}{n} \tag{3.1}$$

当功率为 P(马力,PS),转速为 n(r/min)时,由于 1PS$=$0.735kW,则外力偶矩 M_e(N·m)为

$$M_e = 7024 \frac{P}{n} \tag{3.2}$$

在作用于轴上的所有外力偶矩都确定后,即可采用截面法研究横截面上的内力。如图 3.4 所示的圆轴,假想将圆轴沿 n-n 截面分成两部分,并取分离体 I 作为研究对象。由分离体 I 的平衡方程,求出

$$T = M_e$$

式中,T 称为 n-n 截面上的**扭矩**,它是分离体 I、II 在 n-n 截面上相互作用分布内力系的合力偶矩。

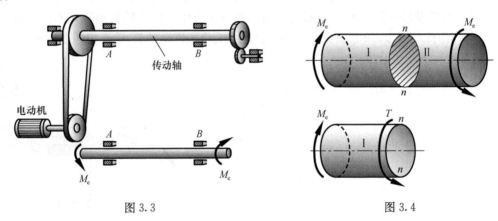

图 3.3   图 3.4

如果取分离体 II 作为研究对象,仍然可以求得 $T=M_e$ 的结果,其方向则与用分离体 I 求出的扭矩相反。规定扭矩 T 的符号如下:按右手螺旋法则把 T 表示为矢量,当矢量方向与截面的外法线方向一致时,T 为正;反之,为负。按此符号规定,取分离体 I 和 II 所确定的扭矩不仅大小相等,而且正负一致。

如果不同横截面上的扭矩不同,习惯上将其沿轴线的变化规律绘制成曲线,称为**扭矩图**。

【例 3.1】 传动轴如图 3.5(a)所示,主动轮 A 的输入功率 $P_A=50$kW,三个从动轮 B、C、D 的输出功率分别为 $P_B=15$kW,$P_C=15$kW,$P_D=20$kW,轴的转速为 $n=300$r/min。试作轴的扭矩图。

解 轴的受力简图如图 3.5(b)所示。主动轮和从动轮所受的外力偶矩大小为

$$T_A = 9.55 \frac{P_A}{n} = 1.6\text{kN·m}$$

$$T_B = T_C = 0.48\text{kN·m}$$

$$T_D = 0.64\text{kN·m}$$

将轴沿 BC 段截开,如图 3.5(c)所示,由平衡方程,可得 BC 段的扭矩为

$$T_1 = -T_B = -0.48\text{kN·m}$$

将轴沿 CA 段截开,如图 3.5(d)所示,由平衡方程,可得 CA 段的扭矩为

$$T_2 = -T_B - T_C = -0.96\text{kN·m}$$

将轴沿 AD 段截开,如图 3.5(e)所示,由平衡方程,可得 AD 段的扭矩为

$$T_3 = T_A - T_B - T_C = 0.64\text{kN} \cdot \text{m}$$

根据各段横截面上的扭矩,可以绘出图 3.5(f)所示的扭矩图。由此可见,最大扭矩(绝对值)出现在 CA 段,其大小为 $0.96\text{kN} \cdot \text{m}$。

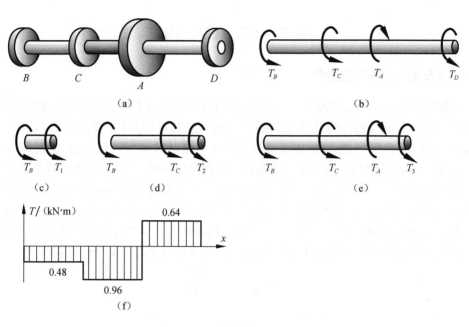

图 3.5

【例 3.2】 钻探机的钻杆如图 3.6(a)所示,功率 $P=10\text{kW}$,转速 $n=180\text{r/min}$,钻入土壤深度 $l=40\text{m}$,土壤的阻力偶沿着钻杆轴线方向可以认为是均匀分布的。试作钻杆的扭矩图。

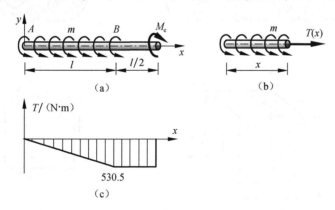

图 3.6

解 钻杆在主动力偶和阻力偶作用下平衡,主动力偶 M_e 和阻力偶集度 m 分别为

$$M_e = 9549 \frac{P}{n} = 9549 \times \frac{10}{180} = 530.5(\text{N} \cdot \text{m})$$

$$m = \frac{M_e}{l} = \frac{530.5}{40} = 13.3(\text{N} \cdot \text{m/m})$$

沿杆轴截面截开,如图 3.6(b)所示,由力偶矩平衡方程可得各段的扭矩

$$T(x) = \begin{cases} -mx & (0 \leqslant x \leqslant l) \\ -M_e & (l < x \leqslant 1.5l) \end{cases}$$

据此画出扭矩图,如图 3.6(c)所示。

3.3 纯 剪 切

3.3.1 薄壁圆管中的切应力

首先考察图 3.7(a)所示壁厚为 t、中径为 R 的薄壁圆管,两端受大小相等、转向相反的集中力偶 M_e 的作用。所谓薄壁圆管是指其壁厚 t 远小于其直径 D(一般 $t/D \leqslant 1/10$)。试验表明,在集中力偶 M_e 作用下,圆管相邻两横截面只发生相对转动,而它们之间的距离不发生变化,右端面相对于左端面的转角 φ 称为该两端面的相对扭转角。因此,圆管横截面上不存在正应力,而只有切应力。用垂直于圆管轴线的横截面 1-1 将圆管截为两部分,保留左边部分为分离体,如图 3.7(b)所示。分离体左端受外力偶 M_e 作用,右端横截面上受到舍弃部分对其作用的扭矩 T,由平衡关系可确定 $T = M_e$。由于圆管壁很薄,可认为切应力 τ 沿壁厚均匀分布。切应力 τ 所产生的剪力对轴线的合力矩就是扭矩,由此可得出切应力 τ 的计算表达式为

$$\tau = \frac{T}{2\pi R^2 t} = \frac{M_e}{2\pi R^2 t} \tag{3.3}$$

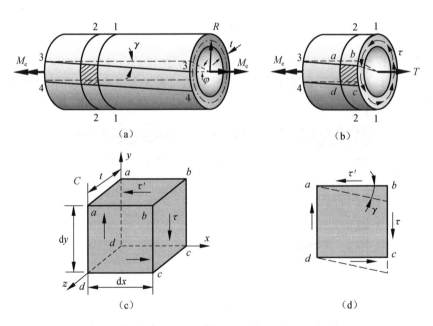

图 3.7

3.3.2 切应力互等定理

下面研究圆管横截面上的切应力与纵向截面上的切应力间的关系。考察如图 3.7(b)所示的单元体 $abcd$,它是由两个相距为 dx 的横截面 1-1 和 2-2 与相距为 dy 的两个纵向截面

3-3 和 4-4 构成，其上所受的切应力如图 3.7(c)、(d)所示。将单元体所受的力对 z 轴取矩，由平衡方程可得

$$\tau \mathrm{d}y t \mathrm{d}x = \tau' t \mathrm{d}x \mathrm{d}y \qquad (3.4)$$

故有

$$\tau = \tau' \qquad (3.5)$$

式(3.5)表明，作用在单元体相互垂直的两个平面上的切应力总是成对存在，且大小相等；两者都垂直于两个平面的交线，方向则共同指向或共同背离这一交线，这就是**切应力互等定理**。

图 3.7(c)、(d)所示单元体上无正应力而只受切应力作用，称为**纯剪切**。

3.3.3 切应变、剪切胡克定律

图 3.7(d)所示为纯剪切时单元 $abcd$ 的变形情况，切应力使矩形 $abcd$ 变为图中虚线所示的平行四边形。变形前 ad 与 dc 边、ba 与 ad 边分别相互垂直，变形后它们的夹角分别为 $\pi/2+\gamma$ 和 $\pi/2-\gamma$，其中 γ 是一很小的角度。角度 γ 代表切应力引起的单元变形的度量，称为**切应变**。可见，切应变 γ 等于单元右边相对于左边所做的垂直滑移量除以单元的宽度。

利用薄壁圆管扭转试验，可以测定圆管所施加的外力偶矩 M_e 和两端面的相对扭转角 φ 的关系。由图 3.7(a)所示的变形几何关系，可以确定切应变 γ 与相对扭转角 φ 之间的关系

$$\gamma = \frac{R\varphi}{l}$$

而切应力 τ 与外力偶矩 M_e 的关系由式(3.3)确定。由此，可以获得材料的切应力-切应变曲线图，即 τ-γ 图，如图 3.8 所示。基于 τ-γ 图可以确定材料在剪切条件下的比例极限 τ_p、屈服极限 τ_s 及强度极限 τ_b。

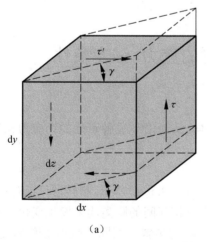

(a)

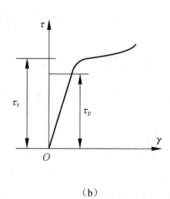

(b)

图 3.8

对于低碳钢类材料，当切应力小于某一极限值(剪切比例极限)时，切应变与切应力成正比，即

$$\tau = G\gamma \qquad (3.6)$$

此即为剪切胡克定律，其中 G 称为材料的剪切弹性模量。实验表明，碳钢 $G \approx 80\mathrm{GPa}$。实际

上,弹性模量 E、剪切弹性模量 G 和泊松比 μ 这三个弹性常数之间并不独立,而是存在关系 $G=\dfrac{E}{2(1+\mu)}$。此关系将在第 8 章予以证明。

3.3.4　剪切应变能

设想从构件中取出受纯剪切的单元体,如图 3.8(a)所示。不妨假设单元体的左侧面固定,单元体右侧面上的剪力为 $\tau\mathrm{d}y\mathrm{d}z$,由于剪切变形,右侧面向上错动(位移)的距离为 $\gamma\mathrm{d}x$。若切应力有一增量 $\mathrm{d}\tau$,切应变的相应增量为 $\mathrm{d}\gamma$,右侧面向上错动的增量为 $\mathrm{d}\gamma\mathrm{d}x$。剪力 $\tau\mathrm{d}y\mathrm{d}z$ 在位移增量 $\mathrm{d}\gamma\mathrm{d}x$ 上完成的功是 $\tau\mathrm{d}y\mathrm{d}z \cdot \mathrm{d}\gamma\mathrm{d}x$。在切应变 γ 从零开始逐渐增加到 γ_1 的过程中,右侧面上剪力 $\tau\mathrm{d}y\mathrm{d}z$ 总共完成的功应为

$$\mathrm{d}W = \int_0^{\gamma_1} \tau\mathrm{d}y\mathrm{d}z \cdot \mathrm{d}\gamma\mathrm{d}x$$

由功能互等原理,剪力所做的功 $\mathrm{d}W$ 等于单元体内储存的应变能 $\mathrm{d}V_\varepsilon$,即

$$\mathrm{d}V_\varepsilon = \mathrm{d}W = \int_0^{\gamma_1} \tau\mathrm{d}y\mathrm{d}z \cdot \mathrm{d}\gamma\mathrm{d}x = \left(\int_0^{\gamma_1} \tau\mathrm{d}\gamma \right) \mathrm{d}V$$

式中,$\mathrm{d}V=\mathrm{d}x\mathrm{d}y\mathrm{d}z$ 为单元体的体积。以 $\mathrm{d}V$ 除以 $\mathrm{d}V_\varepsilon$ 得单位体积内的剪切应变能,即剪切应变能密度为

$$v_\varepsilon = \frac{\mathrm{d}V_\varepsilon}{\mathrm{d}V} = \int_0^{\gamma_1} \tau\mathrm{d}\gamma \tag{3.7}$$

式(3.7)表明,v_ε 等于图 3.8(b)所示 τ-γ 曲线下的面积。在切应力小于剪切比例极限的情况下,τ 与 γ 成正比,此时有

$$v_\varepsilon = \frac{1}{2}\tau\gamma$$

由剪切胡克定律,$\tau=G\gamma$,上式可以写成

$$v_\varepsilon = \frac{1}{2}\tau\gamma = \frac{\tau^2}{2G} = \frac{1}{2}G\gamma^2 \tag{3.8}$$

3.4　圆轴扭转时的应力、强度条件

3.4.1　圆轴扭转时横截面上的应力

圆轴受扭转变形时,不能像对薄壁圆筒那样,认为沿半径各点处的切应力相等,而是要综合研究几何、物理和静力三方面的关系。

1. 变形几何关系

首先,在圆轴表面上绘出纵向线和圆周线,如图 3.9(a)所示,扭转后可以观察到与薄壁圆筒相同的表面变形现象,即圆周线的形状、大小及相互间的距离均未发生变化,只是绕轴线相对转动了一个角度;各纵向线仍近似是一条直线,均倾斜了相同的微小角度 γ,变形前表面上的矩形方格,变形后错动成平行四边形。

根据观察到的现象,可以假设:圆轴扭转变形前原为平面的横截面,变形后仍然保持平面,形状和大小均不变,半径仍然保持为直线;且相邻两截面间的距离不变。这就是圆轴扭转时的**刚性平面假设**。按照此假设,圆轴扭转变形中,圆轴的横截面绕轴线刚性地

旋转了一个角度。

如图 3.9(a)所示的实心圆轴,其两端受外力偶 M_e 作用,右端截面相对于左端截面的扭转角为 φ,同时杆件表面的任一纵向线产生一微小转角 γ(即圆轴表面的切应变)。用横截面 1-1 和 2-2 截出相距为 dx 的圆盘,圆盘右端面相对左端面的扭转角为 $d\varphi$,如图 3.9(b)所示。再用两条相邻纵向线从该圆盘表面截出矩形单元 $abcd$,受扭变形为平行四边形 $ab'c'd$。由小变形假设,有

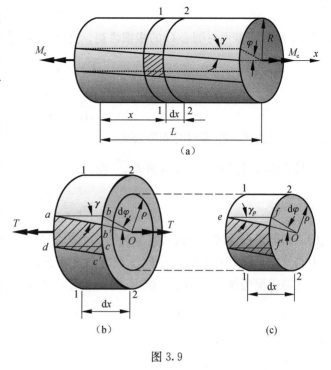

$$\gamma = \frac{bb'}{ab} = R\frac{d\varphi}{dx} \qquad (a)$$

为了确定圆轴内部的切应变和切应力,从图 3.9(b)所示的圆盘中截取一个半径为 ρ 的小圆盘,其表面切应变为 γ_ρ,如图 3.9(c)所示。由几何关系可得

图 3.9

$$\gamma_\rho = \rho\frac{d\varphi}{dx} \qquad (b)$$

式(a)、式(b)中的 $\dfrac{d\varphi}{dx}$ 表示扭转角 φ 沿 x 轴的变化率,称为单位长度扭转角。对一个给定的截面,$\dfrac{d\varphi}{dx}$ 是常量(与 ρ 无关)。式(b)表明,横截面上任意点的切应变与该点到圆心的距离 ρ 成正比。

2. 物理关系

在比例极限范围内,根据剪切胡克定律,有

$$\tau_\rho = G\gamma_\rho = G\rho\frac{d\varphi}{dx} \qquad (3.9)$$

式(3.9)表明,横截面上任意点的切应力 τ_ρ 与半径 ρ 成正比,在外表面取最大值。

3. 静力平衡关系

由静力平衡关系可知,任一横截面上的扭矩 T 与外力偶矩 M_e 相等,即 $T=M_e$。如图 3.10 所示,作用在微面积 dA 上的剪力为 $\tau_\rho dA$,该剪力对截面形心 O 的力矩为 $\tau_\rho \rho dA$,其在整个截面上的积分即为扭矩 T,即

图 3.10

$$T = \int_A \tau_\rho dA = \int_A G\frac{d\varphi}{dx}\rho^2 dA = G\frac{d\varphi}{dx}\int_A \rho^2 dA \qquad (c)$$

令
$$I_p = \int_A \rho^2 \, dA \qquad\qquad (d)$$

式中，I_p 称为横截面对圆心 O 的**极惯性矩**。这样，式(c)便可写成

$$T = GI_p \frac{d\varphi}{dx} \qquad\qquad (e)$$

或
$$\frac{d\varphi}{dx} = \frac{T}{GI_p} \qquad\qquad (3.10)$$

式(3.10)即为圆轴扭转时的变形公式。

将式(3.10)代入式(3.9)，消去 $\dfrac{d\varphi}{dx}$，得

$$\tau_\rho = \frac{T\rho}{I_p} \qquad\qquad (3.11)$$

式(3.11)即为横截面上距圆心为 ρ 的任意点的切应力公式。由此表明，横截面上任意点的切应力与该点到圆心的距离 ρ 成正比，其方向垂直于半径 ρ，如图 3.10 所示。

在圆截面边缘上，ρ 为最大值 R，得最大切应力为

$$\tau_{max} = \frac{TR}{I_p} \qquad\qquad (3.12)$$

或
$$\tau_{max} = \frac{T}{W_t} \qquad\qquad (3.13)$$

式中，$W_t = \dfrac{I_p}{R}$ 称为**抗扭截面系数**。对于半径为 R(直径为 D)的圆形截面，有

$$I_p = \frac{\pi R^4}{2} = \frac{\pi D^4}{32}$$

故
$$W_t = \frac{\pi D^3}{16}$$

空心圆轴的扭转分析，其方法与实心圆轴的分析一样，实心圆轴所得出的结论和表达式对空心圆轴仍然有效，只是空心圆轴横截面的极惯性矩和抗扭截面系数表达式不同。空心圆截面的极惯性矩和抗扭截面系数分别为

$$I_p = \frac{\pi(R^4 - r^4)}{2} = \frac{\pi D^4(1-\alpha^4)}{32} \qquad (3.14)$$

$$W_t = \frac{\pi D^3(1-\alpha^4)}{16} \qquad (3.15)$$

式中，$\alpha = d/D$，$d = 2r$，$D = 2R$。

空心圆轴横截面上的切应力分布如图 3.11 所示。

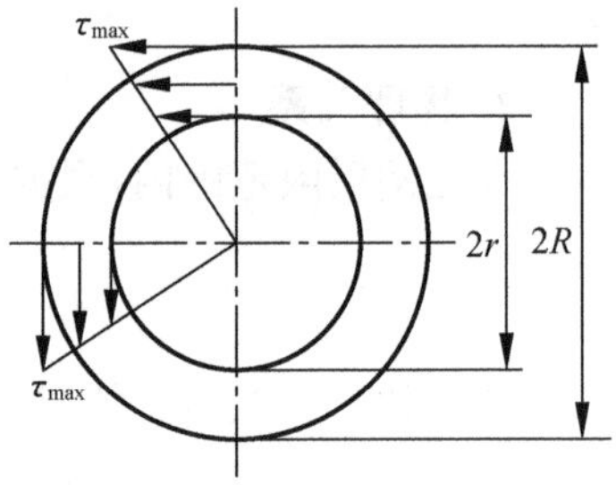

图 3.11

3.4.2 扭转时的强度计算

圆轴扭转时的强度条件是轴上的最大切应力不超过该轴材料的许用切应力 $[\tau]$，即

$$\tau_{max} \leqslant [\tau]$$

将式(3.13)代入上式，可得

$$\tau_{max} = \frac{T_{max}}{W_t} \leqslant [\tau] \qquad\qquad (3.16)$$

式中，T_{max} 是圆轴各横截面上的最大扭矩。

根据理论分析和试验测定，$[\tau]$ 和 $[\sigma]$ 有如下近似关系：

$$[\tau] = (0.5 \sim 0.6)[\sigma] \quad （钢）$$
$$[\tau] = (0.8 \sim 1.0)[\sigma] \quad （铸铁）$$

【例 3.3】 设空心圆轴和实心圆轴材料相同、质量相等。空心轴内、外直径之比为 α。试比较它们允许传递的最大扭矩。

解 因为质量与其横截面成正比，由于两轴质量相等，故有

$$D_1^2 = D_2^2(1 - \alpha^2)$$

或

$$D_2 = D_1 / \sqrt{1 - \alpha^2}$$

式中，D_1 及 D_2 分别为实心轴直径及空心轴外径。由于两轴材料相同，因此两轴所能承受最大切应力 τ_{max} 相等，则由式（3.13），可得两轴所能承受的最大扭矩正比于它们的抗扭截面系数，即

$$\frac{T_2}{T_1} = \frac{W_{t,2}}{W_{t,1}} = D_2^3(1 - \alpha^4)/D_1^3$$

化简，可得

$$\frac{T_2}{T_1} = \frac{(1 + \alpha^2)}{\sqrt{1 - \alpha^2}}$$

由此可见，空心圆轴比实心圆轴能承受更大的扭矩。例如，当 $\alpha = 0.8$ 时，$\dfrac{T_2}{T_1} = 2.73$。

【例 3.4】 一实心圆轴，其直径为 18mm，传递功率为 10kW，转速为 1810r/min，许用切应力 $[\tau] = 55$MPa。试校核该轴的强度。

解 外力偶矩为

$$M_e = 9549 \frac{P}{n} = 9549 \times \frac{10}{1810} = 52.76(\text{N} \cdot \text{m})$$

由式（3.13），有

$$\tau = \frac{T_{max}}{W_t} = \frac{16M_e}{\pi d^3} = \frac{16 \times 52.76 \times 10^3}{\pi \times 18^3} = 46.1(\text{MPa}) \leqslant [\tau]$$

故该轴能够满足强度要求。

【例 3.5】 一无缝钢管制成的空心圆轴，其外径为 85mm，最高转速为 1500r/min、最低转速为 300r/min，该轴传递的功率为 110kW。材料的许用切应力 $[\tau] = 60$MPa，试确定钢管的壁厚。

解 由式（3.1）可知，低速时将产生最大的扭矩，其值为

$$T_{max} = M_{e,max} = 9549 \frac{P}{n_{min}} = 9549 \times \frac{110}{300} = 3501.3(\text{N} \cdot \text{m})$$

将 $W_t = \dfrac{\pi D^3(1 - \alpha^4)}{16}$ 代入强度条件

$$\tau = \frac{T_{max}}{W_t} \leqslant [\tau]$$

得到

$$W_t = \frac{\pi D^3(1 - \alpha^4)}{16} \geqslant \frac{T_{max}}{[\tau]}$$

或

$$\alpha \leqslant \sqrt[4]{1 - \frac{16 T_{max}}{\pi D^3 [\tau]}} = \sqrt[4]{1 - \frac{16 \times 3501 \times 10^3}{\pi \times 85^3 \times 60}} = 0.848$$

由 $\alpha = \dfrac{d}{D}$,求得壁厚为

$$t = \frac{D-d}{2} = D\,\frac{1-\alpha}{2} = 85 \times \frac{1-0.848}{2} = 6.48(\text{mm})$$

实际设计中,可取壁厚 t 为 6.5mm。

3.5　圆轴扭转时的变形、刚度条件

3.5.1　圆轴扭转时的变形

圆轴扭转时的变形一般用两个横截面绕轴线的相对扭转角 φ 来表示。对式(3.10)积分,可得相距 l 的两横截面间的相对扭转角 φ 为

$$\varphi = \int_l \mathrm{d}\varphi = \int_l \frac{T}{GI_\mathrm{p}}\mathrm{d}x$$

对于等截面圆轴,当两截面之间的扭矩 T 为常量时,其两端的相对扭转角为

$$\varphi = \frac{Tl}{GI_\mathrm{p}} \tag{3.17}$$

式中,GI_p 称为截面的**抗扭刚度**,反映了截面抵抗扭转变形的能力。GI_p 越大,扭转变形就越小。

当轴各段内的扭矩 T 不相同,或各段内的极惯性矩 I_p 不同(阶梯轴)时,需分段计算各段的扭转角,然后叠加,得截面两端的相对扭转角为

$$\varphi = \sum_{i=1}^{n} \frac{T_i l_i}{GI_{\mathrm{p}i}} \tag{3.18}$$

3.5.2　圆轴扭转时的刚度计算

机器中的轴类零件,除满足强度要求外,一般还应限制轴的变形量。例如,车床丝杠的扭转变形过大,会降低加工精度;发动机的凸轮轴扭转角过大,会影响气阀开关时间等。对于精密机械,刚度要求往往占主导地位。

由式(3.17)可以看出,φ 的大小与 l 的长短有关,为了消除长度 l 的影响,工程中常采用**单位长度扭转角** φ' 来表示其变形程度,即

$$\varphi' = \frac{\mathrm{d}\varphi}{\mathrm{d}x} = \frac{T}{GI_\mathrm{p}} \tag{3.19}$$

扭转的刚度条件就是限定 φ' 的最大值不超过规定的允许值 $[\varphi']$,即

$$\varphi' = \frac{T_{\max}}{GI_\mathrm{p}} \leqslant [\varphi'] \tag{3.20}$$

式中,φ' 和 $[\varphi']$ 的单位为 rad/m。工程中,习惯把°/m 作为 $[\varphi']$ 的单位。因此,式(3.20)应修改为

$$\varphi' = \frac{T_{\max}}{GI_\mathrm{p}} \times \frac{180}{\pi} \leqslant [\varphi'] \tag{3.21}$$

各种轴类零件的 $[\varphi']$ 值可从有关规范和手册中查到。

【**例 3.6**】　图 3.12(a)所示传动轴，其上有三个链轮，链轮 2 是主动轮，链轮 1、3 是从动轮。假定工作时 $M_{e1}=40\text{N}\cdot\text{m}$，$M_{e3}=160\text{N}\cdot\text{m}$，传动轴两段的直径分别为 $d_1=20\text{mm}$，$d_2=30\text{mm}$，材料 $G=80\text{GPa}$。求确定链轮 3 相对于链轮 1 转过的角度。

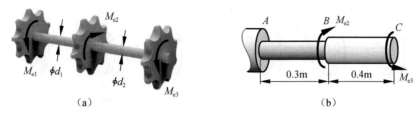

图 3.12

解　传动轴的受力简图如图 3.12(b)所示。

由传动轴的平衡，可由两从动轮的力偶矩 M_{e1} 和 M_{e3} 确定主动轮的力偶矩为

$$M_{e2}=M_{e1}+M_{e3}=200\text{N}\cdot\text{m}$$

求 B 截面相对于 A 截面的扭转角：

$$T_1=-M_{e1}=-40\text{N}\cdot\text{m}$$

$$I_{p1}=\frac{\pi d_1^4}{32}=\frac{\pi\times20^4}{32}=15708(\text{mm}^4)$$

$$\varphi_{BA}=\frac{T_1 l_1}{GI_{p1}}=\frac{-40\times10^3\times300}{80\times10^3\times15708}=-9.55\times10^{-3}$$

求 C 截面相对于 B 截面的扭转角：

$$T_2=M_{e2}=160\text{N}\cdot\text{m}$$

$$I_{p2}=\frac{\pi d_2^4}{32}=\frac{\pi\times30^4}{32}=79521.6(\text{mm}^4)$$

$$\varphi_{CB}=\frac{T_2 l_2}{GI_{p2}}=\frac{160\times10^3\times400}{80\times10^3\times79521.6}=1.006\times10^{-2}$$

故 C 截面相对于 A 截面的扭转角为

$$\varphi_{CA}=\varphi_{BA}+\varphi_{CB}=-9.55\times10^{-3}+1.006\times10^{-2}=5.1\times10^{-4}$$

【**例 3.7**】　图 3.13(a)所示传动轴，其转速 $n=500\text{r/min}$，主动轮 A 输入的功率 $P_1=400\text{kW}$，从动轮 B、C 输出的功率分别为 $P_2=160\text{kW}$ 和 $P_3=240\text{kW}$。已知 $[\tau]=70\text{MPa}$，$[\varphi']=1°/\text{m}$，$G=80\text{GPa}$。试确定 AB 段的直径 d_1 和 BC 段的直径 d_2。

解　各轮的外力偶矩为

$$M_{e1}=9549\frac{P_1}{n}=9549\times\frac{400}{500}=7639.2(\text{N}\cdot\text{m})$$

$$M_{e2}=9549\frac{P_2}{n}=9549\times\frac{160}{500}=3055.7(\text{N}\cdot\text{m})$$

$$M_{e3}=9549\frac{P_3}{n}=9549\times\frac{240}{500}=4583.5(\text{N}\cdot\text{m})$$

由此可以画出图 3.13(b)所示扭矩图,可知 AC 段的扭矩 $T_{AB} = -7639.2\text{N} \cdot \text{m}$,BC 段的扭矩 $T_{BC} = -4583.5\text{N} \cdot \text{m}$。

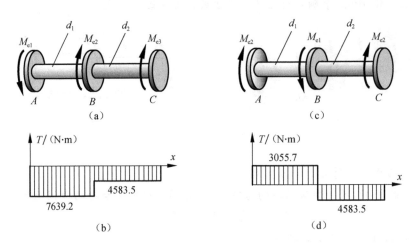

图 3.13

AB 段的直径 d_1 需要同时满足强度条件和刚度条件

$$\tau_{\max} = \frac{16T_{AB}}{\pi d_1^3} \leqslant [\tau], \quad d_1 \geqslant \sqrt[3]{\frac{16T_{AB}}{\pi[\tau]}} = \sqrt[3]{\frac{16 \times 7639.2 \times 10^3}{\pi \times 70}} = 82.2(\text{mm})$$

$$\varphi_{\max}' = \frac{32T_{AB}}{G\pi d_1^4} \times \frac{180°}{\pi} \leqslant [\varphi'], \quad d_1 \geqslant \sqrt[4]{\frac{32T_{AB} \times 180}{G\pi^2 \times [\varphi']}} = \sqrt[4]{\frac{32 \times 7639.2 \times 10^3 \times 180}{80 \times 10^3 \times \pi^2 \times 1 \times 10^{-3}}} = 86.4(\text{mm})$$

因此,可取 $d_1 = 87\text{mm}$。

同样,BC 段的直径 d_2 也需要同时满足强度条件和刚度条件

$$d_2 \geqslant \sqrt[3]{\frac{16T_{BC}}{\pi[\tau]}} = \sqrt[3]{\frac{16 \times 4583.5 \times 10^3}{\pi \times 70}} = 69.3(\text{mm})$$

$$d_2 \geqslant \sqrt[4]{\frac{32T_{BC} \times 180}{G\pi^2 \times [\phi']}} = \sqrt[4]{\frac{32 \times 4583.5 \times 10^3 \times 180}{80 \times 10^3 \times \pi^2 \times 1 \times 10^{-3}}} = 76(\text{mm})$$

因此,可取 $d_2 = 76\text{mm}$。

若将主动轮安装在两从动轮之间,如图 3.13(c)所示,此时扭矩图如图 3.13(d)所示,BC 段的扭矩不变,而 AB 段的扭矩从 7639.2N·m 降为 4583.5N·m,可以减小 AB 段的直径,显然从轴的强度和刚度而言,这样的安排更为合理。

习　题

3.1　试求题 3.1 图所示各杆 1-1、2-2、3-3 截面的扭矩并作扭矩图。

3.2　薄壁钢管外径为 114mm,受扭矩 8kN·m 作用,用薄壁圆管的近似公式确定所需的壁厚 t 值。设容许切应力 $[\tau] = 100\text{MPa}$。

3.3　如题 3.3 图所示为圆杆横截面上的扭矩,试画出截面上的切应力分布图。

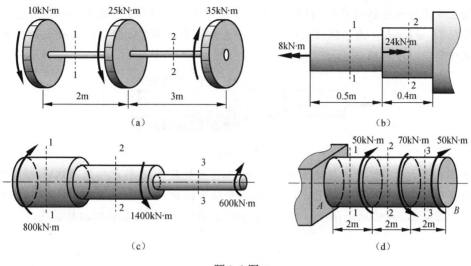

题 3.1 图

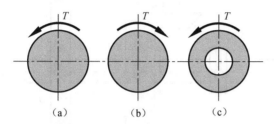

题 3.3 图

3.4 直径为 $d=50\text{mm}$ 的圆轴受力如题 3.4 图所示,求:

(1) 截面 $B\text{-}B$ 上 A 点处的切应力;

(2) 圆轴上的最大切应力。

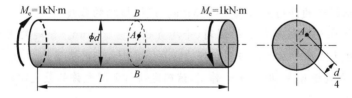

题 3.4 图

3.5 题 3.5 图所示圆轴的直径 $d=100\text{mm}$,$l=500\text{mm}$,$M_1=7\text{kN}\cdot\text{m}$,$M_2=5\text{kN}\cdot\text{m}$,已知材料 $G=82\text{GPa}$。试求:

(1) 轴上的最大切应力,并指出其所在位置;

(2) C 截面相对于 A 截面的相对扭转角。

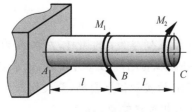

题 3.5 图

3.6　题 3.6 图所示阶梯形圆轴 ABC，其中 AB 段为直径为 d_1 的实心轴，BC 段为空心轴，其外径 $D_2 = 1.5d_1$。为了保证空心段 BC 的最大切应力与实心段 AB 的最大切应力相等，试确定空心段内径 d_2。

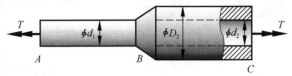

题 3.6 图

3.7　题 3.7 图所示 AB 轴的转速 $n = 120 \text{r/min}$，从 B 轮输入功率 $P = 44.13\text{kW}$，功率的一半通过锥形齿轮传给垂直轴 II，另一半由水平轴 I 输出。已知 $D_1 = 600\text{mm}$，$D_2 = 240\text{mm}$，$d_1 = 80\text{mm}$，$d_2 = 60\text{mm}$，$d_3 = 100\text{mm}$，$[\tau] = 20\text{MPa}$。试校核各轴的扭转强度。

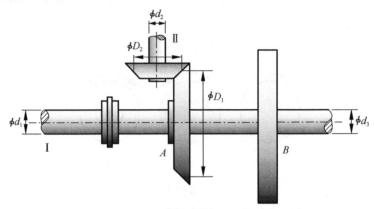

题 3.7 图

3.8　三个皮带轮安装在阶梯轴上，其相关尺寸见题 3.8 图。中间皮带轮为主动轮，输入功率为 40kW，左、右各有一只从动轮，其输出功率分别为 15kW 和 25kW。已知轴的转速为 180r/min，轴材料的许用应力 $[\tau] = 80\text{MPa}$。试校核轴的强度。

3.9　由厚度 $\delta = 8\text{mm}$ 的钢板卷制成的圆筒，平均直径 $D = 200\text{mm}$。接缝处用铆钉铆接（题 3.9 图）。若铆钉直径 $d_1 = 20\text{mm}$，许用切应力 $[\tau] = 60\text{MPa}$，许用挤压应力 $[\sigma_{\text{bs}}] = 160\text{MPa}$，筒的两端受扭转力偶矩 $M_e = 30\text{kN·m}$ 作用，试确定铆钉之间允许的最大间距 s。

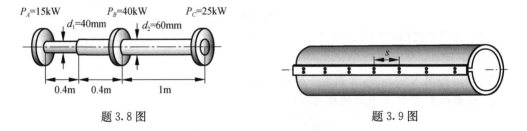

题 3.8 图　　　　　　　　　　　　　　　　　　题 3.9 图

3.10　题 3.10 图所示是外径为 D 及壁厚为 t 的圆杆，左端 A 为固定端，承受载荷集度为 m 的均布力偶作用。设该圆轴的扭转刚度 GI_p 为常数，求自由端 B 的扭转角 φ。

3.11　直径 $d = 50\text{mm}$，长度为 5m 的实心铝制圆轴，最大切应力为 40MPa，铝的剪切弹性模量 $G = 26.3\text{GPa}$。求轴两端的相对扭转角。

3.12 题 3.12 图所示实心圆轴 ABC,转速为 420r/min,传递的总功率为 300kW。假设许用单位长度扭转角$[\varphi']$=0.5°/m,剪切弹性模量 G=80GPa。试确定 AB 段的直径 d 及 BC 段的直径 D。

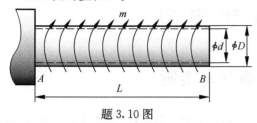
题 3.10 图

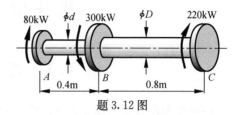
题 3.12 图

第4章 弯曲内力

4.1 弯曲的概念与实例

杆件受到垂直于其轴线方向的横向力或受到纵截面上的力偶作用时,轴线将弯成曲线,这种变形形式称为**弯曲**,主要承受弯曲的杆件称为**梁**。

工程中很多构件可以简化为梁,如桥梁的桥体(图 4.1(a))、起重机的大梁(图 4.1(b))、火车的轮轴(图 4.1(c))等。

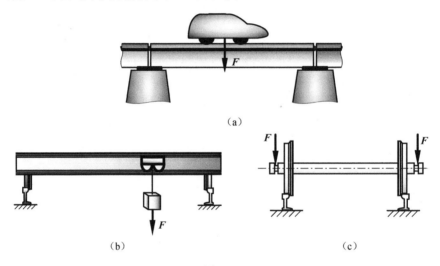

(a)

(b)   (c)

图 4.1

根据梁的形式及其所受载荷的类型,可把梁的弯曲变形分为平面弯曲和非平面弯曲。若梁弯曲变形后,其轴线弯曲为一条平面曲线,该类变形称为**平面弯曲**,否则为非平面弯曲。工程中的梁,绝大多数都具有纵向对称面,如图 4.2 所示。若梁所受的载荷均位于此纵向对称面内,则梁的变形对称于该对称面,其轴线弯曲为该对称面内的一条平面曲线,显然这是平面弯曲。这种平面弯曲又称为**对称弯曲**。

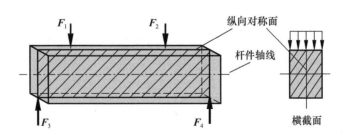

图 4.2

4.2 梁的载荷、支座及其简化

4.2.1 梁的载荷

梁所受的载荷,根据其作用特点,可以分为集中力、集中力偶、分布力、分布力偶等几种。在受力简图中,梁通常可用代表其轴线的一条粗实线来表示,如图 4.3 所示。

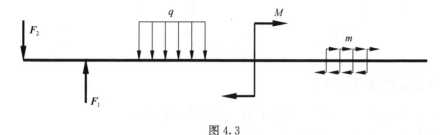

图 4.3

4.2.2 梁的支座及其简化

根据梁的支座所能提供的约束特点,一般可将其简化为如下三种基本形式:

(1) 可动铰支座。图 4.4(a)、(b)所示的短滑动轴承和可滑动的铰链支座等,它们的约束特点是梁可以绕着这类支座的中心进行转动和沿滑动方向移动,但不能沿垂直于滑动方向移动,故其只能产生垂直于滑动方向的支反力,其受力简图如图 4.4(c)所示。

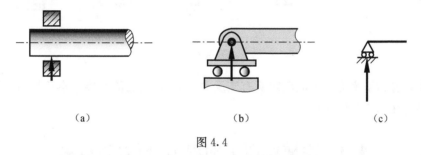

（a）　　　　　　　　（b）　　　　　　　　（c）

图 4.4

(2) 固定铰支座。图 4.5(a)、(b)所示轴向推力轴承、固定的铰链支座等,它们的约束特点是梁可以绕着这类支座的中心进行转动,但不能沿任意方向移动,其受力简图如图 4.5(c)所示,其支反力通常简化为两个相互垂直的分力。

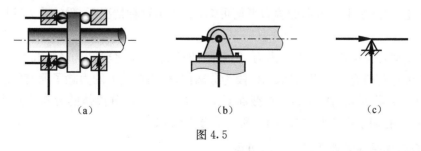

（a）　　　　　　　　（b）　　　　　　　　（c）

图 4.5

(3) 固定端支座。图 4.6(a)、(b)所示的嵌入墙体固定不动的梁端部、被压板和螺钉固定于刀架上的车刀端部等,它们的约束特点是梁的端部既不能沿任意方向移动,又不能转动,其受力简图如图 4.6(c)所示,其支反力通常简化为两个相互垂直的分力和一个反力偶。

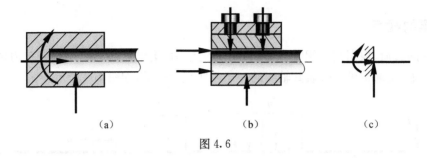

（a）　　　　　　　　　　　（b）　　　　　　　　　（c）

图 4.6

4.2.3　静定梁的基本形式

所有支座反力能够通过静力平衡方程确定的梁称为**静定梁**。

常见的静定梁主要有以下三种基本形式:

(1) 悬臂梁。如图 4.7(a)所示,梁的一端为固定端支座,另一端为自由端。

(2) 简支梁。如图 4.7(b)所示,梁的一端为固定铰支座,另一端为可动铰支座。

(3) 外伸梁。如图 4.7(c)所示,梁由一个固定铰支座和一个可动铰支座支撑,其一端或两端自由外伸。

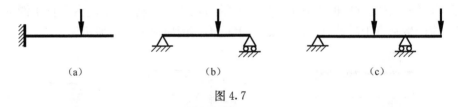

（a）　　　　　　　　　　（b）　　　　　　　　　（c）

图 4.7

仅仅依靠静力平衡方程不能确定所有支反力的梁,称为**超静定梁**。本章只讨论静定梁,有关超静定梁将在第 7 章中讨论。

4.3　梁横截面上的内力、剪力和弯矩

当梁上的所有支反力确定后,就可以利用截面法求梁横截面上的内力。

图 4.8(a)所示的简支梁受外载荷 F_1 和 F_2 的作用,其支座反力 X_A、Y_A 和 Y_B 可通过静力平衡方程确定。显然,由 x 方向的静力平衡可知,$X_A = 0$,这种情况下,梁的受力简图可不画支反力 X_A。

为了确定梁任意横截面 C 上的内力,用假想的截面 m-m 将梁截为 AC 和 CB 两段,任取一段为分离体进行研究。这里,先取 AC 段为分离体,作用在其上的力除了原有的载荷和支座反力外,还有 CB 段对其的作用力。在截面 C 处,CB 段对 AC 分离体的分布作用力向形心简化后,得到一个相切于横截面的合力 F_S 和一个合力偶 M。

对分离体,由平衡条件 $\sum F_y = 0$,可得

$$F_S = Y_A - F_1$$

由平衡条件 $\sum M_C = 0$，可得

$$M = Y_A x - F_1 (x - a)$$

合力 F_S 称为横截面 m-m 上的**剪力**，合力偶 M 称为横截面 m-m 上的**弯矩**。

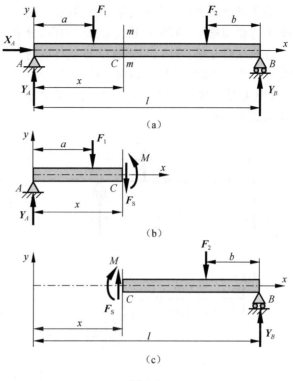

由此可见，弯曲时梁横截面上一般同时存在有两个内力分量，即剪力和弯矩。

同样，也可以取 CB 段为分离体进行研究，用同样的方法可求出 F_S 和 M，如图 4.8(c) 所示。显然，由于 F_S 和 M 是 AC 段和 CB 段在 m-m 截面上相互作用的内力，所以在 m-m 截面上 AC 段的 F_S 和 M 与 CB 段的 F_S 和 M 分别数值相等，但方向相反。

为了使得不论取左侧段还是右侧段为分离体进行研究，求得的内力不仅数值相等，而且正负一致，对剪力 F_S 和弯矩 M 的正负作如下规定：

图 4.8

(1) 剪力 F_S 的正负。如图 4.9(a) 所示，分离体上的剪力对分离体内任一点取矩，产生顺时针的矩时，规定该剪力为正；反之，为负（图 4.9(b)）。

(2) 弯矩 M 的正负。如图 4.10(a) 所示，将分离体轴线弯曲成为凹曲线的弯矩为正；反之，为负（图 4.10(b)）。

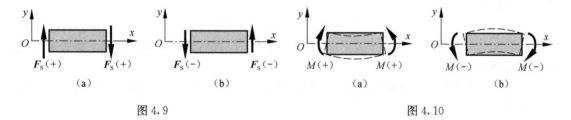

图 4.9　　　　　　　　　　　　　　　　图 4.10

根据这样的规定，图 4.8(b)、(c) 所示分离体上的剪力和弯矩，不仅数值相等，而且正负一致（均为正）。

4.4 剪力方程和弯矩方程、剪力图和弯矩图

由 4.3 节的分析可知，梁横截面上的剪力和弯矩与横截面的位置有关。若横截面的位置用沿梁轴线的横坐标 x 来表示，则横截面上的剪力 F_S 和弯矩 M 都是 x 的函数，可表示为

$$F_S = F_S(x)$$
$$M = M(x)$$

上式称为剪力方程和弯矩方程。

　　为了形象地表示剪力和弯矩沿梁轴线的变化规律,并确定它们的最大值及所在截面,通常将剪力方程和弯矩方程沿梁轴线绘成内力图,分别称为**剪力图**和**弯矩图**。

　　在机械行业里,习惯上 F_S 轴和 M 轴均以向上作为正方向(但在土木建筑行业里,F_S 轴也以向上作为正方向,但 M 轴以向下作为正方向)。

　　【例 4.1】　试列出图 4.11(a)所示受集中力作用的简支梁的剪力方程和弯矩方程,并绘制其剪力图和弯矩图。

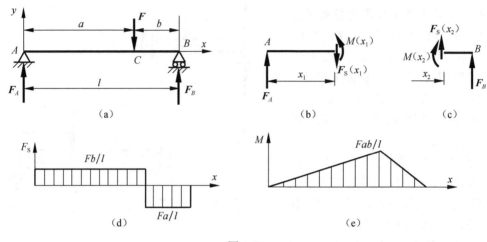

图 4.11

　　解　由静力平衡方程

$$\sum M_B = 0, \quad F_A l - Fb = 0$$

$$\sum M_A = 0, \quad F_B l - Fa = 0$$

可以求得支反力为

$$F_A = Fb/l, \quad F_B = Fa/l$$

　　由于在 C 截面处作用有集中力 F,因此 AC 段和 CB 段的剪力方程和弯矩方程将有不同的表达式,需分别列出。

　　沿 AC 段某截面截取分离体,如图 4.11(b)所示。由静力平衡方程,其上的剪力方程和弯矩方程为

$$F_S(x_1) = \frac{Fb}{l}, \quad M(x_1) = \frac{Fbx_1}{l}$$

　　沿 CB 段某截面截取分离体,如图 4.11(c)所示。由静力平衡方程,其上的剪力方程和弯矩方程为

$$F_S(x_2) = -\frac{Fa}{l}, \quad M(x_2) = \frac{Fa(l - x_2)}{l}$$

　　由以上剪力方程和弯矩方程,可以画出相应的剪力图和弯矩图,如图 4.11(d)和(e)所示。

　　【例 4.2】　试列出图 4.12(a)所示受集中力偶作用的简支梁的剪力方程和弯矩方程,并绘制其剪力图和弯矩图。

解 由静力平衡方程 $\sum M_A = 0$ 和 $\sum F_y = 0$，求得支反力为

$$F_A = \frac{M}{l}, \quad F_B = \frac{M}{l}$$

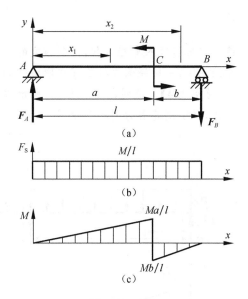

图 4.12

由截面法及静力平衡方程得到 AC 段的剪力方程和弯矩方程为

$$F_S(x_1) = \frac{M}{l}, \quad M(x_1) = \frac{Mx_1}{l}$$

CB 段的剪力方程和弯矩方程为

$$F_S(x_2) = \frac{M}{l}, \quad M(x_2) = -\frac{M(l - x_2)}{l}$$

由以上剪力方程和弯矩方程，可以画出相应的剪力图和弯矩图，如图 4.12(b) 和 (c) 所示。

由例 4.1 可见，在集中力作用的截面 C 处，其左侧横截面上的剪力与右侧横截面上的剪力不同，产生一突变，其突变值为集中力的大小；而弯矩图在该处是连续的。实际上，如图 4.13(a) 所示，在截面 C 处截取微小分离体，由静力平衡方程，有

$$F_{S右} = F_{S左} + F, \quad M_{右} = M_{左} (\Delta \to 0)$$

由例 4.2 可见，在集中力偶作用的截面 C 处，其左侧横截面上的弯矩与右侧横截面上的弯矩不同，产生一突变，其突变值为集中力偶的大小；而剪力图在该处不受集中力偶的影响。实际上，如图 4.13(b) 所示，在截面 C 处截取微小分离体，由静力平衡方程，有

$$F_{S右} = F_{S左}, \quad M_{右} = M_{左} + M \quad (\Delta \to 0)$$

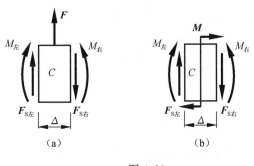

图 4.13

【例 4.3】 试列出图 4.14(a) 所示作用有分布力的悬臂梁的剪力方程和弯矩方程，并且绘制其剪力图和弯矩图。

解 由静力平衡方程 $\sum M_A = 0$ 和 $\sum F_y = 0$，可以求得支反力为

$$F_A = \frac{3ql}{4}, \quad M_A = -\frac{ql^2}{4}$$

由截面法及静力平衡方程，AB 段的剪力方程和弯矩方程为

$$F_S(x) = q\left(\frac{3l}{4} - x\right)$$

$$M(x) = -q\frac{(l - x)(l - 2x)}{4}$$

剪力方程为一次函数式，所以剪力图是一条直线，如图 4.14(b) 所示。

弯矩方程为二次函数式，所以弯矩图是一条二次抛物线。对弯矩方程求导并令其为 0，有

$$\frac{dM}{dx} = \frac{3ql}{4} - qx = 0$$

得
$$x = \frac{3l}{4}$$

将此坐标值代入弯矩方程,得到该处的弯矩值为 $ql^2/32$。画出弯矩图,如图 4.14(c)所示。在弯矩图上,一般还需要标出弯矩取极值的截面位置。

【例 4.4】　试列出图 4.15(a)所示作用有集中力偶和分布力的外伸梁的剪力方程和弯矩方程,并绘制其剪力图和弯矩图。

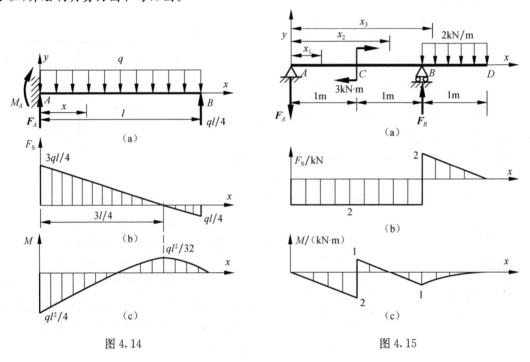

图 4.14　　　　　　　　　　　　　图 4.15

解　由静力平衡方程 $\sum M_A = 0$ 和 $\sum F_y = 0$,可以求得支反力为
$$F_A = 2 \,(\text{kN}), \quad F_B = 4 \,(\text{kN})$$

AC 段的剪力方程和弯矩方程为
$$F_S(x_1) = -2 \,(\text{kN}), \quad M(x_1) = -2x_1(\text{kN} \cdot \text{m})$$

CB 段的剪力方程和弯矩方程为
$$F_S(x_2) = -2 \,(\text{kN}), \quad M(x_2) = -2x_2 + 3 \,(\text{kN} \cdot \text{m})$$

BD 段的剪力方程和弯矩方程为
$$F_S(x_3) = 2(3 - x_3) \,(\text{kN}), \quad M(x_3) = -(3 - x_3)^2(\text{kN} \cdot \text{m})$$

由以上剪力方程和弯矩方程,可以画出相应的剪力图和弯矩图,如图 4.15(b)和(c)所示。

4.5　载荷集度、剪力和弯矩之间的关系及其应用

研究图 4.16(a)所示受任意载荷作用的梁。规定梁上的载荷集度 $q(x)$ 以向上为正,向下为负。取长度为 $\mathrm{d}x$ 的一个微段 CD,如图 4.16(b)所示。微段上只受分布载荷 $q(x)$ 作用,而无集中力和集中力偶,设左侧截面上的剪力和弯矩分别为 $F_S(x)$ 和 $M(x)$,则右侧截面上的剪力和弯矩应为 $F_S(x) + \mathrm{d}F_S(x)$ 和 $M(x) + \mathrm{d}M(x)$。

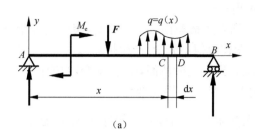
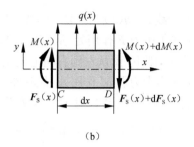

$$(a) \qquad\qquad (b)$$

图 4.16

由微段的静力平衡方程 $\sum F_y = 0$ 和 $\sum M_D = 0$,可得

$$F_S(x) + q(x)\mathrm{d}x - F_S(x) - \mathrm{d}F_S(x) = 0$$

$$-M(x) + M(x) + \mathrm{d}M(x) - F_S(x)\mathrm{d}x - \frac{1}{2}q(x)(\mathrm{d}x)^2 = 0$$

略去二阶微量,得到以下两式

$$\frac{\mathrm{d}F_S}{\mathrm{d}x} = q(x) \qquad\qquad (4.1)$$

$$\frac{\mathrm{d}M}{\mathrm{d}x} = F_S(x) \qquad\qquad (4.2)$$

对式(4.2)再求一次导数,可得

$$\frac{\mathrm{d}^2 M}{\mathrm{d}x^2} = \frac{\mathrm{d}F_S}{\mathrm{d}x} = q(x) \qquad\qquad (4.3)$$

式(4.1)~式(4.3)表示载荷集度、剪力和弯矩之间的微分关系。

进一步研究图 4.16(a)所示从横截面 A 到横截面 B 的一个梁段。假定在该梁段 AB 上没有集中力和集中力偶作用。对式(4.1)从 A 到 B 进行积分,得到

$$F_{SB} - F_{SA} = \int_A^B q(x)\mathrm{d}x$$

即

$$F_{SB} = F_{SA} + \int_A^B q(x)\mathrm{d}x = F_{SA} + 载荷集度图在 A 到 B 之间的面积 \qquad (4.4)$$

对式(4.2)从 A 到 B 进行积分,同样得到

$$M_B = M_A + \int_A^B F_S(x)\mathrm{d}x = M_A + 剪力图在 A 到 B 之间的面积 \qquad (4.5)$$

式(4.4)和式(4.5)表示载荷集度、剪力和弯矩之间的积分关系。

根据式(4.1)~式(4.3)表示的微分关系和式(4.4)、式(4.5)表示的积分关系,结合图 4.13 所述的规律,可以得出如下推论,这些推论对于绘制剪力图和弯矩图很有帮助。

(1) 若某梁段上无分布载荷,即 $q(x)=0$,由于 $\frac{\mathrm{d}F_S}{\mathrm{d}x} = q(x) = 0$,该梁段上 F_S 为常数,F_S 图为水平线;再由 $\frac{\mathrm{d}^2 M}{\mathrm{d}x^2} = \frac{\mathrm{d}F_S}{\mathrm{d}x} = 0$,$M(x)$ 是 x 的一次函数,M 图为一斜直线。

(2) 若某梁段上作用有均匀分布载荷,即 $q(x)=$ 常数,由于 $\frac{\mathrm{d}F_S}{\mathrm{d}x} = q(x) =$ 常数,该梁段上的 F_S 图为斜直线(若 $q(x)=$ 常数 >0,则 F_S 图为斜向上直线);再由 $\frac{\mathrm{d}^2 M}{\mathrm{d}x^2} = \frac{\mathrm{d}F_S}{\mathrm{d}x} =$ 常数,M 图

为二次抛物线（若 $q(x) =$ 常数 > 0，则 M 图为凹曲线）。

（3）在集中力 $\boldsymbol{F}$ 作用处，从其左边横截面到右边横截面，F_S 有突变，突变值等于 F（若集中力 $\boldsymbol{F}$ 向上，则 F_S 图从左到右向上突变）；M 图连续但不光滑（产生折点）。

（4）在集中力偶 M 作用处，从其左边横截面到右边横截面，M 有突变，突变值等于 M（若集中力偶 M 顺时针转向，则 M 图从左到右向上突变）；F_S 图无变化。

（5）若某截面上 $F_S = 0$，由 $\dfrac{\mathrm{d}M}{\mathrm{d}x} = F_S = 0$，在截面上 M 可能有极值（同时也可能是最大值）。

利用上述规律，就可以在不列出剪力方程和弯矩方程的情况下，直接根据梁的受力简图绘制其剪力图和弯矩图。

【例 4.5】　试绘制图 4.17(a) 所示简支梁的剪力图和弯矩图。

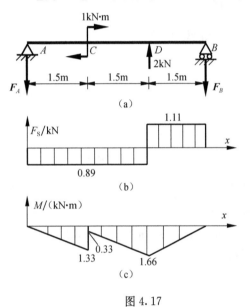

图 4.17

解　由静力平衡方程，可以求得支反力为
$$F_A = 0.89\text{kN}, \quad F_B = 1.11\text{kN}$$

从左端开始向右绘制剪力图。由于 A 截面（左端）作用有一向下的支反力 $\boldsymbol{F}_A$，在 A 截面剪力从零开始向下发生突变（突变值为 0.89kN），故 A 截面右侧剪力为 -0.89kN。AC 段无分布载荷，由微分关系可知此段剪力图是一条水平线。尽管 C 截面上作用有集中力偶，但由上述推论可知 C 截面剪力无变化。CD 段无分布载荷，故此段剪力图是一条水平线。因此，整个 AD 段剪力图是一条水平线，其值为 -0.89kN。

D 截面上作用有向上的集中力，可知 D 截面剪力发生向上的突变（突变值为 2kN），因此 D 截面的剪力从左侧的 -0.89kN 突变为右侧的 1.11kN。DB 段无分布载荷，故此段剪力图是一条水平线。B 截面（右端）作用有一向下的支反力 $\boldsymbol{F}_B$，因此在 B 截面剪力向下发生突变（突变值为 1.11kN），突变后 B 截面剪力变为零，剪力图封闭。由以上分析，可以画出相应的剪力图，如图 4.17(b) 所示。

正确地绘制剪力图以后，就可以绘制弯矩图。从左端开始向右绘制弯矩图。A 截面（左端）无集中力偶，故 A 截面弯矩为零。AC 段的剪力为一负常数，故 AC 段的弯矩图为斜向下直线；由积分公式可知 C 截面左侧的弯矩等于 A 截面的弯矩（为 0）加上该段剪力图的面积（即 $-1.5 \times 0.89 = -1.33\text{kN} \cdot \text{m}$），故 C 截面左侧的弯矩为 $-1.33\text{kN} \cdot \text{m}$。

因 C 截面上作用有集中力偶，C 截面的弯矩发生突变，突变后其右侧的弯矩为 0.33kN·m。因 CD 段的剪力为一负常数，故 CD 段的弯矩图为斜向下直线；同理，可知 D 截面左侧的弯矩为 $-1.66\text{kN} \cdot \text{m}$。

D 截面上作用有向上的集中力，因此 D 截面弯矩是连续的。DB 段的剪力为正常数，故 DB 段的弯矩图为斜向上直线，由积分公式可算得 B 截面的弯矩为 0，弯矩图封闭。由以上分析，可以画出相应的弯矩图，如图 4.17(c) 所示。

【例 4.6】 试绘制图 4.18(a)所示外伸梁的剪力图和弯矩图。

解 由静力平衡方程,可以求得支反力为

$$F_A = \frac{3qa}{4}, \quad F_B = \frac{9qa}{4}$$

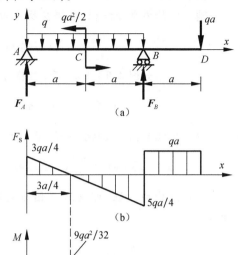

图 4.18

从左端开始向右绘制剪力图。A 截面的支反力向上,故 A 截面剪力从零开始向上突变,突变后 A 截面右侧剪力为 $\frac{3qa}{4}$。AB 段上作用有向下的均匀分布载荷 q(无集中力),故 AB 段的剪力图是一条斜向下的直线,由积分公式可知 B 截面左侧的剪力为 $-\frac{5qa}{4}$。另外,在距离左端 $\frac{3a}{4}$ 处,剪力为零。

B 截面上作用有向上的支反力,可知 B 截面剪力发生向上的突变,突变后其右侧的剪力值为 qa。BD 段无分布载荷,此段剪力图是一条水平线。D 截面(右端)作用有一向下的集中力 qa,突变后 B 截面剪力变为零,剪力图封闭。由以上分析,可以画出相应的剪力图,如图 4.18(b)所示。

同样,从左端开始向右绘制弯矩图。A 截面无集中力偶,A 截面弯矩为零。AC 段上作用有向下的均匀分布载荷 q,故 AC 段的弯矩图是上凸的抛物线;由 AC 段的剪力图可知,在距离左端 $\frac{3a}{4}$ 截面,剪力为零,在该截面弯矩为极值;另由积分公式可知,C 截面左侧的弯矩等于 A 截面的弯矩(为 0)加上该段剪力图的面积 $\left(\text{为} \frac{1}{4}qa^2\right)$,故 C 截面左侧的弯矩为 $\frac{1}{4}qa^2$。

由于 C 截面上作用有集中力偶,C 截面的弯矩发生突变,突变后其右侧的弯矩为 $-\frac{1}{4}qa^2$。同理,CB 段的弯矩图也是上凸的抛物线,B 截面左侧的弯矩为 $-qa^2$。

B 截面上作用有向上的支反力,弯矩是连续的。BD 段的剪力为正常数,故 DB 段的弯矩图为斜向上直线,由积分公式可算得 D 截面的弯矩为 0,弯矩图封闭。由以上分析,可以画出相应的弯矩图,如图 4.18(c)所示。

4.6 平面刚架和平面曲杆的内力

采用刚性连接方法连接而成的折杆,称为**刚架**。刚架在载荷作用下,连接处各杆的轴线之间的夹角保持不变。若组成刚架的各杆的轴线都位于同一平面内,则称为**平面刚架**。平面刚架在刚架平面内的载荷作用下,组成刚架的各杆的横截面上一般存在轴力、剪力和弯矩等内力分量。通常也用内力图的方法来表示刚架上各杆的内力分布情况。

关于内力的正负和内力图的绘制,规定为:轴力以拉为正,以压为负;剪力对分离体内邻近剪力作用面的任一点取矩,顺时针为正,反之为负;弯矩图画在杆弯曲变形的凹侧。

【例 4.7】　试绘制图 4.19(a)所示平面刚架的内力图。

解　由静力平衡方程,求得支反力为

$$X_A = qa, \quad Y_A = \frac{qa}{2}, \quad Y_C = \frac{qa}{2}$$

取分离体如图 4.19(b)所示,由静力平衡方程可得

$$F_N(x) = 0, \quad F_S(x) = -\frac{qa}{2}, \quad M(x) = \frac{qa}{2}(a - x)$$

取分离体如图 4.19(c)所示,由静力平衡方程可得

$$F_N(y) = \frac{qa}{2}, \quad F_S(y) = q(a - y), \quad M(y) = \frac{1}{2}qy(2a - y)$$

由以上内力方程,可以画出相应的轴力图、剪力图和弯矩图,如图 4.19(d)、(e)和(f)所示。

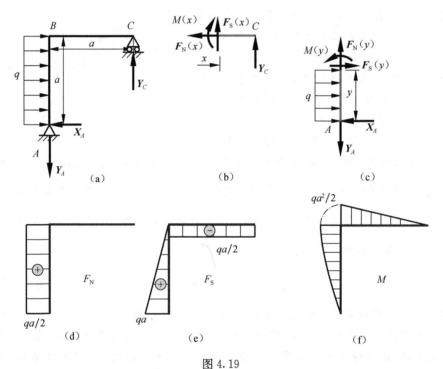

图 4.19

轴线为平面曲线的杆,称为平面曲杆。平面曲杆的内力计算和内力图绘制,可以仿照平面刚架的情形进行。一般采用内力方程来计算和绘制内力图。

【例 4.8】　试求图 4.20(a)所示平面曲杆的内力,并绘制其弯矩图。

解　由静力平衡方程,求得支反力为

$$X_A = F, \quad M_A = FR$$

取分离体如图 4.20(b)所示,由静力平衡方程可得

$$F_N(\theta) = F\cos\theta, \quad F_S(\theta) = F\sin\theta, \quad M(\theta) = -FR(1 - \cos\theta)$$

由以上内力方程,可以画出相应的轴力图、剪力图和弯矩图,如图 4.20(c)、(d)和(e)所示。

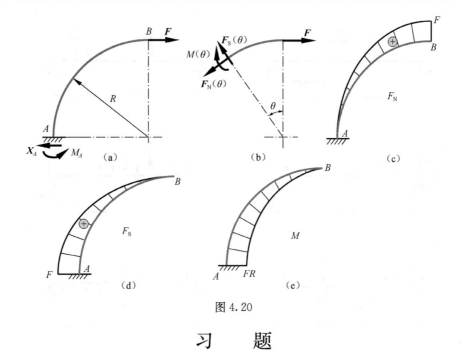

图 4.20

习　题

4.1 试求：(1) 题 4.1 图所示各梁横截面 1-1、2-2、3-3 上的剪力和弯矩；(2) 梁的剪力方程和弯矩方程；(3) 绘制剪力图和弯矩图。

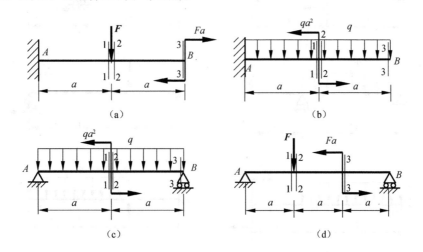

题 4.1 图

4.2 利用载荷集度、剪力和弯矩之间的微分关系和积分关系，绘制梁(题 4.2 图(a)～(p))的剪力图和弯矩图。

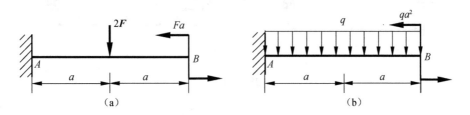

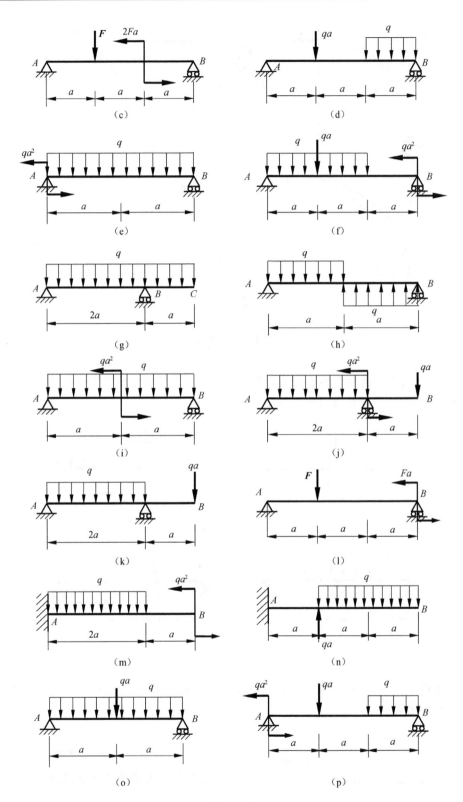

题 4.2 图

4.3 利用载荷集度、剪力和弯矩之间的微分关系和积分关系,绘制题4.3图所示各梁的剪力图和弯矩图。

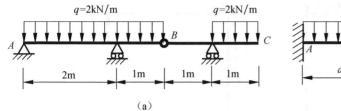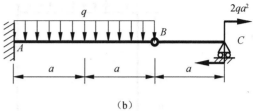

（a）　　　　　　　　　　　　　　　　　　（b）

题4.3图

4.4 桥式起重机大梁上的小车自重为F。它通过轮距为d的两个轮子平均地作用在大梁上。小车可以在大梁上从左端运动到右端,但轮子不能越过梁端A和B,如题4.4图所示。已知$F=100$kN,$l=10$m,$d=1$m。试求在小车运动过程中梁上的最大弯矩和最大剪力,它们分别产生在什么位置?

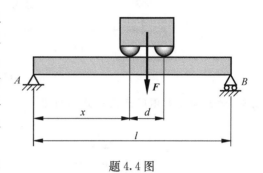

题4.4图

4.5 设梁的剪力图如题4.5图所示,已知梁上没有作用集中力偶。试绘制梁上的载荷图及梁的弯矩图。

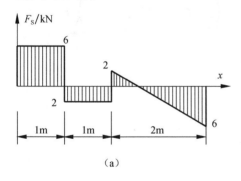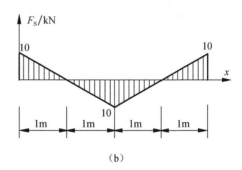

（a）　　　　　　　　　　　　　　　　　　（b）

题4.5图

4.6 设梁的弯矩图如题4.6图所示。试绘制梁上的载荷图及梁的剪力图。

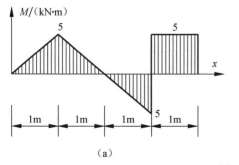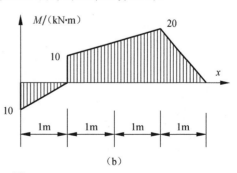

（a）　　　　　　　　　　　　　　　　　　（b）

题4.6图

4.7 绘制题4.7图所示刚架的内力图。

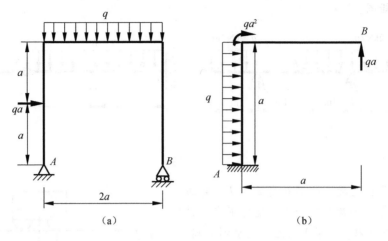

（a）　　　　　　　　　　　　（b）

题4.7图

4.8 绘制题4.8图所示曲杆的内力图。

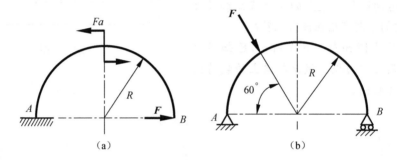

（a）　　　　　　　　　　（b）

题4.8图

第5章 弯曲应力

5.1 纯弯曲概述

图 5.1(a)所示的简支梁,其上对称地作用有两个集中力 **F**,绘制出梁的剪力图和弯矩图,如图 5.1(b)和(c)所示。由图可见,在梁的 CD 段所有横截面上的剪力均为零,而弯矩为常数,这种弯曲变形称为**纯弯曲**。在梁的 AC 和 DB 两段横截面上的剪力不为零,这种弯曲变形称为**横力弯曲**或**剪切弯曲**。

为了研究纯弯曲时梁横截面上的应力,首先观察其变形现象。图 5.2(a)所示梁,加载前,在梁的表面绘制一系列相互垂直的纵线和横线,形成一系列的矩形网格。然后,在梁两端施加一对外力偶,此时梁任意横截面上只有弯矩而没有剪力,所以梁受纯弯曲变形。通过试验观察,可以发现以下主要现象:

(1) 纯弯曲梁弯曲以后的形状如图 5.2(b)所示。变形前与梁轴线垂直的横线,如 m-m 和 n-n,变形后仍为直线,但相互倾斜形成一定的夹角。

(2) 变形前与梁轴线平行的纵线,如 AA 和 BB,变形成为圆弧线。它们与横线之间,始终相互垂直,即纵线与横线之间的夹角仍保持直角。

(3) 梁的凹边一侧的纵向纤维缩短,而凸边一侧的纵向纤维伸长。

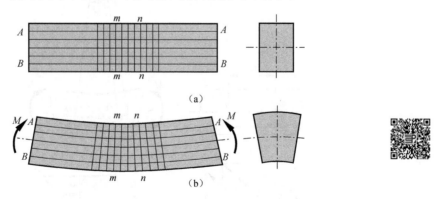

图 5.2

根据以上观察到的梁表面的变形现象,对梁内部的变形进行由表及里推理,作出假设。由上述现象,可以假设:变形前的梁横截面变形后仍保持为平面,只是两相邻横截面做了相对转动,此假设称为梁纯弯曲时的**平面假设**。

如图 5.3 所示,设想梁由无限多根纵向纤维所组成,由于梁凹边一侧的纵向纤维层缩短,凸边一侧的纵向纤维层伸长,则梁中间必然存在一纵向纤维层,既不伸长也不缩短,这层纵向纤维称为**中性层**。中性层与任一横截面的交线为一直线,称为该横截面的**中性轴**。

在纯弯曲变形中,还认为各纵向纤维之间无相互作用的正应力,即梁的纵向纤维处于单向拉伸或单向压缩状态,纵向纤维之间不存在相互挤压的作用。

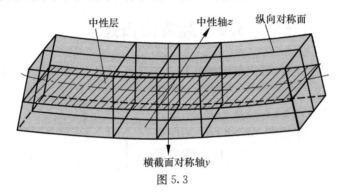

图 5.3

5.2　纯弯曲时的正应力

根据以上基本假设,从变形几何关系、物理关系和静力平衡关系三方面,可导出纯弯曲时的正应力公式。

1. 变形几何关系

如图 5.4(a)所示梁变形前长为 dx 的一个微段,受纯弯曲后,弯成如图 5.4(b)所示状态。假设 OO 为中性层,变形后中性层 $O'O'$ 的曲率半径为 ρ,bb 为与中性层相距 y 的纵向纤维。

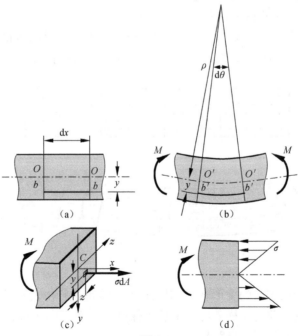

图 5.4

由图 5.4(a)和(b),相距为 dx 的两个横截面,变形后的夹角为 $d\theta$。其上的纵向纤维 bb 变形前的长度为

$$\overline{bb} = \overline{OO} = \overparen{O'O'} = \rho d\theta$$

变形后的长度变为 $\overparen{b'b'} = (\rho + y)d\theta$。因此,其线应变为

$$\varepsilon = \frac{(\rho + y)d\theta - \rho d\theta}{\rho d\theta} = \frac{y}{\rho} \tag{a}$$

可见,纵向纤维的线应变与它到中性层的距离成正比。

2. 物理关系

根据纵向纤维单向拉压假设,当应力小于比例极限时,根据胡克定律,有

$$\sigma = E\varepsilon$$

将式(a)代入,得

$$\sigma = E\frac{y}{\rho} \tag{b}$$

可见,纵向纤维的正应力与它到中性层的距离成正比。

3. 静力平衡关系

建立如图 5.4(c)所示的坐标系,由静力平衡方程 $\sum F_x = 0$,有

$$\int_A \sigma dA = 0 \tag{c}$$

将式(b)代入式(c),得

$$\int_A \sigma dA = \int_A E\frac{y}{\rho}dA = \frac{E}{\rho}\int_A y dA = 0 \tag{d}$$

式中,$\int_A y dA$ 为截面对中性轴 z 轴的静矩,用 S_z 表示(参见附录 A),故式(d)可以写为

$$S_z = \int_A y dA = 0 \tag{e}$$

式(e)表示截面对中性轴的静矩为零,由此可见,**中性轴 z 必定通过横截面的形心 C。**

由静力平衡方程 $\sum M_y = 0$,有

$$\int_A \sigma z dA = \frac{E}{\rho}\int_A yz dA = 0 \tag{f}$$

式中,$I_{yz} = \int_A yz dA$ 是横截面对 z 轴和 y 轴的惯性积(参见附录 A)。由于 $I_{yz} = 0$,y 轴必然是横截面的纵向对称轴。

再由静力平衡方程 $\sum M_z = 0$,有

$$M = \int_A \sigma y dA = \frac{E}{\rho}\int_A y^2 dA = \frac{EI_z}{\rho} \tag{g}$$

式中,$I_z = \int_A y^2 dA$ 是**横截面关于中性轴 z 的惯性矩**,其量纲为长度的 4 次方(参见附录 A)。由式(g)可得中性层的曲率为

$$\frac{1}{\rho} = \frac{M}{EI_z} \tag{5.1}$$

式(5.1)是以中性层曲率半径表示的梁纯弯曲时的变形公式,其中 EI_z 称为梁的**抗弯刚度**。

将式(5.1)代入式(b),得

$$\sigma = \frac{My}{I_z} \tag{5.2}$$

式(5.2)是**纯弯曲时梁横截面上的正应力计算公式**。由此可见,纯弯曲时,横截面上的正应力沿截面高度呈线性分布,在中性轴($y=0$)上,正应力为零;在远离中性轴的上、下边缘,其值最大,如图 5.4(d)所示。

横截面上最大正应力为

$$\sigma_{\max} = \frac{My_{\max}}{I_z} \tag{5.3}$$

或

$$\sigma_{\max} = \frac{M}{W_z} \tag{5.4}$$

式中

$$W_z = \frac{I_z}{y_{\max}} \tag{5.5}$$

其中,W_z 称为抗弯截面系数,其量纲为长度的 3 次方。对于常见的截面形状,其 I_z 和 W_z 为:

(1) 宽度为 b、高为 h 的矩形截面,有

$$I_z = \frac{bh^3}{12}, \quad W_z = \frac{I_z}{h/2} = \frac{bh^2}{6}$$

(2) 直径为 d 的圆截面,有

$$I_z = \frac{\pi d^4}{64}, \quad W_z = \frac{I_z}{d/2} = \frac{\pi d^3}{32}$$

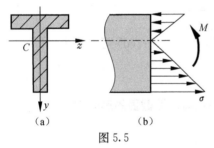

(3) 外径为 D、内径为 d 的空心圆截面($\alpha = d/D$),有

$$I_z = \frac{\pi D^4(1-\alpha^4)}{64}, \quad W_z = \frac{I_z}{D/2} = \frac{\pi D^3(1-\alpha^4)}{32}$$

各种型钢的 I_z 和 W_z,可以在附录 B 的型钢表中查得。

需要注意的是,当梁的横截面关于中性轴 z 不对称时,如图 5.5(a)所示 T 形截面,横截面上的最大拉应力和最大压应力是不相同的,如图 5.5(b)所示。

图 5.5

5.3　横力弯曲时的正应力、正应力强度条件

横力弯曲条件下,横截面上存在剪力,所以相应地存在切应力。由于切应力的存在,梁变形后横截面不再保持平面,而将产生一定的翘曲;同时,横力弯曲下,纵向纤维之间往往也发生相互挤压。因此,严格地讲,纯弯曲时的平面假设和纵向纤维单向拉压假设已不再适用于横力弯曲。进一步分析表明,当梁的长度远大于横截面的高度(一般认为大于 5 倍)时,用式(5.1)和式(5.2)计算横截面上的正应力,其精度仍旧能够满足工程分析设计的要求。

因此,对于细长梁,横力弯曲时梁任意横截面上的正应力仍可用式(5.1)和式(5.2)计算,其最大正应力为

$$\sigma_{\max} = \frac{My_{\max}}{I_z} = \frac{M}{W_z}$$

而整段梁上的最大正应力 σ_{max} 为

$$\sigma_{max} = \left(\frac{M}{W_z}\right)_{max} \tag{5.6}$$

其中,危险截面($(M/W_z)_{max}$所在截面)需根据弯矩图及横截面的几何性质确定。

对于横截面不沿轴线改变的等截面梁,梁上的最大正应力可以根据最大弯矩 M_{max} 来计算

$$\sigma_{max} = \frac{M_{max}}{W_z} \tag{5.7}$$

求得梁上的最大正应力后,可以建立**梁的正应力强度条件**

$$\sigma_{max} \leqslant [\sigma] \tag{5.8}$$

式中,$[\sigma]$ 为材料的许用应力。

对于抗拉和抗压强度不同的材料,如铸铁等,应分别对其最大拉应力 $\sigma_{max,t}$ 和最大压应力 $\sigma_{max,c}$ 建立强度条件

$$\sigma_{max,t} \leqslant [\sigma_t] \tag{5.9}$$

$$\sigma_{max,c} \leqslant [\sigma_c] \tag{5.10}$$

式中,$[\sigma_t]$ 和 $[\sigma_c]$ 分别为材料的拉伸和压缩许用应力。

【例 5.1】 卷扬机卷筒芯轴的材料为 45 钢,许用应力$[\sigma]=100\text{MPa}$,芯轴的结构和受力如图 5.6(a)所示,其中 $F=25.3\text{kN}$。试校核芯轴的正应力强度。

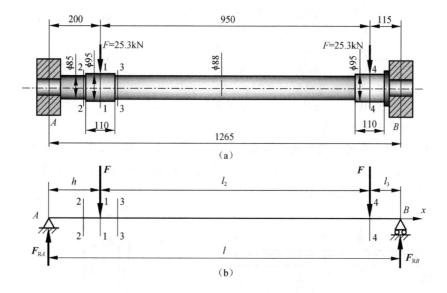

(a)

(b)

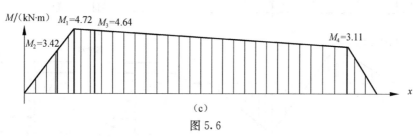

(c)

图 5.6

解 根据芯轴的结构和受力情况,绘制芯轴的受力简图,如图 5.6(b)所示。由静力平衡方程,求得支反力

$$F_{RA} = \frac{F(l_2 + l_3) + Fl_3}{l} = 27\text{kN}$$

$$F_{RB} = \frac{F(l_2 + l_1) + Fl_1}{l} = 23.6\text{kN}$$

由于无分布载荷和集中力偶,各段的弯矩图由各段连续的直线组成。计算 A、B、1-1 和 4-4 截面的弯矩为

$$M_A = M_B = 0$$
$$M_1 = F_{RA}l_1 = 4.72\text{kN} \cdot \text{m}$$
$$M_4 = F_{RB}l_3 = 3.11\text{kN} \cdot \text{m}$$

其弯矩图如图 5.6(c)所示。

梁 AB 为非等截面梁,需要综合考虑弯矩图和截面尺寸,才能确定危险截面。根据弯矩图和芯轴直径沿轴线的变化,确定危险截面有 1-1、2-2 和 3-3 截面。

1-1、2-2 和 3-3 截面处的弯矩值为

$$M_1 = 4.72\text{kN} \cdot \text{m}$$
$$M_2 = F_{RA}(l_1 - 0.055) = 3.42\text{kN} \cdot \text{m}$$
$$M_3 = F_{RA}(l_1 + 0.055) - F \times 0.055 = 4.64\text{kN} \cdot \text{m}$$

分别校核它们所在截面的正应力强度

$$\sigma_{\text{max}1} = \frac{M_1}{W_{z1}} = \frac{32M_1}{\pi d_1^3} = \frac{32 \times 4.72 \times 10^6}{\pi \times 95^3} = 56.1(\text{MPa}) < [\sigma]$$

$$\sigma_{\text{max}2} = \frac{M_2}{W_{z2}} = \frac{32M_2}{\pi d_2^3} = \frac{32 \times 3.42 \times 10^6}{\pi \times 85^3} = 56.7(\text{MPa}) < [\sigma]$$

$$\sigma_{\text{max}3} = \frac{M_3}{W_{z3}} = \frac{32M_3}{\pi d_3^3} = \frac{32 \times 4.72 \times 10^6}{\pi \times 88^3} = 69.4(\text{MPa}) < [\sigma]$$

可见,芯轴满足正应力强度条件。

【例 5.2】　T 形截面铸铁梁的载荷和截面尺寸如图 5.7(a)所示,已知截面对形心轴 z 的惯性矩 $I_z = 763\text{cm}^4$,且 $y_1 = 52\text{mm}$。铸铁的抗拉许用应力 $[\sigma_t] = 30\text{MPa}$,抗压许用应力 $[\sigma_c] = 160\text{MPa}$。试校核梁的正应力强度。

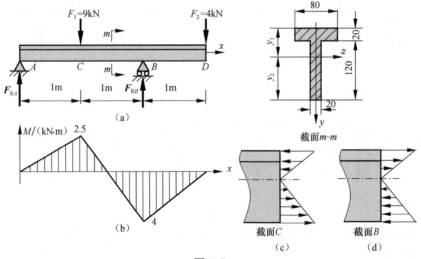

图 5.7

解 由静力平衡方程，求得支反力为

$$F_{RA} = 2.5\text{kN}, \quad F_{RB} = 10.5\text{kN}$$

绘制弯矩图如图 5.7(b) 所示，最大正弯矩发生在截面 C，$M_C = 2.5\text{kN}\cdot\text{m}$；最大负弯矩发生在截面 B，$M_B = 4\text{kN}\cdot\text{m}$。

由于 T 形截面铸铁梁关于中性轴 z 不对称，且材料的抗拉许用应力与抗压许用应力不同，因此，需要分别校核最大正弯矩和最大负弯矩所在截面的抗拉和抗压强度。

截面 B 受最大负弯矩，该截面的正应力分布如图 5.7(c) 所示，其上的最大拉应力、最大压应力及强度条件分别为

$$\sigma_{\text{tmax},B} = \frac{M_B y_1}{I_z} = \frac{4\times10^6\times52}{763\times10^4} = 27.2(\text{MPa}) < [\sigma_t]$$

$$\sigma_{\text{cmax},B} = \frac{M_B y_2}{I_z} = \frac{4\times10^6\times(140-52)}{763\times10^4} = 46.2(\text{MPa}) < [\sigma_c]$$

由于 T 形截面的 $y_2 > y_1$，所以尽管 $M_C < M_B$，但截面 C 下边缘处的最大拉应力却有可能超过截面 B，所以需对截面 C 的抗拉强度进行校核。截面 C 上的正应力分布如图 5.7(d) 所示，其最大拉应力和抗拉强度条件为

$$\sigma_{\text{tmax},C} = \frac{M_C y_2}{I_z} = \frac{2.5\times10^6\times(140-52)}{763\times10^4} = 28.8(\text{MPa}) < [\sigma_t]$$

而该截面的最大压应力和抗压强度条件分别为

$$\sigma_{\text{cmax},C} = \frac{M_C y_1}{I_z} = \frac{2.5\times10^6\times52}{763\times10^4} = 17.0(\text{MPa}) < [\sigma_c]$$

由于 $M_C < M_B$，$y_1 < y_2$，所以 $\sigma_{\text{cmax},C} < \sigma_{\text{cmax},B}$，故只要满足 $\sigma_{\text{cmax},B} < [\sigma_c]$，则一定满足 $\sigma_{\text{cmax},C} < [\sigma_c]$。

可见，T 形截面铸铁梁满足正应力强度条件。

5.4 横力弯曲时的切应力

横力弯曲的梁横截面上既有弯矩又有剪力，因此横截面既有正应力又有切应力。本节讨论几种常见截面梁的切应力分布及计算方法。

5.4.1 矩形截面梁

受横力弯曲的矩形截面梁如图 5.8(a) 所示，截面宽度为 b，高度为 h。从任意横截面处截取微段 $\mathrm{d}x$，微段的两侧面同时存在着剪力和弯矩。由于剪力的作用，截面上存在切应力；同时，如前所述，横力弯曲时由弯矩所产生的正应力仍可用式 (5.2) 进行计算，即沿截面高度呈线性变化。微段两侧面上的正应力和切应力如图 5.8(b) 所示。

由于对称弯曲，梁截面上剪力 $\boldsymbol{F}_S$ 与对称轴 y 重合，如图 5.8(c) 所示。由于梁的两侧面为自由面，无应力，故在横截面两侧边缘各点处，切应力必与侧面平行。对于矩形截面，可假设横截面上各点处的切应力均平行于剪力或截面侧边，并沿截面宽度均匀分布。按照这一假设，在距中性轴为 y 的横线上，各点的切应力 τ 都相等，且都平行于 $\boldsymbol{F}_S$。再由切应力互等定理可知，在沿 BB 切出的平行于中性层的纵截面 $ABB'A'$ 上，也必然有与切应力 τ 大小相等的 τ'，且沿宽度 b 均匀分布。

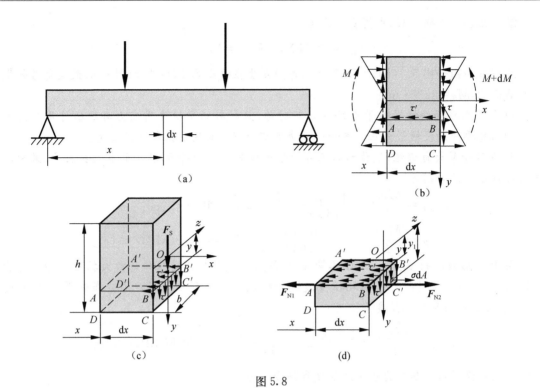

图 5.8

用平行于中性层且距中性层为 y 的 AB 平面从微段中截出 $ABCD$ 部分,如图 5.8(d)所示,其左侧面 AD 上弯矩 M 引起的正应力、右侧面 BC 上弯矩 $M+\mathrm{d}M$ 引起的正应力和顶面 AB 上的 τ' 都平行于 x 轴。在左侧面 AD 上,由微内力 $\sigma\mathrm{d}A$ 组成的内力系的合力是

$$F_{N1} = \int_{A_1} \sigma\mathrm{d}A \tag{a}$$

式中,A_1 为侧面 AD 的面积。正应力 σ 应按式(5.2)计算,于是有

$$F_{N1} = \int_{A_1} \sigma\mathrm{d}A = \int_{A_1} \frac{My_1}{I_z}\mathrm{d}A = \frac{M}{I_z}\int_{A_1} y_1\mathrm{d}A = \frac{M}{I_z}S_z^* \tag{b}$$

式中

$$S_z^* = \int_{A_1} y_1\mathrm{d}A \tag{c}$$

是 AD 部分的面积 A_1 对中性轴 z 的静矩。同理,求得右侧面 BC 上的内力系的合力

$$F_{N2} = \frac{M+\mathrm{d}M}{I_z}S_z^* \tag{d}$$

在顶面 AB 上,与顶面相切的内力系的合力是

$$\mathrm{d}F_S' = \tau'b\mathrm{d}x \tag{e}$$

由静力平衡方程 $\sum F_x = 0$,得到

$$F_{N2} - F_{N1} = \mathrm{d}F_S' \tag{f}$$

将式(b)、式(d)和式(e)代入式(f),化简后可得

$$\tau' = \frac{\mathrm{d}M}{\mathrm{d}x} \cdot \frac{S_z^*}{I_z b}$$

由微分关系 $F_S = \dfrac{dM}{dx}$ 及切应力互等定理,可得

$$\tau = \tau' = \frac{F_S S_z^*}{I_z b} \tag{5.11}$$

这就是矩形截面梁弯曲切应力的计算公式。

对于矩形截面(图 5.9(a)),由静矩定义(附录 A)可得

$$S_z^* = \int_{A_1} y_1 dA = A_1 \cdot \frac{1}{2}\left(y + \frac{h}{2}\right) = b\left(\frac{h}{2} - y\right) \cdot \frac{1}{2}\left(y + \frac{h}{2}\right) = \frac{b}{2}\left(\frac{h^2}{4} - y^2\right)$$

代入式(5.11),得

$$\tau = \frac{F_S}{2I_z}\left(\frac{h^2}{4} - y^2\right) \tag{5.12}$$

可见,横截面上的切应力沿高度呈抛物线变化,如图 5.9(b)所示。在截面的上、下边缘($y = \pm h/2$),$\tau = 0$;在中性轴($y = 0$)上,$\tau = \tau_{max}$,且

$$\tau_{max} = \frac{F_S h^2}{8I_z} = \frac{3}{2}\frac{F_S}{bh} \tag{5.13}$$

即矩形截面梁的最大切应力为平均应力 $\dfrac{F_S}{bh}$ 的 1.5 倍。

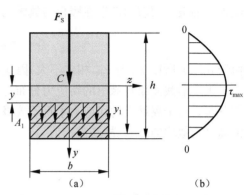

图 5.9

5.4.2 工字形截面梁

工字形截面梁由翼缘和腹板组成,横截面上的剪力为 $\boldsymbol{F}_S$,如图 5.10 所示。

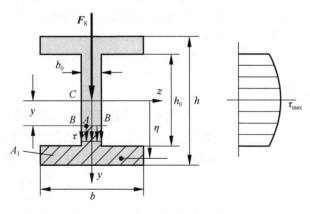

图 5.10

首先研究腹板上的切应力。由于腹板宽度较小,类似于矩形截面,可以假定切应力沿腹板宽度均匀分布,且平行于 y 轴。对于腹板上距中性轴为 y 处(BB)的切应力,采用与矩形截面梁切应力同样的推导过程,可以得到

$$\tau = \frac{F_S S_z^*}{I_z b_0} \tag{5.14}$$

式中,I_z 为整个横截面对中性轴 z 的惯性矩;b_0 为腹板厚度;S_z^* 为横截面 BB 以外部分面积(阴影面积)对中性轴 z 的静矩,其表达式为

$$S_z^* = b\left(\frac{h}{2} - \frac{h_0}{2}\right) \cdot \frac{1}{2}\left(\frac{h}{2} + \frac{h_0}{2}\right) + b_0\left(\frac{h_0}{2} - y\right) \cdot \frac{1}{2}\left(\frac{h_0}{2} + y\right) = \frac{1}{8}\left[b(h^2 - h_0^2) + b_0(h_0^2 - 4y^2)\right]$$

代入式(5.14),得

$$\tau = \frac{F_S}{8I_z b_0}\left[b(h^2 - h_0^2) + b_0(h_0^2 - 4y^2)\right] \tag{5.15}$$

可见,沿腹板高度切应力呈抛物线分布。最大切应力产生在中性轴上,其值为

$$\tau_{max} = \frac{F_S}{8I_z b_0}\left[b(h^2 - h_0^2) + b_0 h_0^2\right]$$

腹板上的最小切应力产生在腹板与翼缘的连接处

$$\tau_{min} = \frac{F_S}{8I_z b_0}\left[b(h^2 - h_0^2)\right]$$

由于 $b_0 \ll b$,所以 τ_{min} 与 τ_{max} 相差不大,因此可认为切应力沿腹板高度均匀分布。

　　工字形截面梁翼缘上的切应力分布比较复杂,大致可认为其平行于翼缘且沿翼缘厚度均匀分布。由于翼缘上的切应力平行于翼缘,因此剪力主要由腹板承担,又由于腹板上的切应力沿高度近似均匀分布,故其平均值为

$$\tau = \frac{F_S}{b_0 h_0} \tag{5.16}$$

5.4.3　圆形截面梁

　　圆形截面梁,其横截面上的剪力为 $\boldsymbol{F}_S$,如图 5.11 所示。分析距中性轴 y 的 BB' 线上的切应力。由于梁圆柱表面无应力,故 B 和 B' 两点处切应力必与圆周相切,且汇交于 C 点。假设 BB' 线上任意点的切应力,其 y 方向的分量 τ_y 大小相同(均匀分布),其指向公共汇交点 C,如图 5.11 所示。

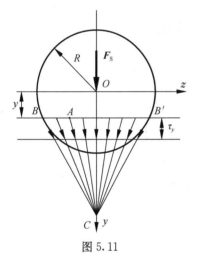

图 5.11

　　类似地,可以导出横截面 BB' 线上的切应力分量 τ_y 为

$$\tau_y = \frac{F_S S_z^*}{I_z b} \tag{5.17}$$

式中,I_z 为整个横截面对中性轴 z 的惯性矩;b 为 BB' 线的长度;S_z^* 为 BB' 以外部分面积对中性轴 z 的静矩。横截面上的最大切应力产生在中性轴上,其值为

$$\tau_{max} = \frac{4}{3}\frac{F_S}{\pi R^2} \tag{5.18}$$

它是横截面上平均切应力的 4/3 倍。

5.4.4　梁的切应力强度校核

　　横力弯曲梁的横截面上既有弯矩,又有剪力。除了正应力强度条件外,还应该对横截面上的切应力进行强度校核。横截面上最大切应力一般产生在中性轴上

$$\tau_{max} = \frac{F_S S_{z max}^*}{I_z b_0} \tag{5.19}$$

式中,$S_{z max}^*$ 为中性轴以下(或以上)部分横截面面积对中性轴的静矩。在中性轴上,弯曲正应力为零,该处为纯剪切状态,故其弯曲切应力强度条件为

$$\tau_{max} \leqslant [\tau] \tag{5.20}$$

式中，$[\tau]$ 为材料的许用切应力。

对于梁来说，要满足抗弯强度要求，必须同时满足弯曲正应力强度条件和弯曲切应力强度条件。也就是说，影响梁的强度的因素有两个：一为弯曲正应力，另一为弯曲切应力。对于细长等截面梁或非薄壁截面来说，横截面上的正应力往往是主要的，而切应力通常只占次要地位。例如，图 5.12(a) 所示的受均布载荷作用的矩形截面梁，其最大弯曲正应力为

$$\sigma_{max} = \frac{M_{max}}{W_z} = \frac{ql^2/8}{bh^2/6} = \frac{3ql^2}{4bh^2}$$

而最大弯曲切应力为

$$\tau_{max} = \frac{3}{2}\frac{F_{S,max}}{A} = \frac{3}{2}\frac{ql/2}{bh} = \frac{3ql}{4bh}$$

两者的比值为

$$\frac{\sigma_{max}}{\tau_{max}} = \frac{3ql^2}{4bh^2} \Big/ \frac{3ql}{4bh} = \frac{l}{h}$$

即该梁横截面上的最大弯曲正应力与最大弯曲切应力之比等于梁跨度 l 与截面高度 h 之比。当 $l \gg h$ 时，最大弯曲正应力将远大于最大弯曲切应力。因此，一般对于细长梁或非薄壁截面梁，只要满足弯曲正应力强度条件，无须再进行弯曲切应力强度计算。但对于薄壁截面梁或梁的弯矩较小而剪力却很大时，在进行正应力强度计算的同时，还需检查切应力强度是否满足。

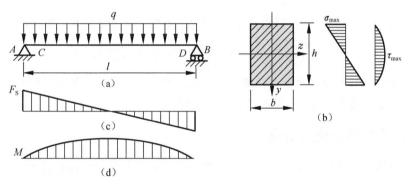

图 5.12

【例 5.3】　图 5.13(a) 所示简支梁，$F = 100$kN，$l = 2$m，$a = 0.2$m。材料的许用应力 $[\sigma] = 160$MPa，$[\tau] = 100$MPa。试选择合适的工字钢型号。

解　根据受力情况，绘制剪力图和弯矩图，如图 5.13(b) 和 (c) 所示。

由正应力强度条件

$$\sigma_{max} = \frac{M_{max}}{W_z} \leqslant [\sigma]$$

有

$$W_z \geqslant \frac{M_{max}}{[\sigma]} = \frac{20 \times 10^6}{160} = 125 \times 10^3 \, (\text{mm}^3) = 125 \, (\text{cm}^3)$$

查工字钢型号表，选 16 号工字钢，其 $W_z = 141 \text{cm}^3$，$I_z/S_{zmax}^* = 13.8 \text{cm}$，$b_0 = 6$mm。

校核 AC 和 DB 段上的切应力强度，可得

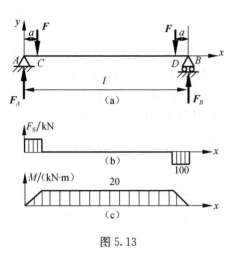

图 5.13

$$\tau_{\max} = \frac{F_S S_{z\max}^*}{I_z b_0} = \frac{100 \times 10^3}{138 \times 6} = 120.8(\text{MPa}) > [\tau]$$

故不满足切应力强度条件,需要根据切应力强度条件进行重新选择。由

$$\tau_{\max} = \frac{F_S S_{z\max}^*}{I_z b_0} \leqslant [\tau]$$

得

$$\frac{I_z b_0}{S_{z\max}^*} \geqslant \frac{F_S}{[\tau]} = \frac{100 \times 10^3}{100} = 10^3 (\text{mm}^2) = 10(\text{cm}^2)$$

查工字钢型号表,试选 18 号工字钢,其 $I_z/S_{z\max}^* = 15.4\text{cm}, b_0 = 6.5\text{mm}$。验算

$$\frac{I_z b_0}{S_{z\max}^*} = 15.4 \times 0.65 = 10.01(\text{cm}^2) > 10\text{cm}^2$$

所以,选 18 号工字钢可以满足弯曲切应力强度条件。如果试选的型号仍不能满足要求,可依次选择下一型号再计算,直到满足强度条件为止。本着强度够又经济的原则,不宜跳越选择型号。

5.5　提高弯曲强度的措施

如 5.4 节所述,一般情况下,弯曲正应力是控制梁强度的主要因素。根据正应力强度条件

$$\sigma_{\max} = \left(\frac{M}{W}\right)_{\max} \leqslant [\sigma] \quad \text{或} \quad \sigma_{\max} = \frac{M_{\max}}{W} \leqslant [\sigma] \qquad (\text{a})$$

要提高梁的弯曲强度,主要从两个方面考虑:一是合理安排梁的受力情况,降低梁上最大弯矩 $M_{\max}$;二是合理设计梁的截面,提高抗弯截面系数 W。

5.5.1　合理安排梁的受力情况

首先,合理地设计梁的支座类型和位置。如图 5.14 所示承受均布载荷的梁,若将支座安置在梁的两个端点处(图 5.14(a)),则梁上最大弯矩 $M_{\max} = ql^2/8$;但若将两个支座安置在离两个端点距离为 $0.2l$ 处(图 5.14(b)),则梁上最大弯矩减小到 $M_{\max} = ql^2/40$,只有前者的 1/5。根据载荷情况,合理地配置梁的支座位置,经常是减小梁上最大弯矩的一种有效方法。

其次,合理地配置载荷,也可以减小梁上最大弯矩值。如图 5.15 所示承受集中力的简支梁,若将载荷集中作用于梁的中点处(图 5.15(a)),则梁上最大弯矩 $M_{\max} = Fl/4$;但若将载荷集中作用于离梁的一个端点距离为 $l/4$ 处(图 5.15(b)),则梁上最大弯矩减小到 $M_{\max} = 3Fl/16$;若进一步将载荷分解为两个集中力 $F/2$,分别作用于离梁的端点距离为 $l/4$ 处(图 5.15(c)),则梁上最大弯矩减小到 $M_{\max} = Fl/8$。

5.5.2　合理设计梁的截面

图 5.16 所示矩形截面梁,竖放(图 5.16(a))和横放(图 5.16(b))的抗弯截面系数 W 分别为

$$W_{za} = \frac{bh^2}{6} \quad \text{和} \quad W_{zb} = \frac{hb^2}{6}$$

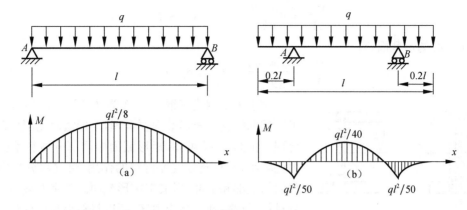

图 5.14

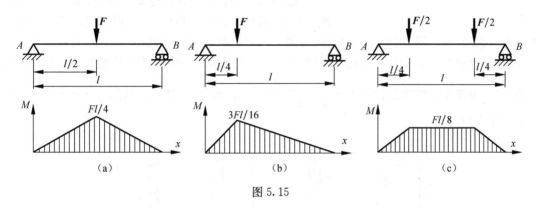

图 5.15

其比值为

$$\frac{W_{z\,a}}{W_{z\,b}} = \frac{h}{b} > 1$$

所以竖放比横放具有更高的抗弯强度,更为合理。

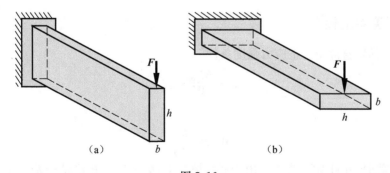

图 5.16

同样的横截面面积 A,由于几何形状不同,抗弯截面系数 W 也会有很大不同。抗弯截面系数 W_z 与其面积 A 的比值 W_z/A 可以用来衡量截面形状的合理性。

对于图 5.16(a)的矩形截面,有

$$\frac{W_z}{A} = \frac{bh^2/6}{bh} = \frac{h}{6} \approx 0.167h$$

对于实心圆形截面,有

$$\frac{W_z}{A} = \frac{\pi d^3/32}{\pi d^2/4} = \frac{d}{8} = 0.125d$$

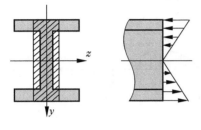

图 5.17

对于工字钢或槽钢,W_z/A 为 $(0.27 \sim 0.31)h$。可见,工字钢和槽钢比矩形截面要合理,矩形截面比圆形截面要合理。由图 5.17 可知,矩形截面中间部分材料承受的应力比较小,没有充分发挥材料的作用,将这部分材料移到截面的上部和下部,形成工字形截面。工字形截面中大部分材料(翼缘)处于高应力区,所以材料得到充分利用。

在设计梁的截面形状时,还要考虑材料的特性。对于塑性材料,其抗拉和抗压强度相等,应该设计成关于中性轴对称的截面,如矩形、圆形、工字形等;而对于脆性材料,其抗压强度一般大于抗拉强度。此时,应该设计成关于中性轴不对称的截面,如图 5.18 所示。即应该让中性轴靠近材料受拉的一侧,并尽量使得中性轴的位置处于 $\dfrac{y_1}{y_2} = \dfrac{\sigma_{tmax}}{\sigma_{cmax}} = \dfrac{[\sigma_t]}{[\sigma_c]}$ 的地方,其中 $[\sigma_t]$ 和 $[\sigma_c]$ 分别为材料的抗拉和抗压许用应力。

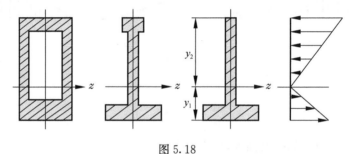

图 5.18

5.5.3　等强度梁的概念

对于等截面梁,通常使用正应力强度条件

$$\sigma_{max} = \frac{M_{max}}{W} \leqslant [\sigma]$$

即

$$W \geqslant \frac{M_{max}}{[\sigma]} \tag{b}$$

来设计梁的横截面,并且 $W = $ 常数。由于通常情况下,梁上的弯矩沿轴线是变化的,因此等截面梁只有弯矩为最大值 M_{max} 的截面上,最大正应力才达到材料的许用应力,而其余截面上的应力均比较低,材料没有得到充分利用。

为了充分利用材料,可以将梁的截面尺寸或形状设计成可变的。这种截面沿轴线变化的梁,称为变截面梁。变截面梁的正应力仍可以近似地使用等截面梁的公式来进行计算。

在设计变截面梁时,有时要求将梁的各个横截面上的最大正应力都设计成相等的,并且都等于许用应力,这就是所谓的**等强度梁**。设梁在任一横截面处的弯矩为 $M(x)$,抗弯截面系数为 $W(x)$。则根据等强度梁的概念,应该有

$$\sigma_{\max} = \frac{M(x)}{W(x)} = [\sigma]$$

或写成

$$W(x) = \frac{M(x)}{[\sigma]} \tag{c}$$

现以图 5.19(a)所示的简支梁为例说明等强度梁的设计。根据对称性,只考虑左半段的设计。梁左半段的弯矩方程为

$$M(x) = \frac{Fx}{2}$$

假定梁的横截面为矩形,且横截面的宽度 b 保持不变,高度 h 可以变化。则由

$$W(x) = \frac{bh(x)^2}{6} = \frac{M(x)}{[\sigma]} = \frac{Fx}{2[\sigma]}$$

得

$$h(x) = \sqrt{\frac{3Fx}{b[\sigma]}} \tag{d}$$

需要注意的是,在设计等强度梁时,除了正应力强度条件以外,还需要考虑切应力强度要求。梁的左半段的剪力为

$$F_{\text{S}} = \frac{F}{2}$$

由切应力强度条件

$$\tau_{\max} = \frac{3F_{\text{S}}}{2A} = \frac{3F}{4bh} \leqslant [\tau]$$

要求

$$h \geqslant \frac{3F}{4b[\tau]} \tag{e}$$

综合式(d)和式(e),可以把梁设计成如图 5.19(b)或(c)所示的形状。实际工程中,综合考虑梁的加工及工作情况等,通常采用图 5.19(c)所示的形状,这种梁在工程上又称为"鱼腹梁"。

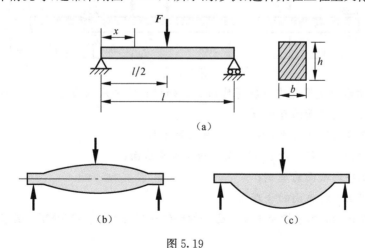

图 5.19

如果所设计的等强度梁为圆截面的轴,则直径将随轴线变化。考虑到加工的方便和结构方面的需要,常将轴设计成如图 5.20 所示阶梯状的变截面轴(称为阶梯轴)来代替理论上的等强度梁。

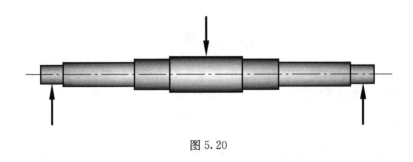

图 5.20

习　　题

5.1 试确定题 5.1 图所示梁的危险截面,分别计算图示三种截面上 1、2、3 点处的正应力。

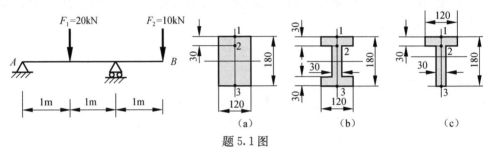

题 5.1 图

5.2 如题 5.2 图所示,圆截面梁的外伸部分系空心圆截面,轴承 A 和 D 可视为铰支座。试求该轴横截面上的最大正应力。

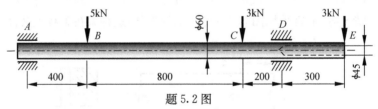

题 5.2 图

5.3 题 5.3 图所示简支梁受均布载荷作用。已知材料的许用应力 $[\sigma]=160\text{MPa}$。
(1) 设计实心圆截面的直径 d;
(2) 设计宽度与高度之比 $b/h=2/3$ 的矩形截面;
(3) 设计内径与外径之比 $d/D=3/4$ 的空心圆截面;
(4) 选择工字形截面的型钢;
(5) 分析以上 4 种截面的合理性。

5.4 题 5.4 图所示 20a 工字钢简支梁。已知材料的许用应力 $[\sigma]=160\text{MPa}$,试求许可载荷 F。

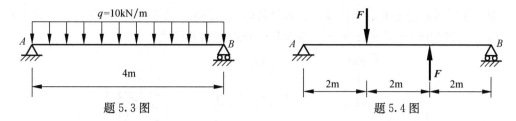

题 5.3 图　　　　　　　　　　　　　　　　　　　题 5.4 图

5.5 题 5.5 图所示 T 形截面悬臂梁。材料为铸铁，其抗拉许用应力 $[\sigma_t]=40\text{MPa}$，抗压许用应力 $[\sigma_c]=160\text{MPa}$，截面对形心轴 z 的惯性矩 $I_z=10180\text{cm}^4$，$h_1=9.64\text{cm}$。试按正应力强度条件计算梁的许可载荷 F。

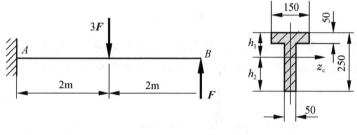

题 5.5 图

5.6 起重机导轨梁由两根工字钢组成，如题 5.6 图所示。起重机自重 $F_1=50\text{kN}$，起重量 $F_2=10\text{kN}$。已知材料的许用正应力 $[\sigma]=160\text{MPa}$，许用切应力 $[\tau]=100\text{MPa}$。不考虑梁的自重，试按正应力强度条件选择工字钢的型号，并进行切应力强度校核。

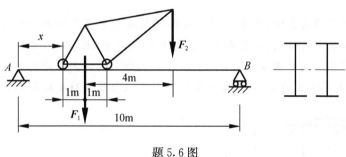

题 5.6 图

5.7 题 5.7 图所示由三根木条胶合的悬臂梁，其长度 $l=1\text{m}$。木材的许用正应力 $[\sigma]=10\text{MPa}$，许用切应力 $[\tau]=1\text{MPa}$，胶合面的许用切应力 $[\tau_{胶}]=0.34\text{MPa}$。试求许可载荷 F。

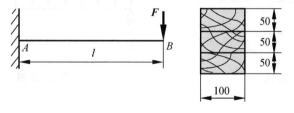

题 5.7 图

5.8　题 5.8 图所示槽形截面外伸梁。已知材料的抗拉许用应力 $[\sigma_t]=50\mathrm{MPa}$,抗压许用应力 $[\sigma_c]=120\mathrm{MPa}$,许用切应力 $[\tau]=30\mathrm{MPa}$。试校核梁的强度。

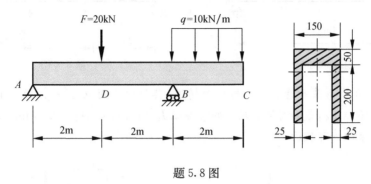

题 5.8 图

5.9　题 5.9 图所示 18 号工字钢梁,其上作用着可移动的载荷 F。为提高梁的承载能力,试确定 a 的合理数值及相应的许可载荷 F。设材料的许用应力 $[\sigma]=160\mathrm{MPa}$。

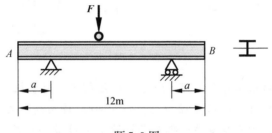

题 5.9 图

5.10　我国晋朝的营造法式中,给出矩形截面梁的高度与宽度之比为 3∶2(题 5.10 图)。试用正应力强度条件证明:从圆木中锯出的矩形截面梁,上述尺寸比例接近最佳比值。

5.11　均布载荷作用下的等强度简支梁(题 5.11 图),材料的许用正应力为 $[\sigma]$,许用切应力为 $[\tau]$。假设其横截面为矩形,宽度 b 保持不变。试求截面高度 h 沿梁轴线的变化规律。

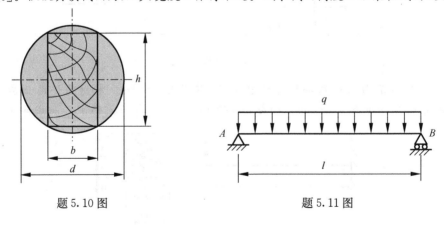

题 5.10 图　　　　　　　　　　　　题 5.11 图

第 6 章 弯 曲 变 形

6.1 挠曲线微分方程

如 4.1 节所述，平面弯曲时，梁的轴线弯曲后为平面曲线。梁的弯曲变形通常用其轴线的位移来描述。如图 6.1 所示，变形前梁的轴线，弯曲变形后为一条位于 x-y 平面内的曲线，称为**挠曲线**。轴线上任意点沿 y 方向的位移，用 w 来表示，称为挠度。挠度 w 向上为正。

弯曲变形后，横截面相对于原来位置转过的角度 θ，称为截面**转角**。θ 也等于该横截面处挠曲线的切线在变形过程中转过的角度。转角 θ 以逆时针方向转为正。

纯弯曲情况下，由式（5.1）可知，用中性层曲率表示的梁的弯曲变形与弯矩之间的关系为

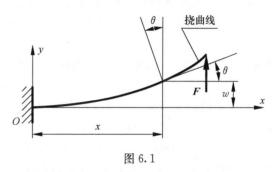

图 6.1

$$\frac{1}{\rho} = \frac{M}{EI}$$

横力弯曲情况下，当梁的跨度远大于梁的高度时（即细长梁），式(a)仍近似成立。

梁的挠度沿 x 轴的变化称为挠曲线方程，可表示为

$$w = w(x) \tag{6.1}$$

在小变形情况下，由于转角 θ 很小，有

$$\theta \approx \tan\theta = \frac{\mathrm{d}w}{\mathrm{d}x} = w' \tag{6.2}$$

即转角 θ 近似等于挠曲线在该处的切线斜率。由高等数学中的平面曲线曲率公式，有

$$\frac{1}{\rho} = \pm\frac{\mathrm{d}^2w/\mathrm{d}x^2}{[1+(\mathrm{d}w/\mathrm{d}x)^2]^{3/2}}$$

代入式(a)，得到

$$\pm\frac{\mathrm{d}^2w/\mathrm{d}x^2}{[1+(\mathrm{d}w/\mathrm{d}x)^2]^{3/2}} = \frac{M}{EI}$$

根据 4.3 节中关于弯矩的正负号规定，正的弯矩将产生凹的变形，而根据高等数学，凹曲线的曲率也是正的，因此上式左边应取正号。于是，挠曲线微分方程为

$$\frac{\mathrm{d}^2w/\mathrm{d}x^2}{[1+(\mathrm{d}w/\mathrm{d}x)^2]^{3/2}} = \frac{M}{EI} \tag{6.3}$$

小变形时，$\mathrm{d}w/\mathrm{d}x \approx \theta$ 很小，$(\mathrm{d}w/\mathrm{d}x)^2 \ll 1$，故式(6.3)左端分母近似为 1。于是挠曲线微分方程简化为

$$w'' = \frac{\mathrm{d}^2w}{\mathrm{d}x^2} = \frac{M}{EI} \tag{6.4a}$$

或　　　　　　　　　　　　　　　$$EIw'' = M \qquad\qquad (6.4b)$$

式(6.4)称为挠曲线近似微分方程。

6.2　积分法求弯曲变形

将挠曲线微分方程式(6.4)的两端对 x 积分一次,得到

$$\theta = w' = \int \frac{M}{EI} \mathrm{d}x + C \qquad\qquad (6.5)$$

再积分一次,有

$$w = \int \left(\int \frac{M}{EI} \mathrm{d}x \right) \mathrm{d}x + Cx + D \qquad\qquad (6.6)$$

式中,C 和 D 为任意的积分常数,需要根据边界条件和连续性条件加以确定。

对固定端约束,边界条件为在被约束的截面处挠度和转角为零,即

$$w = 0, \quad \theta = 0 \qquad\qquad (6.7)$$

对固定铰支座和光滑铰支座,边界条件为在被约束的截面处挠度为零,即

$$w = 0 \qquad\qquad (6.8)$$

由于梁的挠曲线是一条连续光滑的曲线,即在任意截面处挠度和转角(中间铰处除外)都应该是连续的。这就是连续性条件。

求得梁的挠度和转角后,根据需要,限制最大挠度 $|w|_{max}$ 和最大转角 $|\theta|_{max}$(或特定截面的挠度和转角)不超过某一规定值,这就是刚度条件,即

$$|w|_{max} \leqslant [w] \qquad\qquad (6.9)$$

$$|\theta|_{max} \leqslant [\theta] \qquad\qquad (6.10)$$

式中,$[w]$ 和 $[\theta]$ 是规定的许可挠度和许可转角。

【例 6.1】　试求图 6.2 所示悬臂梁自由端 B 的挠度和转角,假定梁的抗弯刚度为 EI。

解　建立坐标系,梁的弯矩方程为

$$M(x) = -Fl + Fx \quad (0 \leqslant x \leqslant l)$$

故挠曲线微分方程为

$$EIw'' = M(x) = -Fl + Fx \qquad (a)$$

方程两端对 x 积分一次,得

$$EI\theta = EIw' = -Flx + \frac{1}{2}Fx^2 + C \qquad (b)$$

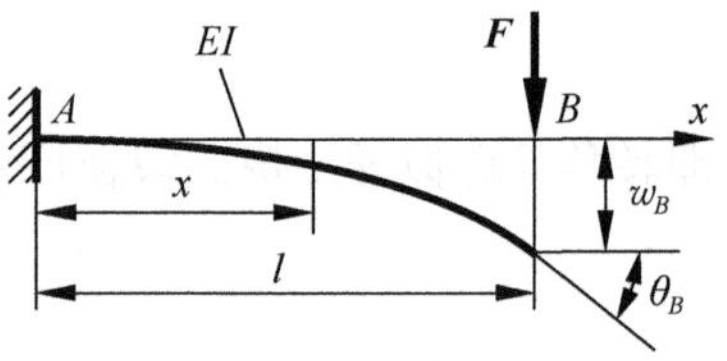

再积分一次,得

$$EIw = -\frac{1}{2}Flx^2 + \frac{1}{6}Fx^3 + Cx + D \qquad (c)$$

固定端 A 的边界条件为

$$x = 0, \quad w_A = 0, \quad \theta_A = 0 \qquad (d)$$

将边界条件式(d)代入式(b)和式(c),得到

$$C = 0, \quad D = 0 \qquad (e)$$

图 6.2

由此可得转角方程和挠度方程为

$$EI\theta = -Flx + \frac{1}{2}Fx^2 \qquad\qquad (f)$$

$$EIw = -\frac{1}{2}Flx^2 + \frac{1}{6}Fx^3 \qquad\qquad (g)$$

从而可得截面 B 的转角和挠度分别为

$$\theta_B = \frac{1}{EI}\left(-Fl^2 + \frac{1}{2}Fl^2\right) = -\frac{Fl^2}{2EI}$$

$$w_B = \frac{1}{EI}\left(-\frac{1}{2}Fl^3 + \frac{1}{6}Fl^3\right) = -\frac{Fl^3}{3EI}$$

负号表示转角为顺时针转向,挠度向下。

【例 6.2】 试求图 6.3 所示简支梁的最大转角和最大挠度,假定梁的抗弯刚度为 EI,$a>b$。

解 建立坐标系,由静力平衡方程,求出约束反力为

$$\begin{cases} R_A = \dfrac{Fb}{l} \\[2mm] R_B = \dfrac{Fa}{l} \end{cases}$$

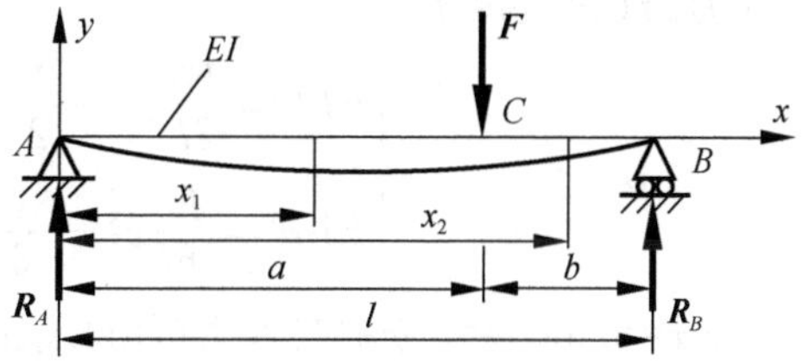

图 6.3

分段写出弯矩方程如下:

AC 段

$$M = \frac{Fb}{l}x_1 \quad (0 \leqslant x_1 \leqslant a) \qquad\qquad (b)$$

CB 段

$$M = \frac{Fb}{l}x_2 - F(x_2 - a) \quad (a \leqslant x_2 \leqslant l) \qquad\qquad (c)$$

分段写出挠曲线微分方程,积分后如下:

AC 段($0 \leqslant x_1 \leqslant a$)

$$\begin{cases} EIw'' = \dfrac{Fb}{l}x_1 \\[2mm] EIw' = \dfrac{Fb}{2l}x_1^2 + C_1 \\[2mm] EIw = \dfrac{Fb}{6l}x_1^3 + C_1x_1 + D_1 \end{cases} \qquad (d)$$

CB 段($a \leqslant x_2 \leqslant l$)

$$\begin{cases} EIw'' = \dfrac{Fb}{l}x_2 - F(x_2 - a) \\[2mm] EIw' = \dfrac{Fb}{2l}x_2^2 - \dfrac{1}{2}F(x_2 - a)^2 + C_2 \\[2mm] EIw = \dfrac{Fb}{6l}x_2^3 - \dfrac{1}{6}F(x_2 - a)^3 + C_2x_2 + D_2 \end{cases} \qquad (e)$$

将支座 A 和支座 B 的约束条件,以及截面 C 处的连续性条件,即

$$x=0, \quad w_A=0$$
$$x=l, \quad w_B=0$$
$$x=a, \quad w_C|_{AC}=w_C|_{CB}, \text{且 } \theta_C|_{AC}=\theta_C|_{CB}$$

代入式(d)和式(e),可得

$$D_1=D_2=0, \quad C_1=C_2=-\frac{Fb}{6l}(l^2-b^2)$$

将 C_1、D_1、C_2 和 D_2 代入式(d)和式(e),得转角方程和挠度方程如下:

AC 段($0\leqslant x_1\leqslant a$)

$$\begin{cases} EI\theta=\dfrac{Fb}{2l}x_1^2-\dfrac{Fb}{6l}(l^2-b^2) \\ EIw=\dfrac{Fb}{6l}x_1^3-\dfrac{Fb}{6l}(l^2-b^2)x_1 \end{cases} \tag{f}$$

CB 段($a\leqslant x_2\leqslant l$)

$$\begin{cases} EI\theta=\dfrac{Fb}{2l}x_2^2-\dfrac{1}{2}F(x_2-a)^2-\dfrac{Fb}{6l}(l^2-b^2) \\ EIw=\dfrac{Fb}{6l}x_2^3-\dfrac{1}{6}F(x_2-a)^3-\dfrac{Fb}{6l}(l^2-b^2)x_2 \end{cases} \tag{g}$$

将 $x=0$ 和 $x=l$ 分别代入式(f)和式(g),得

$$\theta_A=-\frac{Fb}{6EIl}(l^2-b^2)=-\frac{Fab}{6EIl}(l+b)$$

$$\theta_B=\frac{Fab}{6EIl}(l+a)$$

当 $a>b$ 时,θ_B 为最大转角。

最大挠度发生在 $\theta=w'=0$ 的位置上,由于 $a>b$,故其发生在 AC 段上。令 $\theta|_{AC}=0$,得

$$x_0=\sqrt{\frac{l^2-b^2}{3}}$$

将它代入式(f),得

$$w_{\max}=w|_{x=x_0}=-\frac{Fb}{9\sqrt{3}EIl}\sqrt{(l^2-b^2)^3}$$

6.3　叠加法求弯曲变形

在小变形及材料服从胡克定律的情况下,挠曲线微分方程式(6.4)是线性的。又因在小变形条件下,弯矩与载荷的关系也是线性的,所以对应于多个载荷作用下的梁,其中弯矩等于各单个作用下弯矩的叠加。

如图 6.4 所示的简支梁,假设约束条件不变。在载荷 F_1 作用下(图 6.4(a)),其挠曲线方程为 $w_1=w_1(x)$,弯矩方程为 $M_1=M_1(x)$;在载荷 F_2 作用下(图 6.4(b)),其挠曲线方程为 $w_2=w_2(x)$,弯矩方程为 $M_2=M_2(x)$;在载荷 F_1 和载荷 F_2 共同作用下(图 6.4(c)),其挠曲线方程为 $w=w(x)$,弯矩方程为 $M=M(x)$。其中,F_1 和 F_2 可以是由集中力、集中力偶和分布载荷组成的载荷系统。

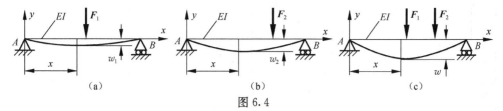

图 6.4

显然,有

$$M(x) = M_1(x) + M_2(x) \tag{a}$$

三种载荷系统作用下的挠曲线微分方程分别为

$$EIw_1'' = M_1(x) \tag{b}$$

$$EIw_2'' = M_2(x) \tag{c}$$

$$EIw'' = M(x) = M_1(x) + M_2(x) \tag{d}$$

由式(b)~式(d)可导出

$$EIw_1'' + EIw_2'' = EI(w_1'' + w_2'') = EI(w_1 + w_2)'' = M_1(x) + M_2(x) \tag{e}$$

微分方程式(d)与式(e)具有相同的边界条件(约束条件),所以具有相同的解,即

$$w = w_1 + w_2 \tag{f}$$

可见,当梁上同时作用几个载荷时,可分别求出每一载荷单独作用下的变形,把各个载荷作用下的变形叠加即为这些载荷共同作用时的变形。这就是计算弯曲变形的叠加法。

为了便于使用叠加法,表 6.1 列出了梁在简单载荷和简单约束情况下,一些特定截面的挠度和转角计算公式以及挠曲线方程。利用这些基本的变形公式,可以方便地求得许多复杂载荷作用情况下某些特定截面的挠度和转角。

【例 6.3】 试求图 6.5(a)所示悬臂梁自由端 B 的转角和挠度,假定梁的抗弯刚度为 EI。

解 画出集中力偶 M 和集中力 F 单独作用时的变形简图,如图 6.5(b)和(c)所示。

在集中力偶 M 的作用下,有

$$\theta_{C1} = -\frac{Ml}{EI}, \qquad w_{C1} = -\frac{Ml^2}{2EI}$$

此时,由于 CB 段上的弯矩 $M=0$,故由挠曲线微分方程可知该段挠曲线为一直线,根据连续性条件,该段直线的转角等于 C 截面的转角,其变形如图 6.5(b)所示。由此可求得

$$\theta_{B1} = \theta_{C1} = -\frac{Ml}{EI}$$

$$w_{B1} = w_{C1} + \theta_{C1}l = -\frac{Ml^2}{2EI} - \frac{Ml}{EI}l = -\frac{3Ml^2}{2EI}$$

在集中力 F 的作用下,有

$$\theta_{B2} = -\frac{F(2l)^2}{2EI}, \qquad w_{B2} = -\frac{F(2l)^3}{3EI}$$

因此,根据叠加法,在集中力偶 M 和集中力 F 的共同作用下,有

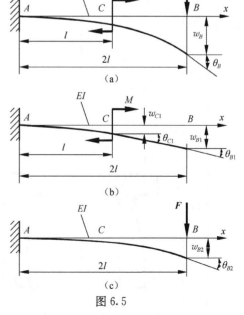

图 6.5

$$\theta_B = \theta_{B1} + \theta_{B2} = -\frac{Ml}{EI} - \frac{2Fl^2}{EI}, \qquad w_B = w_{B1} + w_{B2} = -\frac{3Ml^2}{2EI} - \frac{8Fl^3}{3EI}$$

表6.1　梁在简单载荷作用下的变形量

序号	梁的简图	挠曲线方程	端截面转角	最大挠度和简支梁中截面的挠度
1		$w = -\dfrac{Mx^2}{2EI}$	$\theta_B = -\dfrac{Ml}{EI}$	$w_B = -\dfrac{Ml^2}{2EI}$
2		$w = -\dfrac{Fx^2}{6EI}(3l-x)$	$\theta_B = -\dfrac{Fl^2}{2EI}$	$w_B = -\dfrac{Fl^3}{3EI}$
3		$w = -\dfrac{qx^2}{24EI}(x^2-4lx+6l^2)$	$\theta_B = -\dfrac{ql^3}{6EI}$	$w_B = -\dfrac{ql^4}{8EI}$
4		$w = -\dfrac{Mx}{6EIl}(l^2-x^2)$	$\theta_A = -\dfrac{Ml}{6EI},\ \theta_B = \dfrac{Ml}{3EI}$	$w\Big|_{x=\frac{l}{2}} = -\dfrac{Ml^2}{16EI}$,　$w_{\max} = w\Big|_{x=\frac{l}{\sqrt{3}}} = -\dfrac{Ml^2}{9\sqrt{3}EI}$

续表

序号	梁的简图	挠曲线方程	端截面转角	最大挠度和简支梁中截面的挠度
5		$w = -\dfrac{Fx}{48EI}(3l^2 - 4x^2)$ $\quad(0 \leq x \leq l/2)$	$\theta_A = -\dfrac{Fl^2}{16EI}$, $\quad\theta_B = \dfrac{Fl^2}{16EI}$	$w_{\max} = w\left|_{x=\frac{l}{2}}\right. = -\dfrac{Fl^3}{48EI}$
6		$w = -\dfrac{qx}{24EI}(l^3 - 2lx^2 + x^3)$	$\theta_A = -\dfrac{ql^3}{24EI}$, $\quad\theta_B = \dfrac{ql^3}{24EI}$	$w_{\max} = w\left|_{x=\frac{l}{2}}\right. = -\dfrac{5ql^4}{384EI}$
7		$w = \dfrac{Mx}{6EIl}(l^2 - 3b^2 - x^2)$ $\quad(0 \leq x \leq a)$ $w = \dfrac{M}{6EIl}\left[-x^3 + 3l(x-a)^2 + (l^2 - 3b^2)x\right]$ $\quad(a \leq x \leq l)$	$\theta_A = \dfrac{M}{6EIl}(l^2 - 3b^2)$, $\theta_B = \dfrac{M}{6EIl}(l^2 - 3a^2)$	
8		$w = -\dfrac{Fbx}{6EIl}(l^2 - x^2 - b^2)$ $\quad(0 \leq x \leq a)$ $w = -\dfrac{Fb}{6EIl}\left[-x^3 + \dfrac{l}{b}(x-a)^3 + (l^2 - b^2)x\right]$ $\quad(a \leq x \leq l)$	$\theta_A = -\dfrac{Fab}{6EIl}(l+b)$, $\theta_B = \dfrac{Fab}{6EIl}(l+a)$	$w\left|_{x=\frac{l}{2}}\right. = -\dfrac{Fb(3l^2 - 4b^2)}{48EI}$, $w_{\max} = w\left|_{x=\sqrt{\frac{l^2-b^2}{3}}}\right. = -\dfrac{Fb(l^2-b^2)^{3/2}}{9\sqrt{3}EIl}$

【**例 6.4**】　试求图 6.6(a)所示外伸梁自由端 B 的转角和挠度,假定梁的抗弯刚度为 EI。

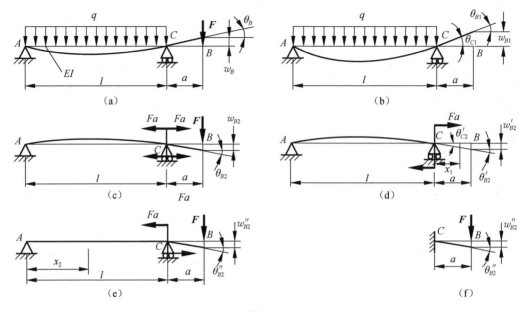

图 6.6

解　由图 6.6(b),在均布载荷 q 的作用下,有

$$\theta_{C1} = \frac{ql^3}{24EI}$$

此时,CB 段上无弯矩,故该段挠曲线为一直线,由此可求得

$$\theta_{B1} = \theta_{C1} = \frac{ql^3}{24EI}$$

$$w_{B1} = \theta_{C1}a = \frac{ql^3}{24EI}a = \frac{ql^3 a}{24EI}$$

图 6.6(c)为集中力 F 作用下的变形图,假想在截面 C 上施加一对大小相同(其值均为 $M = Fa$)、转向相反的力偶。进一步由叠加法,可知图 6.6(c)所示外伸梁的弯曲变形,应等于图 6.6(d)和(e)所示外伸梁的弯曲变形之和。

由图 6.6(d),在集中力偶 $M = Fa$ 的作用下,由于 CB 段无弯矩,故 CB 段是一直线,故有

$$\theta'_{B2} = \theta'_{C2} = -\frac{Fal}{3EI}　,　w'_{B2} = \theta'_{C2}a = -\frac{Fal}{3EI}a$$

由图 6.6(e),在集中力偶 $M = Fa$ 和集中力 F 的共同作用下,A 界面的支座反力为零,故 AC 段无弯矩,AC 段是一水平线。因此,图 6.6(e)所示的外伸梁,可进一步简化为如图 6.6(f)所示的悬臂梁,故有

$$\theta''_{B2} = -\frac{Fa^2}{2EI}　,　w''_{B2} = -\frac{Fa^3}{3EI}$$

由叠加法,如图 6.6(f)所示,在均布载荷 q 和集中力 F 共同作用下的外伸梁自由端 B 的

转角和挠度为

$$\theta_B = \theta_{B1} + \theta_{B2} = \theta_{B1} + \theta'_{B2} + \theta'_{B2} = \frac{ql^3}{24EI} - \frac{Fal}{3EI} - \frac{Fa^2}{2EI}$$

$$w_B = w_{B1} + w_{B2} = w_{B1} + w'_{B2} + w''_{B2} = \frac{ql^3 a}{24EI} - \frac{Fa^2 l}{3EI} - \frac{Fa^3}{3EI}$$

6.4 提高弯曲刚度的措施

由挠曲线微分方程式(6.4)可知,梁的弯曲变形与弯矩方程 $M(x)$、横截面的惯性矩 I、材料的弹性模量 E 以及边界条件(支座的约束条件)有关。因此,要减小弯曲变形,需要从以下几方面入手。

由于梁的弯曲变形是弯矩在整根梁上的积分得到的,因此合理安排梁的受力情况,尽可能降低整根梁上弯矩的数值,将能有效地减小梁的弯曲变形。

由于梁的弯曲变形与梁横截面的惯性矩 I 成反比,因此合理地设计梁的截面,在横截面面积相同的情况下,应尽可能提高其惯性矩 I。

由表6.1中的转角和挠度计算公式可以看到,梁的弯曲变形与梁的跨长 l 的1次幂、2次幂、3次幂甚至4次幂成正比。因此,减小跨长 l,可以非常有效地减小弯曲变形。为了减小跨长,有时可以改变结构形式,在已有的支座中间或者是在变形量较大的自由端处等再增设一些支座。

为了提高梁的抗弯刚度,可以选用弹性模量 E 值较大的材料。但由于各类钢材的 E 值大致相同,因此采用高强度钢材代替低强度钢材并不能有效地提高梁的抗弯刚度。

习　题

6.1 用积分法求题6.1图所示各梁的挠曲线方程及自由端的挠度和转角,设梁的刚度 EI 为常数。

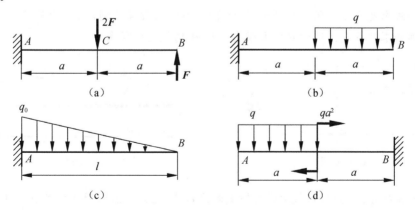

题 6.1 图

6.2 用积分法求题 6.2 图所示各梁的挠曲线方程、截面 A 和截面 B 的转角、跨度中点 C 的挠度以及外伸端的挠度与转角,设梁的刚度 EI 为常数。

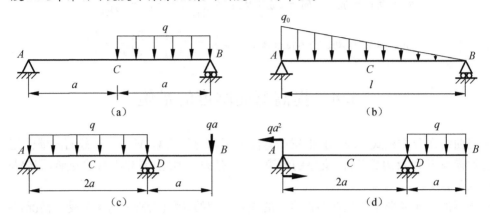

题 6.2 图

6.3 用叠加法求题 6.3 图所示各梁截面 A 和截面 B 的挠度,以及截面 C 的转角,设梁的刚度 EI 为常数。

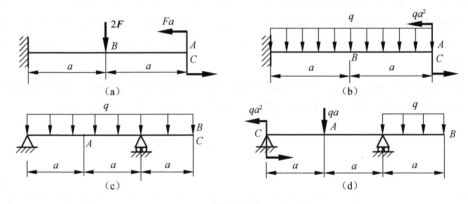

题 6.3 图

6.4 用叠加法求题 6.4 图所示梁截面 A 的挠度和转角,设梁的刚度 EI 为常数。

6.5 用叠加法求题 6.5 图所示变截面梁自由端 A 的挠度和转角。

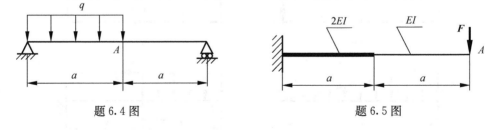

题 6.4 图　　　　　　　　　　　　题 6.5 图

6.6 题 6.6 图所示结构中,拉杆 AC 的横截面面积 $A = 2500\,\text{mm}^2$,弹性模量 $E_1 = 100\,\text{GPa}$。梁 BC 的横截面为 $200\,\text{mm} \times 200\,\text{mm}$ 的正方形,弹性模量 $E_2 = 200\,\text{GPa}$。试用叠加法求梁的中间截面 D 的铅垂位移。

6.7 用叠加法求题 6.7 图所示刚架截面 A 的水平位移和铅垂位移。设各个梁段的刚度 EI 为常数,拉压变形忽略不计。

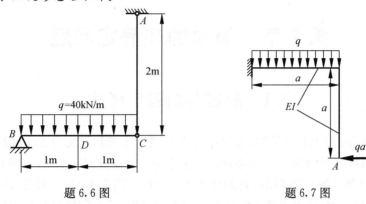

题 6.6 图   题 6.7 图

6.8 滚轮沿简支梁移动时,要求滚轮恰好走一水平路径(题 6.8 图)。试问需将梁的轴线预先弯成怎样的曲线? 设梁的刚度 EI 为常数。

6.9 如题 6.9 图所示,桥式起重机的最大载荷 $F=20\text{kN}$。起重机大梁为 32a 工字钢,$E=210\text{GPa}$,$l=8.76\text{m}$。规定 $[w]=\dfrac{l}{500}$,试校核大梁的刚度。

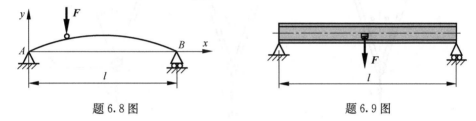

题 6.8 图   题 6.9 图

6.10 用叠加法求题 6.10 图所示简支梁跨度中点的挠度。设梁的刚度 EI 为常数。

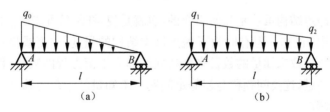

题 6.10 图

第 7 章　简单的超静定问题

7.1　静定与超静定概述

图 7.1(a)所示的平面杆系结构,给定外力 F 与两个未知约束反力 F_{RB} 和 F_{RC} 构成平面汇交力系(图 7.1(b)),可由平面汇交力系的两个独立静力平衡方程求出该两个约束反力。进一步,可利用截面法和平衡方程求出各自的轴力 F_{N1} 和 F_{N2}(图 7.1(c))。可见,该结构的全部未知约束反力及杆件内力,均可由独立的静力平衡方程求出,这类问题称为静定问题,其结构称为静定结构。

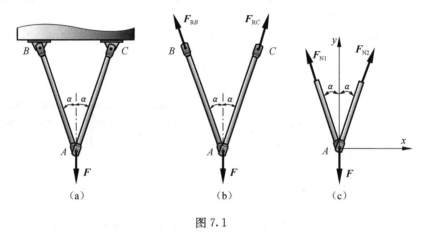

图 7.1

工程实际中的静定结构虽然是几何不变的,也就是说,杆件只可能产生由于变形而引起的位移,而不能产生刚体位移。但有时为了提高该类结构的强度、刚度或稳定性,通常添加"多余"的外界约束,由此导致未知量的数目多余独立的静力平衡方程的数目,仅由静力平衡方程不能求出全部的未知量,这类问题称为超静定问题。未知量的个数与独立静力平衡方程数目的差,称为超静定次数。

7.2　拉压超静定问题

以图 7.2(a)所示的两端固定等截面直杆 AB 为例,说明拉压超静定问题的基本解法。

解除直杆 AB 两端的约束,分别用约束反力 F_A 和 F_B 代替,如图 7.2(b)所示,于是可得直杆 AB 沿其轴向的静力平衡方程为

$$F = F_A + F_B \tag{a}$$

对于直杆 AB 只能建立 1 个独立的静力平衡方程,但是有 2 个未知约束反力,因此是一次超静定问题。

由于杆 AB 两端是固定约束的,可知杆的总长保持不变,即 $\Delta l_{AB} = 0$(杆的总体变形应该保持协调)。于是,可得变形协调方程

$$\Delta l_{AB} = \Delta l_{AC} + \Delta l_{CB} = 0 \qquad \text{(b)}$$

绘制杆的轴力图如图 7.2(c)所示,可知 AC 段的轴力 $F_{N,AC} = F_A$,CB 段的轴力 $F_{N,CB} = -F_B$。设直杆的抗拉(抗压)刚度为 EA,由胡克定律,得到

$$\Delta l_{AC} = \frac{F_{N,AC}a}{EA} = \frac{F_A a}{EA}, \quad \Delta l_{CB} = \frac{F_{N,CB}b}{EA} = -\frac{F_B b}{EA}$$

将其代入式(b),得到

$$F_A a - F_B b = 0 \qquad \text{(c)}$$

式(c)即为由变形协调方程和物理方程(此处即为胡克定律)得到的补充方程。联立求解式(a)和式(c),得

$$F_A = \frac{Fb}{l}, \quad F_B = \frac{Fa}{l}$$

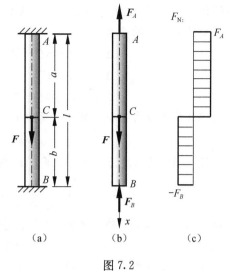

图 7.2

可见,求解超静定问题,需要综合应用静力平衡方程、变形协调方程和物理方程,其基本解题步骤可归纳如下:

(1) 根据受力图列出独立的静力平衡方程,确定超静定次数;

(2) 分析结构的变形和位移特点,建立变形协调方程;

(3) 建立内力与变形间的物理方程;

(4) 由变形协调方程和物理方程,得到补充方程;

(5) 联立静力平衡方程和补充方程,求出全部未知量。

【例 7.1】 图 7.3(a)所示支架结构,三根直杆的材料和横截面面积均相同,试求各杆的轴力。

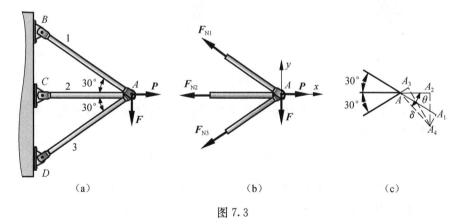

图 7.3

解 由截面法作杆系的受力图,如图 7.3(b)所示,建立平衡方程

$$\sum F_x = 0, \quad F_{N1}\cos 30° + F_{N2} + F_{N3}\cos 30° = P$$

$$\sum F_y = 0, \quad F_{N1}\sin 30° - F_{N3}\sin 30° = F$$

在 F 作用下,杆件发生变形,A 点产生位移至 A_4 点,如图 7.3(c)所示。这里要注意的是,由于受力简图(图 7.3(b))已经假设三杆的轴力均为正,故三杆的变形应均为伸长,其中三根

杆的伸长量分别为 $\Delta l_1 = \overline{AA_1}$，$\Delta l_2 = \overline{AA_2}$，$\Delta l_3 = \overline{AA_3}$。不妨假设 $\overline{AA_4} = \delta$，$\angle A_2AA_4 = \theta$，则杆件变形与位移之间的关系为

$$\Delta l_1 = \delta\cos(\theta - 30°) = \delta(\cos\theta\cos30° + \sin\theta\sin30°)$$

$$\Delta l_2 = \delta\cos\theta$$

$$\Delta l_3 = \delta\cos(\theta + 30°) = \delta(\cos\theta\cos30° - \sin\theta\sin30°)$$

从上述三式中消去 δ 和 θ，得到变形协调方程

$$\Delta l_3 + \Delta l_1 = 2\Delta l_2\cos30°$$

设杆 AC 的长度为 l，则 AB 和 AD 杆的长度均为 $2l/\sqrt{3}$。由胡克定律，杆件变形为

$$\Delta l_1 = \frac{F_{N1}}{EA} \cdot \frac{2l}{\sqrt{3}}, \quad \Delta l_2 = \frac{F_{N2}}{EA} \cdot l, \quad \Delta l_3 = \frac{F_{N3}}{EA} \cdot \frac{2l}{\sqrt{3}}$$

将以上三式代入变形协调方程，化简后得到补充方程

$$2F_{N1} + 2F_{N3} = 3F_{N2}$$

联立平衡方程和补充方程，可求得

$$F_{N1} = \frac{3P}{4 + 3\sqrt{3}} + F, \quad F_{N2} = \frac{4P}{4 + 3\sqrt{3}}, \quad F_{N3} = \frac{3P}{4 + 3\sqrt{3}} - F$$

【例 7.2】 图 7.4(a)所示的杆系结构中，三杆的抗拉或抗压刚度均为 EA。由于制造误差，杆 2 的长度比设计长度 l 短了 δ。试求装配后三杆的轴力。

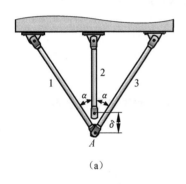 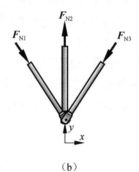 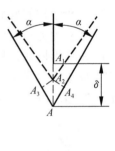

（a）　　　　　　　　（b）　　　　　　　　（c）

图 7.4

解　显然，三杆装配后，杆 1 和杆 3 受压而缩短，杆 2 受拉而伸长，其受力简图如图 7.4(b)所示。由平衡方程，有

$$\sum F_x = 0, \quad F_{N1}\sin\alpha = F_{N3}\sin\alpha, \quad F_{N1} = F_{N3} \tag{a}$$

$$\sum F_y = 0, \quad F_{N1}\cos\alpha + F_{N3}\cos\alpha = F_{N2}, \quad 2F_{N1}\cos\alpha = F_{N2} \tag{b}$$

由于 $F_{N1} = F_{N3}$，杆 1 和杆 3 的 EA 相等，可知 A 点沿着铅垂方向产生位移至 A_2 点，如图 7.4(c)所示，可知杆系的变形协调条件为

$$\overline{A_1A_2} + \overline{AA_2} = \delta, \quad |\Delta l_2| + |\Delta l_1|/\cos\alpha = \delta \tag{c}$$

将物理关系代入式(c)，得到

$$\frac{F_{N2}l}{EA} + \frac{F_{N1}l}{EA\cos^2\alpha} = \delta \tag{d}$$

联立式(a)、式(b)和式(d)，解得

$$F_{N1} = F_{N3} = \frac{EA\cos^2\alpha}{2\cos^3\alpha+1}\frac{\delta}{l}, \quad F_{N2} = \frac{2EA\cos^3\alpha}{2\cos^3\alpha+1}\frac{\delta}{l} \tag{e}$$

由于制造误差,构件的实际尺寸通常存在偏差。如果装配后的杆系是静定结构,则制造误差只会改变各杆的相对位置,而不会引起附加内力。但是,对于超静定结构而言,由于多余约束的存在,制造误差将会在杆系结构中引起附加内力,即**装配内力**,与其对应的应力则称为**装配应力**。

【**例 7.3**】　图 7.5(a)所示结构,杆 1 和杆 2 的材料与横截面面积 A 均相同,梁 AB 是刚体。试求当杆 1 的温度升高 $\Delta T=50℃$ 时,杆 1 和杆 2 的正应力。已知材料的弹性模量 $E=210\text{GPa}$,线膨胀系数 $\alpha_l=12\times10^{-6}\text{m/(m}\cdot℃)$。

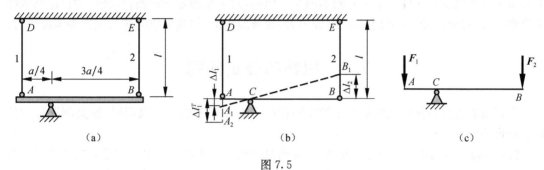

图 7.5

解　当无约束时(如不存在梁 AB),杆 1 端点 A 将因温度升高而位移至 A_2 点,但由于存在约束,杆 1 的膨胀受阻,点 A 位移至 A_1 点,如图 7.5(b)所示。与此相应,杆 2 端点 B 将位移至 B_1 点,A_1CB_1 仍为一直线。

由图 7.5 可知,$\overline{AA_2}$ 和 $\overline{A_1A_2}$ 分别代表杆 1 由温度引起的变形(膨胀)和由其轴力引起的变形(缩短),即 $\Delta l_1^T=\overline{AA_2}$,$\Delta l_1^F=\overline{A_1A_2}$,且 $|\Delta l_1|=|\Delta l_1^T|-|\Delta l_1^F|$。$\overline{BB_1}$ 代表杆 2 由其轴力引起的变形(缩短),即 $\Delta l_2=\overline{BB_1}$。杆 1 和杆 2 均受压,梁 AB 的受力如图 7.5(c)所示。

由静力平衡方程,可知

$$\sum M_C = 0, \quad F_1\frac{a}{4} = F_2\frac{3a}{4} \tag{a}$$

即

$$F_1 = 3F_2 \tag{b}$$

可见为一次超静定问题。

由图 7.5(b)可知

$$3|\Delta l_1| = |\Delta l_2| \tag{c}$$

温度升高 ΔT 引起的杆 1 的伸长为

$$\Delta l_1^T = \alpha_l l \Delta T \tag{d}$$

由胡克定律可知

$$\Delta l_1^F = \frac{F_{N1}l}{EA} = -\frac{F_1 l}{EA}, \quad \Delta l_2 = \Delta l_2^F = \frac{F_{N2}l}{EA} = -\frac{F_2 l}{EA} \tag{e}$$

将式(d)和式(e)代入式(c),可得

$$3F_1 + F_2 = 3EA\alpha_l\Delta T \tag{f}$$

联立式(f)与式(b),可得

$$F_1 = \frac{9}{10}EA\alpha_l\Delta T, \quad F_2 = \frac{3}{10}EA\alpha_l\Delta T \tag{g}$$

故

$$\sigma_1 = \frac{F_{N1}}{A} = -\frac{F_1}{A} = -\frac{9}{10}E\alpha_l\Delta T = -\frac{9}{10} \times 210 \times 10^3 \times 12 \times 10^{-6} \times 50 = -113.4(\text{MPa})$$

$$\sigma_2 = \frac{F_{N2}}{A} = -\frac{F_2}{A} = -\frac{3}{10}E\alpha_l\Delta T = -\frac{3}{10} \times 210 \times 10^3 \times 12 \times 10^{-6} \times 50 = -37.8(\text{MPa})$$

静定结构中的杆件,尽管受到相邻杆件的约束,温度变化时仍然能够产生自由膨胀,因此不会由于温度改变而在杆系中引起附加内力。但是,对于超静定结构而言,杆件的自由热胀冷缩受到约束,将会在杆系结构中引起附加内力,即**温度内力**,与其对应的应力则称为**温度应力**。

7.3　扭转超静定问题

当杆端的支反力偶矩或横截面上的扭矩仅由平衡方程不能完全确定时,这类问题称为**扭转超静定问题**。

【例7.4】　图7.6所示的芯轴与套管,两端用刚性平板连接在一起。作用在刚性平板上的扭转力偶矩为 M_e,芯轴与套管的扭转刚度分别为 $G_1 I_{p1}$ 和 $G_2 I_{p2}$。试计算芯轴与套管的扭矩。

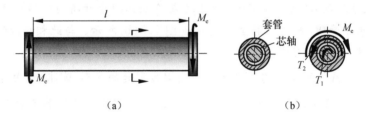

（a）　　　　　　　　　　　　　　　（b）

图 7.6

解　设芯轴与套管的扭矩分别为 T_1 和 T_2,则由图7.6(b)可建立静力平衡方程

$$T_1 + T_2 - M_e = 0 \tag{a}$$

未知扭矩有2个,而平衡方程只有1个,是一次超静定。

设芯轴的扭转角为 φ_1,套管的扭转角为 φ_2,由扭矩与扭转角间的关系(即物理方程)可得

$$\varphi_1 = \frac{T_1 l}{G_1 I_{p1}}, \quad \varphi_2 = \frac{T_2 l}{G_2 I_{p2}} \tag{b}$$

芯轴与套管的两端用刚性平板连接在一起,因此在端面处二者具有相同的扭转角。变形协调方程可写为

$$\varphi_1 = \varphi_2 \tag{c}$$

将式(b)应用于式(c),化简后得到补充方程

$$\frac{T_1}{G_1 I_{p1}} = \frac{T_2}{G_2 I_{p2}} \tag{d}$$

联立式(a)和式(d),求解得到

$$T_1 = \frac{G_1 I_{p1} M_e}{G_1 I_{p1} + G_2 I_{p2}}, \quad T_2 = \frac{G_2 I_{p2} M_e}{G_1 I_{p1} + G_2 I_{p2}}$$

7.4　简单超静定梁

在工程实际中,有时为了提高梁的强度与刚度,或由于构造上的需要,往往给静定梁添加附加支座,从而使得梁上约束反力的数目超过了独立的静力平衡方程数目,这类梁称为**超静定梁**。

【**例 7.5**】　如图 7.7 所示左端固定、右端简支的梁,抗弯刚度为 EI。试求跨中截面上的剪力和弯矩。

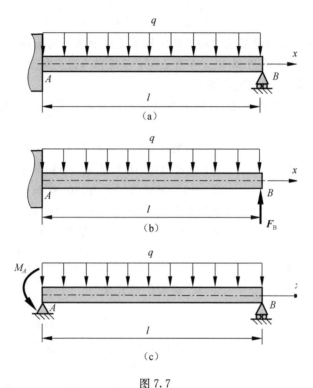

图 7.7

解　梁 AB 上作用有 4 个支座反力,独立的静力平衡方程只有 3 个,是一次超静定梁。从静力平衡的角度来讲,光滑铰支座 B 是多余约束,为此将其解除,并用未知反力 $\boldsymbol{F}_B$ 代替,得到图 7.7(b)所示形式上的静定梁(称为静定基)。

用 w_B^q 和 $w_B^{F_B}$ 分别表示悬臂梁 AB 在均布载荷 q 和支反力 $\boldsymbol{F}_B$ 单独作用下 B 截面的挠度,由叠加原理,q 和 $\boldsymbol{F}_B$ 共同作用下 B 截面的挠度为 $w_B = w_B^q + w_B^{F_B}$。由于原超静定梁的 B 截面是铰支座约束,故该截面的挠度为零,因此其变形协调方程为

$$w_B = w_B^q + w_B^{F_B} = 0 \tag{a}$$

由表 6.1 查得,外力与挠度之间的关系,即物理方程为

$$w_B^q = -\frac{ql^4}{8EI}, \quad w_B^{F_B} = \frac{F_B l^3}{3EI} \tag{b}$$

将式(b)代入式(a),可得补充方程

$$-\frac{ql^4}{8EI} + \frac{F_B l^3}{3EI} = 0$$

由此可求得

$$F_B = \frac{3ql}{8}$$

F_B 确定后,就可按静定梁对图 7.7(b) 作进一步分析,可求得跨中截面的剪力和弯矩分别为

$$F_S = \frac{1}{2}ql - \frac{3}{8}ql = \frac{1}{8}ql$$

$$M = \frac{3}{8}ql\,\frac{l}{2} - \frac{1}{2}q\left(\frac{l}{2}\right)^2 = \frac{1}{16}ql^2$$

另外,需要说明的是,超静定梁的静定基选取不是唯一的。例如,将 A 截面限制梁转动的约束解除,代以相应的约束反力偶 M_A,将固定端支座退化为固定铰支座,如图 7.7(c) 所示,最后也可求得相同的结果,读者可自行验证。

【**例 7.6**】 梁 AB 因刚度不足,用同一材料和同样截面的梁 AC 加固,如图 7.8(a) 所示。试求:

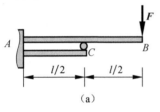

(1) 二梁接触处的压力 F_C;

(2) 加固后梁 AB 的最大弯矩和 B 截面挠度减小的百分数。

解 (1) 解除梁 AB 与 AC 接触处的多余约束,并用约束反力 F_C 代替,得到如图 7.8(b) 所示的静定基。查表 6.1,并由叠加法,得到梁 AB 截面 C 的挠度为

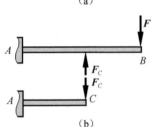

$$w_{C1} = \frac{F_C l^3}{24EI} - \frac{5Fl^3}{48EI}$$

梁 AC 截面 C 的挠度为

$$w_{C2} = -\frac{F_C l^3}{24EI}$$

显然,梁 AB 截面 C 的挠度,应该等于梁 AC 截面 C 的挠度。于是补充方程为

$$\frac{F_C l^3}{24EI} - \frac{5Fl^3}{48EI} = -\frac{F_C l^3}{24EI}$$

解得

$$F_C = \frac{5}{4}F$$

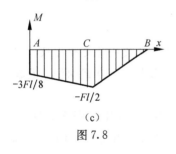

图 7.8

(2) 加固前,梁 AB 的最大弯矩 $M_{1,\max}$ 和 B 截面的挠度 w_{B1} 分别为

$$M_{1,\max} = Fl \quad (\text{固定端截面})$$

$$w_{B1} = -\frac{Fl^3}{3EI}$$

加固后,梁 AB 的弯矩图如图 7.8(c) 所示,最大弯矩 $M_{2,\max}$ 和 B 截面的挠度 w_{B2} 分别为

$$M_{2,\max} = Fl/2 \quad (C \text{截面})$$

$$w_{B2} = -\frac{Fl^3}{3EI} + \left(\frac{F_C l^3}{24EI} + \frac{F_C l^2}{8EI}\,\frac{l}{2}\right) = -\frac{13Fl^3}{48EI}$$

因此,加固后梁的最大弯矩减小了 50%,B 截面的挠度减少的百分比为

$$\left| \frac{w_{B1} - w_{B2}}{w_{B1}} \right| \times 100\% = \left| \frac{\dfrac{Fl^3}{3EI} - \dfrac{13Fl^3}{48EI}}{\dfrac{Fl^3}{3EI}} \right| \times 100\% = 18.8\%$$

习　题

7.1　一实心圆杆 1,在其外依次紧套空心圆管 2 和 3(题 7.1 图)。设三杆的抗拉刚度分别为 E_1A_1、E_2A_2 及 E_3A_3,此组合杆承受轴向拉力 F,三杆之间无相对摩擦。试求组合杆的伸长量。

7.2　在温度为 2℃时安装铁轨,两相邻段铁轨间预留的空隙 $\Delta = 1.2$mm。当夏天气温升为 40℃时,铁轨内的温度应力为多少? 已知:每根铁轨长度为 12.5m,$E = 200$GPa,线膨胀系数 $\alpha = 12.5 \times 10^{-6}$ m/(m·℃)。

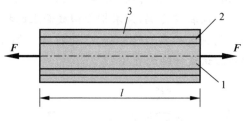

题 7.1 图

7.3　在题 7.3 图所示结构中,杆①、②、③的材料与截面相同,弹性模量为 E,横截面面积为 A,横杆 CD 为刚体。求三杆所受的轴力。

7.4　题 7.4 图所示螺栓通过螺母拧紧套筒。螺栓的螺距为 0.65mm,螺栓直径 $d_1 = 20$mm;套筒内径 $d_2 = 22$mm,外径 $D_2 = 32$mm;两者材料相同,$E = 200$GPa。若将螺帽按拧紧方向再旋转 60°,试求螺栓横截面上的正应力增加多少? 不考虑螺母和螺栓头的变形。

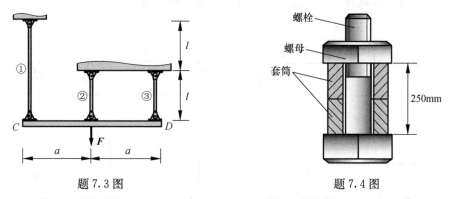

题 7.3 图　　　　　　　　　　题 7.4 图

7.5　题 7.5 图所示的刚性梁由三根钢杆连接,它们的截面积均为 $A = 2.0$ cm²,钢的弹性模量 $E = 200$GPa,其中杆 3 由于制造误差,其长度比杆 1 和杆 2 短 $\delta = 0.0005l$。试求装配后各杆的应力。

7.6 题 7.6 图所示结构的三根杆用同一材料制成,弹性模量为 E,杆 1 和杆 3 的截面积 $A_1 = A_3 = A$,杆 2 的截面积 $A_2 = 2A$。试求载荷 F 作用下各杆的内力。

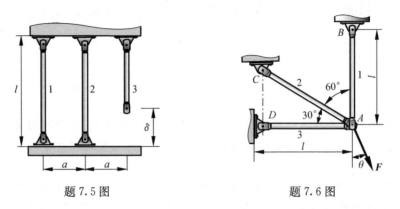

题 7.5 图　　　　　　　　　　　　　题 7.6 图

7.7 钢管壁厚 $t_1 = 2mm$,直径 $d_1 = 50mm$,套在直径为 $d_2 = 25mm$ 的实心钢轴外,两端与刚性法兰盘焊接,如题 7.7 图所示。焊接前,轴上加 $200N \cdot m$ 的扭转力偶,并在焊接过程中保持该状态。焊接完后解除扭转力偶,试求钢管横截面上的扭矩。

7.8 题 7.8 图所示两端固定的圆截面实心阶梯轴,承受扭转力偶作用,如图所示。若材料的许用切应力 $[\tau] = 50MPa$,试设计轴的直径 D_2。

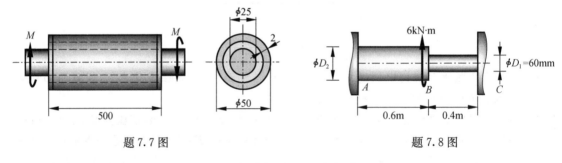

题 7.7 图　　　　　　　　　　　　　题 7.8 图

7.9 求题 7.9 图所示超静定梁的支反力。设梁的抗弯刚度为 EI。

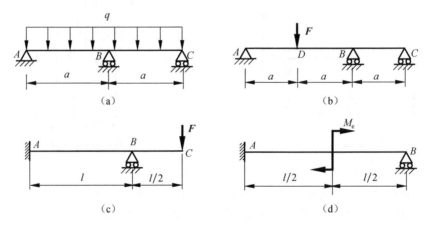

题 7.9 图

7.10 题 7.10 图所示悬臂梁 AD 和 BE，通过钢杆 CD 连接。已知，$F=50$kN，梁 AD 和 BE 的抗弯刚度均为 $EI=24\times10^6$N·m²，CD 杆长 $l=5$m，横截面面积 $A=3\times10^{-4}$m²，弹性模量 $E=200$GPa。试求悬臂梁 AD 在 D 点的挠度。

7.11 题 7.11 图所示结构，AC 梁的 EI 和 CD 杆的 EA 为已知，且 $a=l/2$。试求拉杆 CD 的轴力。

7.12 杆梁结构如题 7.12 图所示，$E=200$GPa。求当 A、B 支座的反力与杆 CD 的轴力相等时，杆 CD 的直径 d。

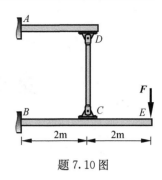

题 7.10 图

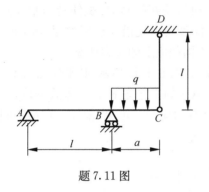

题 7.11 图

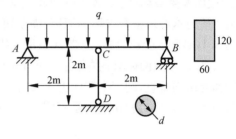

题 7.12 图

第8章　应力状态和强度理论

8.1　应力状态的概念

　　试验表明,铸铁在拉伸时,试件沿横截面发生破坏,而铸铁在扭转时,试件沿与轴线约呈45°的斜截面发生破坏;低碳钢在拉伸和压缩屈服时,试件表面出现沿与轴线约呈 45°的滑移线。为了研究这些现象和破坏的原因,需要研究试件在不同截面上的应力情况。

　　图 8.1(a)所示受拉直杆,围绕 A 点取一微小六面体,如图 8.1(b)所示,其平面图如图 8.1(c)所示。该微小六面体只在左、右两面有正应力 $\sigma = F/A$。如果按图 8.1(d)方式截取,使其四个侧面与纸面垂直,则四个侧面上不仅有正应力,而且有切应力。可见,围绕一点沿不同方位的截面上,其正应力和切应力是不同的。

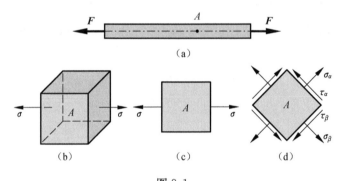

图 8.1

　　通过构件内一点处不同方位截面上应力的集合,称为**一点的应力状态**。一点的应力状态通常用包含该点的微小六面体来描述,该微小六面体称为**单元体**,如图 8.1(b)所示。由于单元体各边长均为无限小,可以认为单元体各个面上的应力均匀分布,相互平行面上的应力大小相等、方向相反。单元体六个面上的应力就可以代表这一点的应力状态。

　　在图 8.1(b)中,单元体的三个相互垂直的面上都无切应力,这种切应力等于零的平面称为**主平面**。主平面上的正应力称为**主应力**。可以证明,通过受力构件内任一点一定存在三个相互垂直的主平面,从而有三个相应的主应力。用三个主平面截取的单元体称为**主单元体**,三个主应力分别用 σ_1、σ_2、σ_3 表示,且按代数值的大小排列,即 $\sigma_1 \geq \sigma_2 \geq \sigma_3$。按照不等于零的主应力数目,可将应力状态分为三类:若三个主应力中只有一个不等于零,称为**单向应力状态**;若有两个主应力不为零,称为**二向或平面应力状态**;若三个主应力都不为零,称为**三向或空间应力状态**。单向应力状态也称为**简单应力状态**,二向和三向应力状态统称为**复杂应力状态**。

　　显然,轴向拉压杆件中各点均处于单向应力状态(图 8.1(b))。薄壁圆筒形容器在均匀内压作用下为二向应力状态(图 8.2(a))。图 8.3(a)所示的导轨与滚轮接触处,导轨表层的微单

元体 A 除在垂直方向直接受压外,由于横向变形受到周围材料的约束,其四周也同时受压,微元体处于三向应力状态(图 8.3(b))。

【例 8.1】　图 8.2(a)所示为承受内压 p 的薄壁圆筒形容器,容器壁厚 t 远小于它的直径 D,试计算容器横截面和纵截面上的应力。

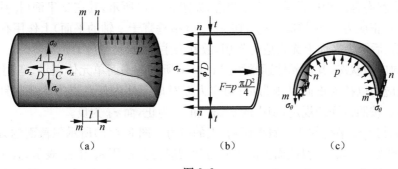

图 8.2

解　作用于圆筒两端封头的内压 p,使圆筒受轴向拉伸。内压 p 引起的轴向总压力为(图 8.2(b))

$$F = p\,\frac{\pi D^2}{4}$$

薄壁圆筒的横截面面积 $A = \pi D t$,因此,p 引起轴向拉应力为

$$\sigma_x = \frac{F}{A} = p\,\frac{\pi D^2}{4\pi D t} = \frac{pD}{4t} \tag{8.1}$$

用相距为 l 的两个横截面和过中心的任一纵截面切出圆筒的一部分(图 8.2(c)),则 p 引起与纵截面垂直方向的合力 F_t 为

$$F_t = \int_0^\pi pl\,\frac{D}{2}\sin\theta\mathrm{d}\theta = plD$$

该部分圆筒的纵截面面积 $A_t = 2lt$。由于为薄壁圆筒,可以认为沿截面厚度应力均匀分布,因此 p 引起与纵截面方向垂直的拉伸应力为

$$\sigma_\theta = \frac{F_t}{A_t} = \frac{pD}{2t} \tag{8.2}$$

该拉伸应力通常称为薄壁圆筒的环向应力。

此外,圆筒沿半径方向的应力 σ_r 在外表面上为零,在内表面上为 $-p$,其内任意点的 σ_r 为

$$0 \geqslant \sigma_r \geqslant -p$$

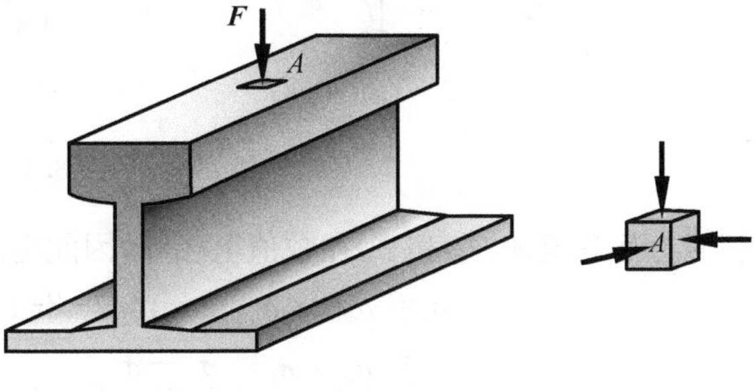

与 σ_x、σ_θ 相比,由于 $D/t \gg 1$,则 $|\sigma_r| \ll \sigma_x(\sigma_\theta)$,从而 σ_r 可以忽略不计。这样,可以认为薄壁圆筒上任意点处于二向应力状态。

图 8.3

8.2　二向应力状态分析

8.2.1　解析法

　　二向应力状态是工程中常见的应力状态,如图 8.4(a)所示,其在 x 平面(指垂直于 x 轴的平面)上作用有正应力 σ_x 和切应力 τ_{xy},在 y 平面(指垂直于 y 轴的平面)上作用有正应力 σ_y 和切应力 τ_{yx},前、后两个平面上无切应力作用,故其为主平面,且主应力也为零。

　　对于二向应力状态,其单元体通常用图 8.4(b)所示的平面单元体表示。其上的应力正负号规定为:正应力以拉为正而以压为负;切应力以对单元体内任意点产生顺时针转动的矩为正,反之为负。按照这样的规定,图中的 σ_x、σ_y 和 τ_{xy} 为正,而 τ_{yx} 为负。

　　现在研究与 z 轴平行的任一斜截面 ef 上的应力。图 8.4(b)所示斜截面的方位用其外法线 n 与 x 轴的夹角 α 表示,斜截面上的正应力和切应力分别用 σ_α 和 τ_α 表示,其正负的规定与上述定义相同,即图中的 σ_α 和 τ_α 均为正。方位角 α 的正负规定为:由 x 轴转到斜截面的外法线 n 为逆时针转向时为正,反之为负。

　　利用截面法,沿斜截面 ef 将单元体切成两部分,并取其左半部分 ebf 为研究对象。设斜截面 ef 的面积为 $\mathrm{d}A$,则截面 eb 和 bf 的面积分别为 $\mathrm{d}A\cos\alpha$ 和 $\mathrm{d}A\sin\alpha$。微元体 ebf 的受力如图 8.4(c)所示,由该微元体沿斜截面法向和切向的平衡方程 $\sum F_n = 0$ 和 $\sum F_t = 0$,可得

$$\sigma_\alpha \mathrm{d}A - (\sigma_x \mathrm{d}A\cos\alpha)\cos\alpha - (\sigma_y \mathrm{d}A\sin\alpha)\sin\alpha + (\tau_{xy}\mathrm{d}A\cos\alpha)\sin\alpha + (\tau_{yx}\mathrm{d}A\sin\alpha)\cos\alpha = 0 \quad (a)$$

$$\tau_\alpha \mathrm{d}A - (\sigma_x \mathrm{d}A\cos\alpha)\sin\alpha + (\sigma_y \mathrm{d}A\sin\alpha)\cos\alpha - (\tau_{xy}\mathrm{d}A\cos\alpha)\cos\alpha + (\tau_{yx}\mathrm{d}A\sin\alpha)\sin\alpha = 0 \quad (b)$$

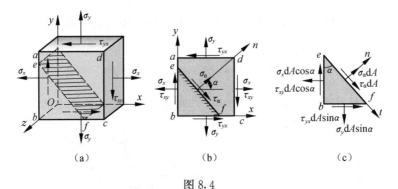

(a)　　　　　　　　(b)　　　　　　　　(c)

图 8.4

由切应力互等定理,τ_{xy} 和 τ_{yx} 在数值上相等,因此由式(a)和式(b),可得

$$\sigma_\alpha = \sigma_x\cos^2\alpha + \sigma_y\sin^2\alpha - 2\tau_{xy}\sin\alpha\cos\alpha$$

$$= \frac{\sigma_x + \sigma_y}{2} + \frac{\sigma_x - \sigma_y}{2}\cos2\alpha - \tau_{xy}\sin2\alpha \tag{8.3a}$$

$$\tau_\alpha = \sigma_x\sin\alpha\cos\alpha - \sigma_y\sin\alpha\cos\alpha + \tau_{xy}(\cos^2\alpha - \sin^2\alpha)$$

$$= \frac{\sigma_x - \sigma_y}{2}\sin2\alpha + \tau_{xy}\cos2\alpha \tag{8.3b}$$

上面式(8.3)即为任意斜截面上的正应力及切应力的计算公式。应力 σ_α 及 τ_α 均随截面方位角 α 而变化。

若 $\alpha=\alpha_0$ 时，能使 $\dfrac{\mathrm{d}\sigma_\alpha}{\mathrm{d}\alpha}=0$，即

$$\frac{\mathrm{d}\sigma_\alpha}{\mathrm{d}\alpha}=-(\sigma_x-\sigma_y)\sin2\alpha-2\tau_{xy}\cos2\alpha=0 \qquad (\mathrm{c})$$

则 α_0 所确定的截面上，正应力取极大值或极小值（即最大值或最小值）。将式（c）与式（8.3b）相比较可知，正应力取极值的平面正是切应力为零的平面，因此该平面就是主平面，正应力的极值就是主应力。主平面的方位角 α_0 可由式（c）确定

$$\tan2\alpha_0=\frac{-2\tau_{xy}}{\sigma_x-\sigma_y} \qquad (8.4)$$

由式（8.4）可以求出相差 $90°$ 的两个 α_0 值，对应于两个主平面，其上的主应力，一个是最大值，另一个是最小值。

将求得的 α_0 代入式（8.3a），即可求得最大及最小的主应力

$$\left.\begin{array}{c}\sigma_{\max}\\\sigma_{\min}\end{array}\right\}=\frac{\sigma_x+\sigma_y}{2}\pm\sqrt{\left(\frac{\sigma_x-\sigma_y}{2}\right)^2+\tau_{xy}^2} \qquad (8.5)$$

通常，计算两个主应力时，都直接应用式（8.5），而不必将两个 α_0 值分别代入式（8.3a）。如果 $\sigma_x\geqslant\sigma_y$，则式（8.4）确定的两个角度 α_0 中，绝对值较小的一个确定 $\sigma_{\max}$ 所在的主平面；反之，如果 $\sigma_x<\sigma_y$，则绝对值较大的一个确定 $\sigma_{\max}$ 所在的主平面。

同样，令 $\dfrac{\mathrm{d}\tau_\alpha}{\mathrm{d}\alpha}=0$，即

$$\frac{\mathrm{d}\tau_\alpha}{\mathrm{d}\alpha}=(\sigma_x-\sigma_y)\cos2\alpha-2\tau_{xy}\sin2\alpha=0 \qquad (\mathrm{d})$$

可以确定切应力极值所在平面。设切应力极值所在平面的方位角为 α_1，则由式（d）可得

$$\tan2\alpha_1=\frac{\sigma_x-\sigma_y}{2\tau_{xy}} \qquad (8.6)$$

式（8.6）可以解出两个 α_1 角度，它们相差 $90°$，从而可以确定两个相互垂直的平面，分别作用有极大和极小切应力。将 α_1 代入式（8.3b），可得两个切应力极值

$$\left.\begin{array}{c}\tau_{\max}\\\tau_{\min}\end{array}\right\}=\pm\sqrt{\left(\frac{\sigma_x-\sigma_y}{2}\right)^2+\tau_{xy}^2} \qquad (8.7)$$

式（8.7）与式（8.5）比较，可得

$$\tau_{\max}=\pm\frac{1}{2}(\sigma_{\max}-\sigma_{\min}) \qquad (8.8)$$

即最大切应力等于两个主应力之差的一半。比较式（8.6）和式（8.4），可得

$$\tan2\alpha_0=-\frac{1}{\tan2\alpha_1} \qquad (\mathrm{e})$$

即

$$\alpha_1=\alpha_0+\frac{\pi}{4} \qquad (\mathrm{f})$$

由此可知，切应力极值所在平面与主平面的夹角为 $45°$，其中 $\tau_{\max}$ 所在平面为 $\sigma_{\max}$ 所在平面逆时针转过 $45°$。

【**例 8.2**】　已知图 8.5 所示的平面应力单元，$\sigma_x = 100\text{MPa}$，$\sigma_y = 45\text{MPa}$ 及 $\tau_{xy} = 30\text{MPa}$。试确定：

(1) $\alpha = 30°$ 的斜截面上应力；

(2) 主应力及主平面；

(3) 最大切应力，并将结果用新的应力单元表示出来。

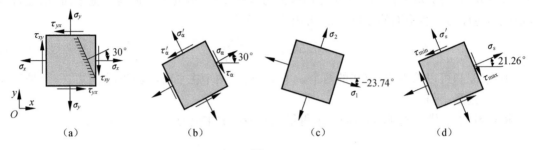

图 8.5

解　将应力 $\sigma_x = 100\text{MPa}$，$\sigma_y = 45\text{MPa}$，$\tau_{xy} = 30\text{MPa}$，及 $\alpha = 30°$ 代入式(8.3a)和式(8.3b)，可得

$$\sigma_\alpha = \frac{100+45}{2} + \frac{100-45}{2} \times \cos 60° - 30 \times \sin 60°$$

$$= 72.5 + 27.5 \times 0.5 - 30 \times 0.866 = 60.27(\text{MPa})$$

$$\tau_\alpha = \frac{100-45}{2} \times \sin 60° + 30 \times \cos 60°$$

$$= 27.5 \times 0.866 + 30 \times 0.5 = 38.82(\text{MPa})$$

在平面 $\alpha' = 30° + 90° = 120°$ 上，再次应用式(8.3a)和式(8.3b)，可求得该平面上的正应力及切应力为

$$\sigma_{\alpha'} = 84.73\text{MPa}, \quad \tau_{\alpha'} = -38.82\text{MPa}$$

应力如图 8.5(b)所示。

由式(8.5)，有

$$\left.\begin{array}{c}\sigma_{\max} \\ \sigma_{\min}\end{array}\right\} = \frac{\sigma_x + \sigma_y}{2} \pm \sqrt{\left(\frac{\sigma_x - \sigma_y}{2}\right)^2 + \tau_{xy}^2} = \frac{100+45}{2} \pm \sqrt{\left(\frac{100-45}{2}\right)^2 + 30^2} = \left\{\begin{array}{c}113.20(\text{MPa}) \\ 31.82(\text{MPa})\end{array}\right.$$

由式(8.4)，有

$$\tan 2\alpha_0 = \frac{-2\tau_{xy}}{\sigma_x - \sigma_y} = \frac{-2 \times 30}{100-45} = -1.09$$

可求得两个 α_0

$$\alpha_0 = -23.74° \text{ 或 } 66.26°$$

根据主应力的大小规定，$\sigma_1 \geqslant \sigma_2 \geqslant \sigma_3$，故有 $\sigma_1 = 113.2\text{MPa}$，$\sigma_2 = 31.8\text{MPa}$，$\sigma_3 = 0\text{MPa}$，如图 8.5(c)所示，此单元体称为主单元体。

由式(8.7)，有

$$\left.\begin{array}{c}\tau_{\max} \\ \tau_{\min}\end{array}\right\} = \pm \sqrt{\left(\frac{\sigma_x - \sigma_y}{2}\right)^2 + \tau_{xy}^2} = \pm \sqrt{\left(\frac{100-45}{2}\right)^2 + 30^2} = \pm 40.70(\text{MPa})$$

$$\alpha_1 = \alpha_0 + \frac{\pi}{4} = 21.26° \text{ 或 } 111.26°$$

将 α_1 代入式(8.3a),可得出 $\sigma_s = 72.50\text{MPa}$,如图 8.5(d)所示。

【例 8.3】 求如图 8.6(a)所示受扭圆轴表面上一点的主应力及主平面的位置,并分析铸铁试样扭转破坏的现象。

解　在圆轴表面上一点截取单元体
$ABCD$(图 8.6(a)),单元体各面上的应力
如图 8.6(b)所示。显然,该单元体上只有
切应力,而无正应力,即为纯剪切应力状
态。横截面上的切应力 $\tau = \dfrac{T}{W_t} = \dfrac{M}{W_t}$。将
$\sigma_x = 0, \sigma_y = 0$ 及 $\tau_{xy} = \tau$ 代入式(8.5),得

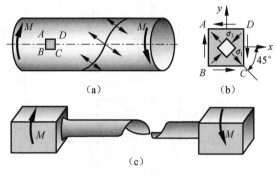

$$\left.\begin{matrix} \sigma_{\max} \\ \sigma_{\min} \end{matrix}\right\} = \frac{\sigma_x + \sigma_y}{2} \pm \sqrt{\left(\frac{\sigma_x - \sigma_y}{2}\right)^2 + \tau_{xy}^2} = \pm\tau$$

三个主应力分别为 $\sigma_1 = \tau, \sigma_2 = 0, \sigma_3 = -\tau$。

图 8.6

由式(8.4)可得主平面的方位角 $\alpha_0 = -45°$ 或 $45°$,主单元体如图 8.6(b)所示。由此可见,纯剪切应力状态在与轴线呈 45° 的两对斜截面上分别存在有最大拉应力和最大压应力。

由于铸铁材料的抗拉强度低于抗剪强度,因此破坏由最大拉应力 σ_1 引起。而轴表面各点的最大拉应力 σ_1 与 x 轴均呈 45° 角,故铸铁试样扭转破坏的断面为与轴线呈 45° 的螺旋面,如图 8.6(c)所示。

8.2.2　图解法

式(8.3a)和式(8.3b)是用参数 α 表示的任意斜截面上正应力与切应力的计算公式。为了采用图解法进行分析,将它们改写为

$$\sigma_\alpha - \frac{1}{2}(\sigma_x + \sigma_y) = \frac{1}{2}(\sigma_x - \sigma_y)\cos 2\alpha - \tau_{xy}\sin 2\alpha \tag{g}$$

$$\tau_\alpha = \frac{1}{2}(\sigma_x - \sigma_y)\sin 2\alpha + \tau_{xy}\cos 2\alpha \tag{h}$$

将上述方程等式两边平方后相加,整理后得到

$$\left[\sigma_\alpha - \frac{1}{2}(\sigma_x + \sigma_y)\right]^2 + \tau_\alpha^2 = \left(\frac{\sigma_x - \sigma_y}{2}\right)^2 + \tau_{xy}^2 \tag{8.9}$$

显然,在 σ_α-τ_α(简写为 σ-τ)坐标系中,式(8.9)为一圆方程,其圆心在 $\left(\dfrac{\sigma_x + \sigma_y}{2}, 0\right)$ 处,而半径为最大切应力的值(式(8.7))。该圆称为**应力圆**(或称**莫尔圆**、**莫尔应力圆**)。

考虑图 8.7(a)所示的单元体,以此来描述应力圆的绘制过程。

按适当的比例尺,建立 σ-τ 直角坐标系。由式(8.9)可知,x 平面上的应力 (σ_x, τ_{xy}) 是应力圆上的一个点(用 D_x 表示),在 σ-τ 直角坐标系内,按一定比例尺量取 $\overline{OE} = \sigma_x$,$\overline{ED_x} = \tau_{xy}$,即可确定 D_x 点。同理,可以由 y 平面上的应力 (σ_y, τ_{yx}) 确定 D_y 点。

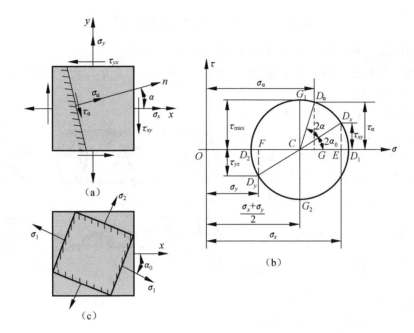

图 8.7

连接 D_x 点和 D_y 点交 σ_α 轴于 C 点。以 C 点为圆心,且 $\overline{CD_x}$ 或 $\overline{CD_y}$ 为半径作圆,即可绘制出式(8.9)表示的应力圆,如图 8.7(b)所示。

由图 8.7(b)可见,圆心 C 位于 $\left(\dfrac{\sigma_x+\sigma_y}{2},0\right)$ 处,而圆的半径 $\overline{CD_x}$ 为

$$\overline{CD_x} = \sqrt{\left(\frac{\sigma_x-\sigma_y}{2}\right)^2 + \tau_{xy}^2} = \tau_{\max} \tag{i}$$

应力圆形象地描述了一点的应力随截面方位的变化规律。

如前所述,应力圆上的点 D_x 表示 x 平面上的应力。下面确定从 D_x 沿圆周逆时针方向转过 2α 的点 D_α 上的应力。由图 8.7(b)可知

$$\begin{aligned}
\overline{OG} &= \overline{OC} + \overline{CD_x}\cos(2\alpha_0 + 2\alpha) \\
&= \overline{OC} + \overline{CD_x}\cos 2\alpha_0 \cos 2\alpha - \overline{CD_x}\sin 2\alpha_0 \sin 2\alpha \\
&= \frac{\sigma_x+\sigma_y}{2} + \frac{\sigma_x-\sigma_y}{2}\cos 2\alpha - \tau_{xy}\sin 2\alpha
\end{aligned} \tag{j}$$

$$\begin{aligned}
\overline{D_\alpha G} &= \overline{CD_x}\sin(2\alpha_0 + 2\alpha) \\
&= \overline{CD_x}\cos 2\alpha_0 \sin 2\alpha + \overline{CD_x}\sin 2\alpha_0 \cos 2\alpha \\
&= \frac{\sigma_x-\sigma_y}{2}\sin 2\alpha + \tau_{xy}\cos 2\alpha
\end{aligned} \tag{k}$$

对比式(8.3a)和式(8.3b)可知,$\overline{OG}=\sigma_\alpha$,$\overline{D_\alpha G}=\tau_\alpha$,这表明应力圆上的点 D_α 表示单元体方位角为 α 斜截面上的应力(σ_α,τ_α)。由此可见,应力圆的点与单元体上的面一一对应,即"点面对应,转角两倍,转向相同"。

由图 8.7(b)可见,D_1、D_2 两点的横坐标分别表示最大正应力和最小正应力,而这两点的纵坐标为零,即所对应截面上的切应力为零。故 D_1、D_2 两点对应于单元体的两个主平面,其横坐标就是这两个主平面上的主应力,即

$$\sigma_{\max} = \overline{OD_1} = \overline{OC} + \overline{CD_1} = \frac{1}{2}(\sigma_x + \sigma_y) + \sqrt{\left(\frac{\sigma_x - \sigma_y}{2}\right)^2 + \tau_{xy}^2}$$

$$\sigma_{\min} = \overline{OD_2} = \overline{OC} - \overline{CD_2} = \frac{1}{2}(\sigma_x + \sigma_y) - \sqrt{\left(\frac{\sigma_x - \sigma_y}{2}\right)^2 + \tau_{xy}^2}$$

在应力圆上,x 截面所对应的 D_x 点按顺时针转向转过 $2\alpha_0$ 到达最大主应力点 D_1,如图 8.7(b)所示,故在单元体上由 x 面的外法线按相同的转向转过 α_0,即可得 $\sigma_{\max}$ 所在主平面的外法线方位。在应力圆上 D_1 点到 D_2 点的圆弧所对应的圆心角为 $180°$,故在单元体上,$\sigma_{\max}$ 和 $\sigma_{\min}$ 所在主平面互相垂直。从应力圆可以看出

$$\tan 2\alpha_0 = -\frac{\overline{ED_x}}{\overline{CE}} = \frac{-2\tau_{xy}}{\sigma_x - \sigma_y}$$

基于主应力定义,如图 8.7(b)所示,$\sigma_1 = \sigma_{\max}$,$\sigma_2 = \sigma_{\min}$,$\sigma_3 = 0$,绘制主应力单元图如图 8.7(c)所示。

从图 8.7(b)还可以看出,G_1 和 G_2 点的纵坐标即为切应力的两个极值

$$\left.\begin{array}{c}\tau_{\max} \\ \tau_{\min}\end{array}\right\} = \left\{\begin{array}{c}\overline{CG_1} \\ \overline{CG_2}\end{array}\right. = \pm\sqrt{\left(\frac{\sigma_x - \sigma_y}{2}\right)^2 + \tau_{xy}^2}$$

因 $\tau_{\max}$ 和 $\tau_{\min}$ 的数值等于应力圆的半径,所以又可将它们表示为

$$\tau_{\max} = \pm\frac{1}{2}(\sigma_{\max} - \sigma_{\min})$$

所得结果与式(8.8)相同。由应力圆可见,两个极值切应力所在平面相互垂直,并且都与主平面呈 $45°$ 角。

【例 8.4】　已知平面单元体的应力状态如图 8.8(a)所示。求:
(1) ef 截面的应力;(2) 主应力及主平面方位;(3) 最大切应力。

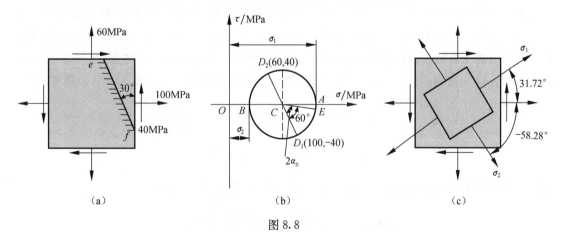

（a）　　　　　　　　　　　　　（b）　　　　　　　　　　　　　（c）

图 8.8

解 建立 $\sigma\tau$ 直角坐标系,确定单元体 x 平面上应力$(100,-40)$在应力圆的点 D_1 和 y 平面上应力$(60,40)$在应力圆的点 D_2,连接 D_1 和 D_2,以 $\overline{D_1D_2}$ 为直径画应力圆,如图 8.8(b)所示。

由图 8.8(b)可以求出 x 平面与 $\sigma_{\max}$ 所在主平面的夹角 α_0

$$\tan 2\alpha_0 = \left| \frac{\tau_{xy}}{\sigma_x - (\sigma_x + \sigma_y)/2} \right| = \left| \frac{-40}{100-80} \right| = 2, \quad \alpha_0 = 31.72°$$

由于 x 平面与 ef 截面的夹角为 $30°$,逆时针旋转,故在应力圆上从 D_1 点逆时针旋转 $60°$,得到 E 点。E 点的横、纵坐标即为 ef 截面上的正应力 $\sigma_{30°}$ 和切应力 $\tau_{30°}$

$$\sigma_{30°} = \overline{OC} + \overline{CE}\cos(2\alpha_0 - 2\times 30°) = 80 + \sqrt{20^2 + 40^2} \times \cos(3.44°) = 124.64(\text{MPa})$$

$$\tau_{30°} = -\overline{CE}\sin(2\alpha_0 - 2\times 30°) = -\sqrt{20^2 + 40^2} \times \sin(3.44°) = -2.68(\text{MPa})$$

最大、最小正应力为

$$\left.\begin{array}{r} \sigma_{\max} \\ \sigma_{\min} \end{array}\right\} = \overline{OC} \pm \overline{CD_1} = 80 \pm \sqrt{20^2 + 40^2} = \begin{cases} 124.72(\text{MPa}) \\ 35.28(\text{MPa}) \end{cases}$$

故 $\sigma_1 = 124.72\text{MPa}$,$\sigma_2 = 35.28\text{MPa}$,$\sigma_3 = 0$。在原单元体上画出主单元体(图 8.8(c))。

由应力圆可求得最大切应力为

$$\tau_{\max} = \sqrt{20^2 + 40^2} = 44.72(\text{MPa})$$

【例 8.5】 求图 8.9(a)所示单元体的主应力及主平面的位置,图中应力的单位为 MPa。

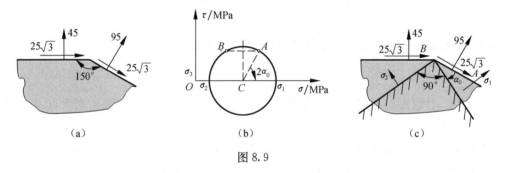

(a)   (b)   (c)

图 8.9

解 建立 σ-τ 直角坐标系。由于单元体 y 平面上的应力$(45,25\sqrt{3})$和斜截面上的应力 $(95,25\sqrt{3})$都是应力圆上的点,故在坐标系上画出点 $A(95,25\sqrt{3})$ 和 $B(45,25\sqrt{3})$;A、B 两点连线是应力圆上的弦线,根据圆的几何性质,AB 的垂直平分线与 σ 轴的交点 $C(70,0)$ 为应力圆的圆心。以 C 为圆心,以 AC 为半径画圆,即可得图 8.9(b)所示应力圆。由应力圆可得

$$\left.\begin{array}{r} \sigma_{\max} \\ \sigma_{\min} \end{array}\right\} = 70 \pm \sqrt{(95-70)^2 + (25\sqrt{3})^2} = \begin{cases} 120(\text{MPa}) \\ 20(\text{MPa}) \end{cases}$$

$$\tan 2\alpha_0 = \frac{25\sqrt{3}}{25}, \quad \alpha_0 = 30°$$

故 $\sigma_1 = 120\text{MPa}$,$\sigma_2 = 20\text{MPa}$,$\sigma_3 = 0$。画出主单元体,如图 8.9(c)所示。

8.3 三向应力状态简介

对三向应力状态,其主单元体如图 8.10(a)所示。设三个主应力 σ_1、σ_2 及 σ_3 已知,下面研究单元体内平行于主应力的任意斜截面上的应力。

对于平行于 σ_3（z 轴）的任意斜截面 $abcd$，取分离体如图 8.10(b)所示。显然，分离体前、后两个面上的 σ_3 自相平衡，而不影响 x-y 平面内的平衡。因此，斜截面 $abcd$ 上的应力 σ_α 及 τ_α 仅与主应力 σ_1 和 σ_2 有关，它们的分析与二向应力状态相同。因此，在 $\sigma\tau$ 坐标平面内，可画出相应的应力圆，其最大值为 σ_1，最小值为 σ_2（图 8.10(c)）。

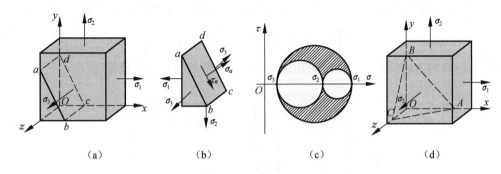

（a）　　　　　（b）　　　　　（c）　　　　　（d）

图 8.10

同理，可画出与主应力 σ_1 及 σ_2 平行的斜截面相对应的两个应力圆，如图 8.10(c)所示。图 8.10(c)所示的三个应力圆的集合称为**三向应力状态应力圆**。

可以证明，与三个主应力均不平行的任意斜截面（图 8.10(d)中的 ABC 截面）上的应力，必与上述三个应力圆所围区域（图 8.10(c)中阴影部分）内的点一一对应。

由三向应力状态应力圆可知，最大切应力为最大应力圆的半径，即

$$\tau_{\max} = (\sigma_1 - \sigma_3)/2 \tag{8.10}$$

其所在平面为与 σ_2 平行且与 σ_1 及 σ_3 呈 $45°$ 角的斜截面。

【**例 8.6**】　已知一点的应力状态如图 8.11(a)所示。试求：

（1）主应力；

（2）作三向应力圆；

（3）最大切应力 $\tau_{\max}$。

解　由图 8.11(a)所示的单元体可知，前、后面为主平面，其上主应力为 -30MPa。将上、下、左、右四个侧面的应力代入式(8.5)，求得另外两个主应力大小为 104.72MPa 和 15.28MPa。

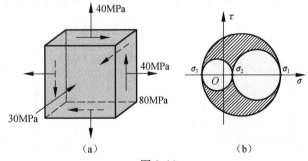

（a）　　　　　（b）

图 8.11

按代数值大小排列，其主应力

$$\sigma_1 = 104.72\text{MPa}$$
$$\sigma_2 = 15.28\text{MPa}$$
$$\sigma_3 = -30\text{MPa}$$

由三个主应力即可绘制出三向应力圆，如图 8.11(b)所示。

最大切应力为

$$\tau_{\max} = \frac{\sigma_1 - \sigma_3}{2} = \frac{107.72 - (-30)}{2} = 67.36(\text{MPa})$$

8.4　广义胡克定律

对于图 8.12 所示单向应力状态单元体和纯剪切应力状态单元体,可由单向拉(压)胡克定律和横向应变与纵向应变的关系,以及纯剪切的胡克定律,得到相应的应变为

$$\varepsilon_x = \frac{\sigma_x}{E}, \quad \varepsilon_y = \varepsilon_z = -\mu\frac{\sigma_x}{E}, \quad \gamma_{xy} = \frac{\tau_{xy}}{G} \tag{8.11}$$

式中,E 为材料的弹性模量;μ 为材料的泊松比;G 为材料的剪切弹性模量。

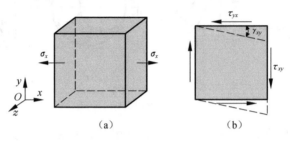

图 8.12

图 8.13 所示的三向应力状态可以看做是三组单向应力状态和三组纯剪切应力状态的组合。对于各向同性材料,在线弹性及小变形条件下,可以利用叠加原理计算其应变。例如,σ_x 引起的 x 方向的正应变 $\varepsilon_x' = \frac{\sigma_x}{E}$,而 σ_y 和 σ_z 引起的 x 方向的正应变分别为 $\varepsilon_x'' = -\mu\frac{\sigma_y}{E}$ 和 $\varepsilon_x''' = -\mu\frac{\sigma_z}{E}$,而切应力 τ_{xy}、τ_{yz} 和 τ_{zx} 不会引起 x 方向(以及 y、z 方向)的正应变,故如图 8.13 所示的三向应力状态下沿 x 方向的总应变 $\varepsilon_x = \frac{\sigma_x}{E} - \frac{\mu}{E}(\sigma_y + \sigma_z)$。同理,可得 y 和 z 方向的正应变以及与三个切应力相对应的切应变

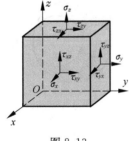

图 8.13

$$\begin{cases} \varepsilon_x = \dfrac{\sigma_x}{E} - \dfrac{\mu}{E}(\sigma_y + \sigma_z) \\[2mm] \varepsilon_y = \dfrac{\sigma_y}{E} - \dfrac{\mu}{E}(\sigma_x + \sigma_z) \\[2mm] \varepsilon_z = \dfrac{\sigma_z}{E} - \dfrac{\mu}{E}(\sigma_x + \sigma_y) \\[2mm] \gamma_{xy} = \dfrac{\tau_{xy}}{G}, \quad \gamma_{yz} = \dfrac{\tau_{yz}}{G}, \quad \gamma_{xz} = \dfrac{\tau_{xz}}{G} \end{cases} \tag{8.12}$$

式(8.12)称为**广义胡克定律**。当单元体的各个侧面均为主平面时,广义胡克定律为

$$\begin{cases} \varepsilon_1 = \dfrac{\sigma_1}{E} - \dfrac{\mu}{E}(\sigma_2 + \sigma_3) \\[2mm] \varepsilon_2 = \dfrac{\sigma_2}{E} - \dfrac{\mu}{E}(\sigma_1 + \sigma_3) \\[2mm] \varepsilon_3 = \dfrac{\sigma_3}{E} - \dfrac{\mu}{E}(\sigma_1 + \sigma_2) \end{cases} \tag{8.13}$$

且有 $\gamma_{xy} = \gamma_{yz} = \gamma_{xz} = 0$。

对于二向应力状态下的单元体,广义胡克定律为

$$\begin{cases} \varepsilon_x = \dfrac{1}{E}(\sigma_x - \mu\sigma_y) \\[2mm] \varepsilon_y = \dfrac{1}{E}(\sigma_y - \mu\sigma_x) \\[2mm] \gamma_{xy} = \dfrac{\tau_{xy}}{G} \end{cases} \tag{8.14}$$

注意到,虽然 $\sigma_z = 0$(平面应力),但 $\varepsilon_z = -\dfrac{\mu}{E}(\sigma_x + \sigma_y) \neq 0$。

由式(8.14)可得到用应变分量表示应力分量的广义胡克定律

$$\begin{cases} \sigma_x = \dfrac{E}{1-\mu^2}(\varepsilon_x + \mu\varepsilon_y) \\[2mm] \sigma_y = \dfrac{E}{1-\mu^2}(\varepsilon_y + \mu\varepsilon_x) \\[2mm] \tau_{xy} = \dfrac{E}{2(1+\mu)}\gamma_{xy} \end{cases} \tag{8.15}$$

【例 8.7】　在一个体积比较大的钢块上有一直径为 50.01mm 的凹座,凹座内放置一个直径为 50mm 的钢制圆柱(图 8.14(a)),圆柱受到 $F=300$kN 的轴向压力。假定钢块不变形,试求圆柱的主应力。圆柱材料:$E=200$GPa,$\mu=0.3$。

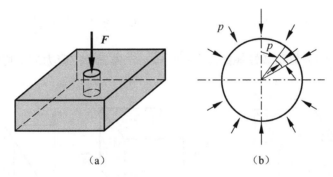

(a)　　　　　　　　　　　　　(b)

图 8.14

解　在柱体横截面上的正应力(压)为

$$\sigma = -\frac{F}{A} = -\frac{300 \times 10^3}{\dfrac{\pi}{4} \times 50^2} = -153(\text{MPa})$$

在轴向压缩下,圆柱将产生横向膨胀。当它膨胀到塞满凹座后,凹座和柱体之间将产生均匀径向压力 p,它使柱体内任意点的径向和周向应力均为 $-p$(图 8.14(b),可自行分析),因此圆柱内任意点处于三向应力状态,其三个主应力分别为 $\sigma_1 = \sigma_2 = -p$ 和 $\sigma_3 = \sigma = -153$MPa。又由于钢块不变形,所以柱体在径向只能塞满凹座,从而

$$\varepsilon_2 = \frac{50.01 - 50}{50} = 0.0002$$

由广义胡克定律

$$\varepsilon_2 = \frac{\sigma_2}{E} - \mu\frac{\sigma_3}{E} - \mu\frac{\sigma_1}{E} = -(1-\mu)\frac{p}{E} + \mu\frac{153\times10^6}{E} = 0.0002$$

可求得

$$p = \frac{153\times10^6\mu - 0.0002E}{1-\mu} = 8.43\text{MPa}$$

所以柱体内的三个主应力分别为

$$\sigma_1 = \sigma_2 = -8.43\text{MPa}, \quad \sigma_3 = -153\text{MPa}$$

8.5　复杂应力状态下的应变能密度

研究图 8.15 所示主单元体,其在 x、y 和 z 方向的边长分别为 $\mathrm{d}x$、$\mathrm{d}y$ 和 $\mathrm{d}z$,体积为 $V = \mathrm{d}x\mathrm{d}y\mathrm{d}z$。变形后,单元体在 x、y 及 z 方向上的长度分别为 $(1+\varepsilon_1)\mathrm{d}x$、$(1+\varepsilon_2)\mathrm{d}y$ 和 $(1+\varepsilon_3)\mathrm{d}z$,体积 $V' = (1+\varepsilon_1)(1+\varepsilon_2)(1+\varepsilon_3)\mathrm{d}x\mathrm{d}y\mathrm{d}z$。不计高阶小量,单元体单位体积的改变称为**体积应变**,为

$$\frac{\Delta V}{V} = \frac{V'-V}{V} = \varepsilon_1 + \varepsilon_2 + \varepsilon_3 \tag{8.16}$$

由此可见,体积应变即为三个正应变之和,用 θ 表示。将式(8.13)代入式(8.16),对一般的三向应力状态,有

$$\theta = \varepsilon_1 + \varepsilon_2 + \varepsilon_3 = \frac{(1-2\mu)}{E}(\sigma_1+\sigma_2+\sigma_3) = \frac{\sigma_m}{K} \tag{8.17}$$

式中,$K = \dfrac{E}{3(1-2\mu)}$ 称为**体积弹性模量**;$\sigma_m = \dfrac{\sigma_1+\sigma_2+\sigma_3}{3}$ 为三个主应力的平均值。

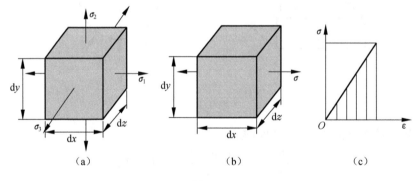

图 8.15

材料单位体积内的应变能称为**应变能密度**。单向拉伸或压缩时,当应力 σ 和应变 ε 的关系服从胡克定律时,应变能密度为

$$v_\varepsilon = \frac{1}{2}\sigma\varepsilon \tag{8.18a}$$

式(8.18a)所表示的应变能密度就是应力-应变曲线下的面积(图 8.15(c)),也即应力在应变上所做的功。

同样,在三向应力状态下,应变能密度是各应力分量在其相应应变上所做的功之和,且在线弹性和小变形情况下,其值只取决于应力和应变的最终值,而与加载次序无关,即

$$v_\varepsilon = \frac{1}{2}\sigma_1\varepsilon_1 + \frac{1}{2}\sigma_2\varepsilon_2 + \frac{1}{2}\sigma_3\varepsilon_3 \tag{8.18b}$$

将式(8.13)代入式(8.18b)，可得

$$v_\varepsilon = \frac{1}{2E}\left[(\sigma_1^2 + \sigma_2^2 + \sigma_3^2) - 2\mu(\sigma_1\sigma_2 + \sigma_2\sigma_3 + \sigma_3\sigma_1)\right] \tag{8.19}$$

对于如图 8.13 所示的一般三向应力状态，其应变能密度为

$$v_\varepsilon = \frac{1}{2}(\sigma_x\varepsilon_x + \sigma_y\varepsilon_y + \sigma_z\varepsilon_z + \tau_{xy}\gamma_{xy} + \tau_{yz}\gamma_{yz} + \tau_{zx}\gamma_{zx})$$

$$= \frac{1}{2E}\left[\sigma_x^2 + \sigma_y^2 + \sigma_z^2 - 2\mu(\sigma_x\sigma_y + \sigma_y\sigma_z + \sigma_z\sigma_x)\right] + \frac{1}{2G}(\tau_{xy}^2 + \tau_{yz}^2 + \tau_{zx}^2) \tag{8.20}$$

图 8.16(a)所示单元体，其应变能密度 v_ε 可以分成两部分：一部分称为**体积改变能密度**，用 v_v 表示；另一部分称为**畸变能密度**，用 v_d 表示。在线弹性和小变形情况下，可将图 8.16(a)所示的应力状态表示为图 8.16(b)和(c)所示的应力状态之和，其中 $\sigma_m = \dfrac{\sigma_1 + \sigma_2 + \sigma_3}{3}$，$\sigma_1' = \sigma_1 - \sigma_m$，$\sigma_2' = \sigma_2 - \sigma_m$ 及 $\sigma_3' = \sigma_3 - \sigma_m$。由式(8.17)，图 8.16(c)所示单元体的体积应变为

$$\theta = \frac{\Delta V}{V} = \frac{(1-2\mu)(\sigma_1' + \sigma_2' + \sigma_3')}{E} = 0$$

由此表明，图 8.16(c)所示的应力状态，单元体的体积无改变，而仅有形状改变。图 8.16(b)所示单元体三向均匀受拉，显然该应力状态下，单元体仅有体积改变，而无形状改变。因此，图 8.16(a)所示单元体的应变能 v_ε 为其体积改变能密度 v_v（图 8.16(b)）和畸变能密度 v_d（图 8.16(c)）之和，即

$$v_\varepsilon = v_v + v_d \tag{8.21}$$

将图 8.16(b)所示单元体的应力代入式(8.19)，可得图 8.16(b)所示单元体的应变能密度（即图 8.16(a)所示单元体的体积改变能密度）

$$v_v = \frac{(1-2\mu)(\sigma_1 + \sigma_2 + \sigma_3)^2}{6E} \tag{8.22}$$

因此，图 8.16(c)所示单元体的应变能密度（即图 8.16(a)所示单元体的畸变能密度）为

$$v_d = v_\varepsilon - v_v = \frac{1+\mu}{6E}\left[(\sigma_1 - \sigma_2)^2 + (\sigma_2 - \sigma_3)^2 + (\sigma_3 - \sigma_1)^2\right] \tag{8.23}$$

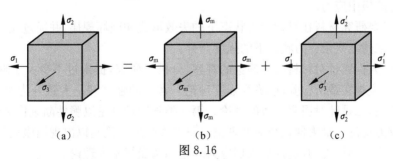

图 8.16

【例 8.8】 证明三个弹性常数 E、G、μ 之间的关系为 $G = \dfrac{E}{2(1+\mu)}$。

解　考虑一受纯剪切的单元体 $abcd$，如图 8.17 所示。由式(8.20)，可得其应变能密度为

$$v_\varepsilon = \frac{\tau_{xy}^2}{2G} \tag{a}$$

考虑主单元体 $a'b'c'd'$，显然有

$$\sigma_1 = \tau_{xy}, \quad \sigma_2 = 0, \quad \sigma_3 = -\tau_{xy} \tag{b}$$

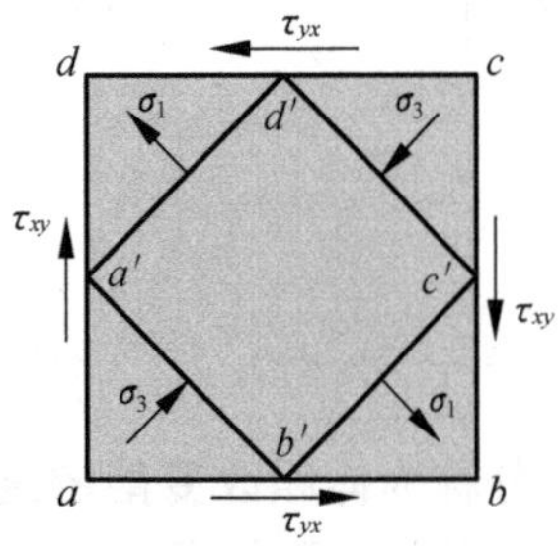

将式(b)代入式(8.19)，得

$$
\begin{aligned}
v_\varepsilon' &= \frac{(\sigma_1^2 + \sigma_3^2) - \mu\sigma_1\sigma_3}{2E} \\
&= \frac{\tau_{xy}^2 + \tau_{xy}^2 - 2\mu(\tau_{xy})(-\tau_{xy})}{2E} = \frac{(1+\mu)\tau_{xy}^2}{E}
\end{aligned} \tag{c}
$$

由 $v_\varepsilon = v_\varepsilon'$，可得

$$\frac{\tau_{xy}^2}{2G} = \frac{1+\mu}{E}\tau_{xy}^2$$

故有

$$G = \frac{E}{2(1+\mu)}$$

图 8.17

8.6　强度理论

　　尽管材料失效和破坏的现象比较复杂，但经过分析与归纳不难发现，在常温和静载条件下，材料失效的基本形式有两类：一类是在没有明显的塑性变形情况下发生的突然断裂，称为脆性断裂，如铸铁试样在拉伸时沿横截面的断裂和圆截面铸铁试样在扭转时沿斜截面的断裂。另一类是材料产生显著的塑性变形而使构件丧失正常的承载能力，称为屈服失效，如低碳钢试样在拉伸或扭转时都会产生显著的塑性变形。

　　当材料处于单向应力状态时，其极限应力 σ_u 可以通过实验直接测定，并建立强度条件，$\sigma \leqslant [\sigma]$，其中，$[\sigma] = \dfrac{\sigma_u}{n}$。通常，对于塑性材料，极限应力为屈服极限 σ_s；对于脆性材料，极限应力为抗拉强度 σ_b。但是，在复杂应力状态下，一般同时存在三个主应力，而三个主应力之间的比值有无穷多种，且对应的失效形式也不尽相同，因此难以通过实验——测定不同比值下的失效形式和相应的极限应力。

　　因此，有必要研究材料在复杂应力状态下的失效形式和破坏规律，并通过应力状态较为简单的试验结果来建立复杂应力状态下的强度条件。

　　长期以来，人们通过对材料破坏现象的观察、分析与研究，提出过不少关于材料破坏原因的假说，这些假说被实践所检验，就成为强度理论。常用的强度理论大致分为两类，一是针对脆性断裂的理论，二是针对屈服失效的理论。第一类强度理论是以脆性断裂作为破坏标志的，包括最大拉应力理论和最大伸长线应变理论。第二类强度理论是以出现屈服失效或发生显著的塑性变形作为破坏标志的，包括最大切应力理论和畸变能密度理论。

8.6.1　最大拉应力理论（第一强度理论）

　　该理论认为：材料发生脆性断裂的主要因素是最大拉应力，即不论材料处于何种应力状态，只要构件内危险点的最大拉应力达到材料在单向拉伸时的强度极限 σ_b，就会引起断裂破

坏。其断裂条件为

$$\sigma_1 = \sigma_b \tag{a}$$

考虑到安全因数,根据该理论建立的强度条件为

$$\sigma_1 \leqslant [\sigma] \tag{8.24}$$

这一理论适用于材料的脆性断裂。该理论已被铸铁、混凝土等脆性材料的拉伸与扭转试验所证实,但其没有考虑其他两个主应力(σ_2 及 σ_3)对材料破坏的影响,且对于没有拉应力的状态(如单向压缩、三向压缩等)也无法应用。

8.6.2　最大伸长线应变理论(第二强度理论)

该理论认为:材料发生脆性断裂的主要因素是最大伸长线应变,即不论材料处于何种应力状态,只要构件内危险点的最大伸长线应变 ε_1 达到材料在单向拉伸破坏时的极限应变 ε_{1u},就会引起断裂破坏。其断裂条件为

$$\varepsilon_1 = \varepsilon_{1u} = \frac{\sigma_b}{E} \tag{b}$$

在复杂应力状态下,根据广义胡克定律,式(b)可以写为

$$\varepsilon_1 = \frac{\sigma_1 - \mu(\sigma_2 + \sigma_3)}{E} = \frac{\sigma_b}{E} \tag{c}$$

考虑到安全因数,根据该理论建立的强度条件为

$$\sigma_1 - \mu(\sigma_2 + \sigma_3) \leqslant [\sigma] \tag{8.25}$$

对于脆性材料单向受压时,该理论与试验数据吻合较好。一般材料单向拉伸的强度都大于二向及三向拉伸的强度,但该理论并不支持这一试验现象。因此,这一强度理论在工程中较少应用。

8.6.3　最大切应力理论(第三强度理论)

该理论认为:材料屈服失效的主要因素是最大切应力,即不论材料处于何种应力状态,只要构件内危险点的最大切应力达到屈服时的切应力极限 τ_s,就会引起材料的屈服失效。其屈服条件为

$$\tau_{max} = \tau_s \tag{d}$$

在复杂应力状态下,$\tau_{max} = \frac{\sigma_1 - \sigma_3}{2}$;另外,在单向拉伸时,当横截面上正应力达到屈服极限 σ_s 时,其 45° 斜截面上的切应力最大值达到切应力极限 τ_s,且 $\tau_s = \frac{\sigma_s}{2}$。故可将式(d)写为

$$\tau_{max} = \frac{\sigma_1 - \sigma_3}{2} = \frac{\sigma_s}{2} \tag{e}$$

考虑到安全因数,根据该理论建立的强度条件为

$$\sigma_1 - \sigma_3 \leqslant [\sigma] \tag{8.26}$$

这一理论适用于材料的屈服失效。该理论对于拉、压力学性能相同的塑性材料,与试验结果吻合得较好,但其没有考虑第二主应力 σ_2 对材料屈服失效的影响,试验表明,σ_2 对材料的屈服失效是有一定影响的。

8.6.4　畸变能密度理论（第四强度理论）

该理论认为：材料屈服失效的主要因素是最大畸变能密度，即不论材料处于何种应力状态，只要构件内危险点的最大畸变能密度 v_{dmax} 达到屈服时的畸变能密度极限值 v_{du}，就会引起材料的屈服失效。其屈服条件为

$$v_{\text{dmax}} = v_{\text{du}} \tag{f}$$

在复杂应力状态下，$v_{\text{dmax}} = \dfrac{1+\mu}{6E}[(\sigma_1-\sigma_2)^2+(\sigma_2-\sigma_3)^2+(\sigma_3-\sigma_1)^2]$。另外，在单向拉伸时，$\sigma_2=\sigma_3=0$，仅有 σ_1 存在，其屈服时的畸变能密度 $v_{\text{du}}=\dfrac{(1+\mu)}{3E}\sigma_s^2$。故可将式(f)写为

$$v_{\text{dmax}} = \frac{1+\mu}{6E}[(\sigma_1-\sigma_2)^2+(\sigma_2-\sigma_3)^2+(\sigma_3-\sigma_1)^2] = \frac{(1+\mu)}{3E}\sigma_s^2 \tag{g}$$

考虑到安全因数，根据该理论建立的强度条件为

$$\sqrt{\frac{1}{2}[(\sigma_1-\sigma_2)^2+(\sigma_2-\sigma_3)^2+(\sigma_3-\sigma_1)^2]} \leqslant [\sigma] \tag{8.27}$$

这一理论适用于材料的屈服失效。由于其考虑了三个主应力的影响，该理论对于拉、压力学性能相同的塑性材料，与第三强度理论相比，其与试验结果吻合得更好。

由以上强度理论可见，可以将复杂应力状态下的强度条件写成如下统一的形式：

$$\sigma_r \leqslant [\sigma] \tag{8.28}$$

式中，σ_r 称为**相当应力**。

根据不同的强度理论，相当应力为

$$\begin{aligned}
\sigma_{r1} &= \sigma_1 \\
\sigma_{r2} &= \sigma_1 - \mu(\sigma_2+\sigma_3) \\
\sigma_{r3} &= \sigma_1 - \sigma_3 \\
\sigma_{r4} &= \sqrt{\frac{1}{2}[(\sigma_1-\sigma_2)^2+(\sigma_2-\sigma_3)^2+(\sigma_3-\sigma_1)^2]}
\end{aligned} \tag{8.29}$$

需要说明的是，第2章中所述的塑性材料或脆性材料，是指在简单拉伸或压缩条件下材料呈现屈服失效或脆性破坏。实际上，材料呈现塑性或脆性，除了和材料本身的性质有关外，还与其所受的应力状态有关。通常，材料呈现脆性断裂时，采用第一强度理论（特殊情况下，用第二强度理论）；材料呈现屈服失效时，采用第三或第四强度理论。

【例 8.9】　试按第三和第四强度理论建立纯剪切时的强度条件，并确定许用切应力 $[\tau]$ 与许用正应力 $[\sigma]$ 之间的关系。

解　纯剪切应力状态下的强度条件为

$$\tau \leqslant [\tau] \tag{a}$$

纯剪切时，$\sigma_1=\tau,\sigma_2=0,\sigma_3=-\tau$。

按第三强度理论，其强度条件为

$$\sigma_{rd3} = \sigma_1 - \sigma_3 = 2\tau \leqslant [\sigma] \tag{b}$$

对比式(a)和式(b)两式,可得

$$[\tau] = 0.5[\sigma] \tag{c}$$

按第四强度理论,其强度条件为

$$\sigma_{r4} = \sqrt{\frac{\tau^2 + \tau^2 + (2\tau)^2}{2}} = \sqrt{3}\,\tau \leqslant [\sigma] \tag{d}$$

对比式(a)和式(d)两式,可得

$$[\tau] = \frac{[\sigma]}{\sqrt{3}} = 0.577[\sigma] \approx 0.6[\sigma] \tag{e}$$

所以,对于塑性材料,通常可取$[\tau] = (0.5 \sim 0.6)[\sigma]$。

8.6.5 莫尔强度理论简介

对于单向拉伸与压缩两种应力状态,单元体斜截面上的切应力相同,根据第三强度理论,这两种应力状态的屈服失效应力是相同的。试验表明:材料在压缩时较在拉伸时有更大的失效抗力。莫尔(Mohr)强度理论就是考虑了这一因素,其形式上与第三强度理论类似,其强度条件为

$$\sigma_1 - \frac{[\sigma_t]}{[\sigma_c]}\sigma_3 \leqslant [\sigma_t] \tag{8.30}$$

式中,$[\sigma_t]$和$[\sigma_c]$分别为材料的许用拉应力和许用压应力。

莫尔强度理论适用于脆性材料的断裂和低塑性材料的屈服失效。

习　题

8.1 试从题 8.1 图所示受力构件中的 A 点处取出一单元体,标记单元体各面上的应力。

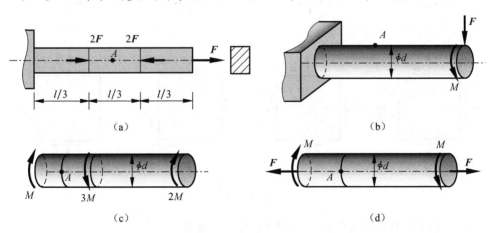

(a)　　　　　　　　　(b)

(c)　　　　　　　　　(d)

题 8.1 图

8.2 已知题 8.2 图所示各单元体上的应力,试用解析法求斜截面上的应力。应力单位为 MPa。

8.3 试用图解法求题 8.2 图所示各单元体斜截面上的应力。

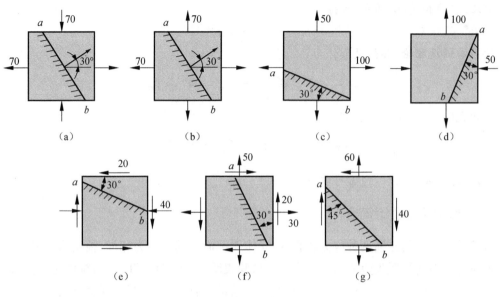

题 8.2 图

8.4 题 8.4 图所示二向应力状态,已知各单元体上的应力(单位为 MPa),求:

(1) 主应力的大小和方向,并画出主单元体;

(2) 最大切应力大小和方向。

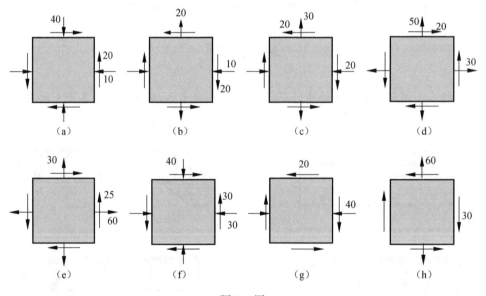

题 8.4 图

8.5 试证明通过 A 的任意截面(题 8.5 图)不存在正应力及切应力。

8.6 试用图解法确定题 8.6 图所示单元体的主应力及其方向、最大切应力。

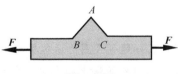

题 8.5 图

8.7 题 8.7 图所示绕带式圆柱形压力容器,绕带与容器轴线呈角度 $\alpha = 75°$,容器内半径 $r = 0.8$m,壁厚 $t = 12$mm,内压 $p = 2.2$MPa。试确定:

(1) 容器的周向及纵向应力;

(2) 容器中最大的切应力;

(3) 焊缝上的正应力与切应力。

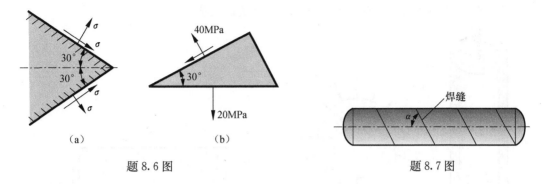

题 8.6 图　　　　　　　　　　　　　　　题 8.7 图

8.8 试求出题 8.8 图所示单元体的三个主应力,画出单元体的三向应力圆并求出最大切应力。

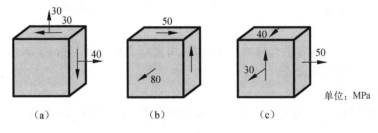

题 8.8 图

8.9 题 8.9 图所示一橡胶制成的直径为 d 的圆柱体,置于钢制圆柱孔 B 中,压力为 $\boldsymbol{P}$。试确定橡胶与钢制圆柱孔间的压强 p。已知 $P = 4.6$kN,$d = 50$mm,橡胶的泊松比 $\mu = 0.45$。

8.10 在一块厚钢板上挖了一个贯穿的槽,槽的深度和宽度都是 10mm,在槽内紧密无隙地嵌入了铝质立方块,它的尺寸是 10mm×10mm×10mm,并受 $P = 6$kN 的压力(题 8.10 图),试求立方块内的三个主应力。假设厚钢板不变形,铝的泊松比 $\mu = 0.3$。

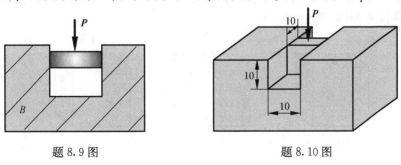

题 8.9 图　　　　　　　　　　　　题 8.10 图

8.11 一直径 $d=50\text{mm}$ 的实心铜圆柱，放入壁厚 $t=1\text{mm}$ 的钢筒内，铜柱和钢筒光滑接触（题8.11图）。铜柱沿轴线承受压力 $F=200\text{kN}$。已知铜的泊松比 $\mu=0.32$，铜和钢的弹性模量分别为 E_c 和 E_s，并且 $E_s=2E_c$。试求铜柱和钢筒中的主应力。（提示：当圆柱承受沿半径方向的均匀压力 p 时，其中任一点的径向应力和环向应力均为 p）。

8.12 从钢构件内某一点取出单元体如题8.12图所示。已知 $\sigma=30\text{MPa}$，$\tau=15\text{MPa}$，材料的 $E=200\text{GPa}$，$\mu=0.30$。试求对角线 AC 的长度改变量。

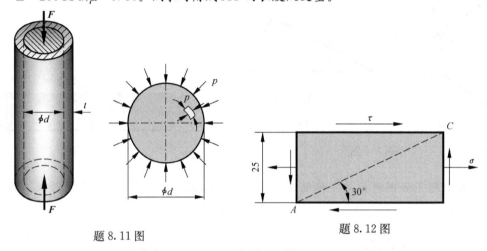

题8.11图　　　　　　　　　　　　　题8.12图

8.13 已知题8.13图所示各单元体的应力状态（图中应力单位为 MPa）。试求：

(1) 主应力及最大切应力；

(2) 体积应变 θ；

(3) 应变能密度 v_ε 及畸变能密度 v_d。设材料的 $E=200\text{GPa}$，$\mu=0.30$。

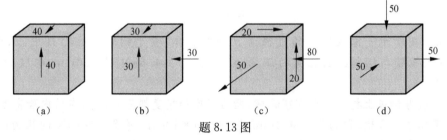

题8.13图

8.14 求题8.14图所示各单元体的主应力，确定第一、二、三、四强度理论的相当应力。图中应力单位为 MPa，设 $\mu=0.30$。

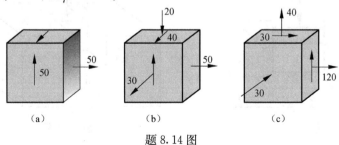

题8.14图

第9章 组 合 变 形

9.1 组合变形概述

工程中的某些构件往往不是产生单一的基本变形,而是同时产生几种基本变形。例如,图 9.1(a)所示的小型自动钻床受钻头外力 F 的作用。为了分析立柱 CD 的变形,把外力 F 向立柱的轴线简化,得到图 9.1(b)所示的受力简图。可见,立柱同时产生集中力 F 引起的轴向拉伸变形和力矩 M 引起的平面弯曲变形。这类由两种或两种以上的基本变形组合的变形,称为**组合变形**。

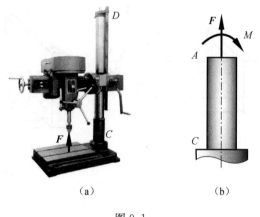

在线弹性、小变形条件下,引起构件产生组合变形的各种作用力彼此独立、互不影响,对应于每种基本变形的内力、应力、应变和位移与载荷之间都满足线性关系,于是可以应用叠加原理进行求解。

（a）　　　　　　　　　（b）

图 9.1

9.2 拉伸(压缩)与弯曲的组合

9.2.1 轴向力和横向力共同作用

图 9.2(a)所示左端固定矩形截面杆件,在自由端作用有轴向力 F 和集中力偶 M_e。轴向力 F 使杆件产生轴向拉伸变形,集中力偶 M_e 引起杆件在纵向对称面 Oxy 内的平面弯曲变形。由截面法可计算得到任意截面的轴力和弯矩分别为 $F_N = F$ 和 $M = M_e$,如图 9.2(b)所示。

当轴向力 F 单独作用时,横截面上任一点处的正应力为

$$\sigma' = \frac{F_N}{A} = \frac{F}{A} \tag{9.1}$$

式中,A 为横截面面积,其应力分布如图 9.2(c)所示。

当集中力偶 M_e 单独作用时,横截面上任一点 $C(y,z)$ 处的弯曲正应力为

$$\sigma'' = -\frac{My}{I_z} = -\frac{M_e y}{I_z} \tag{9.2}$$

式中,I_z 为横截面对中性轴 z 的惯性矩,其应力分布如图 9.2(d)所示。

根据叠加原理,当轴向力 F 和集中力偶 M_e 共同作用时,横截面上任一点处的正应力为

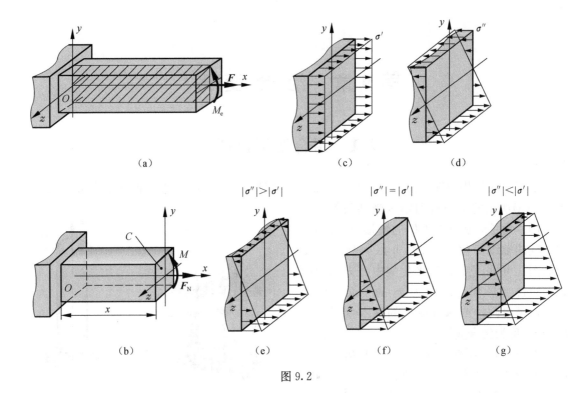

图 9.2

$$\sigma = \sigma' + \sigma'' = \frac{F}{A} - \frac{My}{I_z} \tag{9.3}$$

显然,最大拉应力产生在固定端截面的下边缘处(图 9.2(e)~(g))

$$\sigma_{tmax} = \frac{F}{A} + \frac{My}{I_z} \tag{9.4}$$

最大压应力则需要根据 σ' 和 $|\sigma''|$ 之间的大小关系而定。当 $|\sigma''| > \sigma'$ 时,最大压应力产生在固定端截面的上边缘处(图 9.2(d))

$$\sigma_{cmax} = \frac{F}{A} - \frac{My}{I_z} \tag{9.5}$$

当 $|\sigma''| \leqslant \sigma'$ 时,横截面上只有拉应力,没有压应力(图 9.2(e)和(f))。

　　由图 9.2 所示的正应力分布可见,横截面上的危险点处于单向应力状态,故可按正应力强度条件进行强度计算。

　　【例 9.1】　简易起重机如图 9.3(a)所示,最大吊重 $F = 2$kN,可在梁 AB 上移动。已知:拉杆 BC 和横梁 AB 的夹角 $\angle ABC = 30°$,横梁 AB 长 2000mm,横截面面积为 100mm^2,抗弯截面系数为 5000mm^3,材料的许用应力 $[\sigma] = 250$MPa。试校核横梁 AB 的强度。

　　解　横梁 AB 的受力简图如图 9.3(b)所示,设集中力 F 的作用截面 D 和铰接点 B 的距离为 x(mm)。由平衡方程 $\sum M_A = 0$,可求得 BC 杆的拉力为

$$F_B = F(2000 - x)/1000 = 2 \cdot (2000 - x)/1000 \text{ (kN)}$$

由此可求得,横梁 AB 上任意横截面的轴力均相等,为

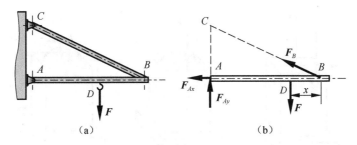

图 9.3

$$F_N = -F_B \cos 30° = -\sqrt{3}(2000-x)/1000 \text{ (kN)} = -\sqrt{3}(2000-x) \text{ (N)}$$

集中力 F 作用截面上的弯矩最大,为

$$M_{max} = (2000-x)x/1000 \text{ (kN·mm)} = (2000-x)x \text{ (N·mm)}$$

显然,集中力 F 作用截面 D 为危险截面。该截面上,轴力引起的正应力为压应力,弯矩引起的正应力,上边缘为压应力,下边缘为拉应力。因此,危险截面上,上边缘的最大压应力值大于下边缘的最大正应力值(拉应力或压应力)。因此,危险截面上的最大压应力为

$$\sigma_{cmax} = \frac{\sqrt{3}(2000-x)}{100} + \frac{(2000-x)x}{5000}$$

由极值条件 $d\sigma_{cmax}/dx = 0$,即 $-50\sqrt{3}+2000-2x=0$,可以求得当吊重位于 $x=956.7\text{mm}$ 时,梁上具有的最大压缩正应力。将 $x=956.7\text{mm}$ 代入上式,可得其强度条件为

$$\sigma_{cmax} = \frac{\sqrt{3} \times (2000-956.7)}{100} + \frac{(2000-956.7) \times 956.7}{5000} = 217.7 \text{(MPa)} \leqslant [\sigma]$$

横梁 AB 满足强度条件。

9.2.2 偏心拉伸与压缩

作用于直杆上的外力与轴线平行但不通过截面形心时,将使杆件产生偏心拉伸或偏心压缩。图 9.4(a)表示为一偏心受压短柱,y 轴和 z 轴为横截面的形心主惯性轴,压力 F 的作用点为 $A(y_F, z_F)$。将偏心压力 F 向截面形心简化,得到一轴向压力 F,x-y 平面内的力偶矩 M_{ez} $=Fy_F$ 和 x-z 平面内的力偶矩 $M_{ey}=Fz_F$,如图 9.4(b)和(c)所示。由截面法,任一横截面上的内力 $F_N=-F$,$M_y=Fz_F$,$M_z=Fy_F$。各内力单独作用时的正应力分布分别如图 9.5(a)~(c) 所示,叠加图 9.5(a)~(c)所示的应力,得到总应力分布,如图 9.5(d)所示。横截面上任一点的正应力为

$$\sigma = -\frac{F}{A} - \frac{M_{ey}}{I_y}z - \frac{M_{ez}}{I_z}y \tag{9.6}$$

将横截面上的内力表达式代入式(9.6),可得

$$\sigma = -\frac{F}{A} - \frac{Fz_F}{I_y}z - \frac{Fy_F}{I_z}y = -\frac{F}{A}\left(1 + \frac{z_F z}{i_y^2} + \frac{y_F y}{i_z^2}\right) \tag{9.7}$$

式中,A 为横截面面积;I_y 为横截面对 y 轴的惯性矩;I_z 为横截面对 z 轴的惯性矩;$i_y = \sqrt{\dfrac{I_y}{A}}$ 和

$i_z = \sqrt{\dfrac{I_z}{A}}$ 分别为横截面对 y 轴和 z 轴的惯性半径。

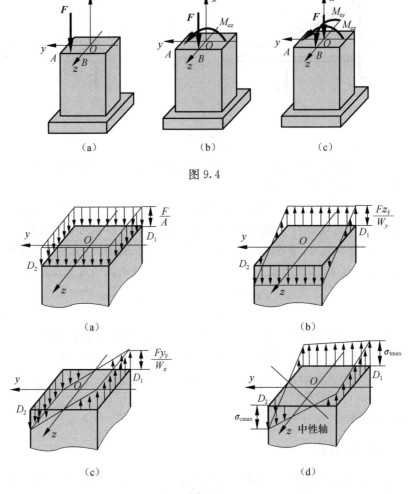

图 9.4

图 9.5

令式(9.7)为零,可确定中性轴(正应力为零)方程为

$$1 + \frac{z_F z_0}{i_y^2} + \frac{y_F y_0}{i_z^2} = 0 \tag{9.8}$$

式中,(y_0, z_0)为中性轴上各点的坐标。由式(9.8)可见,在偏心拉压情况下,中性轴是一条不通过截面形心的直线,其在形心主惯性轴 y 和 z 上的截距分别为

$$a_y = -\frac{i_z^2}{y_F}, \quad a_z = -\frac{i_y^2}{z_F} \tag{9.9}$$

截距 a_y 与坐标 y_F、截距 a_z 与坐标 z_F 的符号相反,表明中性轴与偏心力作用点分别位于截面形心的相对两侧。

显然,偏心压力 F 的作用点距离截面形心越近,中性轴在截面上的截距就越大。当中性轴与截面边缘相切或外接时,截面将全部位于中性轴的一侧,此时截面上只有压应力而没有拉应力。因此,如要使横截面上只存在压应力,则必须对偏心压力作用点位置(y_F, z_F)加以限制,使其落在截面形心附近的某一范围内,此范围称为**截面核心**。工程结构中的一些承压杆件(如桥墩等)多由脆性材料(砖、混凝土等)制成,其抗压强度远大于抗拉强度,为避免在横截面上出现拉应力,必须使压力 F 作用在截面核心之内。

【例 9.2】 图 9.6 所示带有牛腿的矩形截面立柱,截面宽度 $b=200$mm,屋架对其作用的轴向压力 $F_1=100$kN,吊车梁传来的偏心压力 $F_2=50$kN,F_2 的偏心距 $e=200$mm。试求:①$h=300$mm 时立柱横截面 $mnpq$ 上的最大拉应力和最大压应力;②横截面 $mnpq$ 上不产生拉应力情况下的最小截面尺寸 h 和此时的最大压应力。

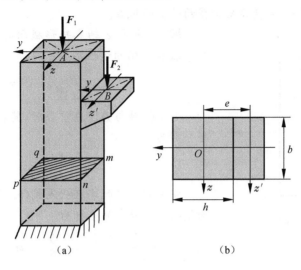

图 9.6

解 (1) 把荷载向截面形心简化,由截面法求得立柱横截面 $mnpq$ 上的轴向压力和弯矩为
$$F_N = F_1 + F_2 = 150\text{kN}, \quad M_z = F_2 e = 50 \times 0.2 = 10(\text{kN} \cdot \text{m})$$

对应于轴向压力 F_N 的正应力为
$$\sigma' = \frac{F_N}{A} = -\frac{150 \times 1000}{200 \times 300} = -2.5(\text{MPa})$$

矩形截面对于中性轴 z 的抗弯截面系数为
$$W_z = \frac{bh^2}{6} = \frac{200 \times 300^2}{6} = 3 \times 10^6(\text{mm}^3)$$

由弯矩引起的横截面上最大弯曲正应力为
$$\sigma'' = \pm\frac{M_z}{W_z} = \pm\frac{10 \times 10^6}{3 \times 10^6} = \pm 3.33(\text{MPa})$$

横截面 $mnpq$ 上的最大拉应力为
$$\sigma_{t\max} = 3.33 - 2.5 = 0.83(\text{MPa})$$

最大压应力为
$$\sigma_{c\max} = -3.33 - 2.5 = -5.83(\text{MPa})$$

(2) 横截面 $mnpq$ 上的最大拉应力与截面尺寸 h 的关系为
$$\sigma_{t\max} = \frac{M_z}{W_z} - \frac{F_N}{A} = \frac{6 \times 10^7}{200 \times h^2} - \frac{150000}{200 \times h} = \frac{3 \times 10^5}{h^2} - \frac{750}{h}$$

欲横截面上不产生拉应力,应满足 $\sigma_{t\max} \leqslant 0$,即

$$\sigma_{\mathrm{tmax}} = \frac{3 \times 10^5}{h^2} - \frac{750}{h} \leqslant 0$$

则　　　　　　　　　　　　　　　　$h \geqslant 400\mathrm{mm}$

当 $h = 400\mathrm{mm}$ 时，横截面上的最大压应力为

$$\sigma_{\mathrm{cmax}} = -\frac{M_z}{W_z} - \frac{F_{\mathrm{N}}}{A} = -\frac{6 \times 10^7}{200 \times 400^2} - \frac{150000}{200 \times 400} = -3.75(\mathrm{MPa})$$

【例 9.3】　试求图 9.7 所示矩形截面的截面核心。

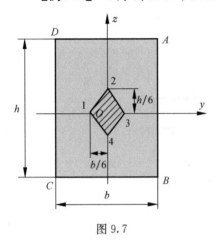

图 9.7

解　y 轴和 z 轴是矩形截面的形心主惯性轴，截面对 y 轴和 z 轴的惯性半径分别为

$$i_y = \frac{h}{\sqrt{12}}, \quad i_z = \frac{b}{\sqrt{12}}$$

当中性轴与 AB 边重合时，其在 y 轴和 z 轴上的截距分别为

$$a_{y1} = \frac{b}{2}, \quad a_{z1} = \infty$$

将截距和惯性半径代入式(9.9)，就可得到对应的截面核心边界点 1 的坐标为

$$y_{F1} = -\left(\frac{b}{\sqrt{12}}\right)^2 \frac{2}{b} = -\frac{b}{6}, \quad z_{F1} = -\left(\frac{h}{\sqrt{12}}\right)^2 \frac{1}{\infty} = 0$$

类似地，分别设中性轴与 BC、CD 和 DA 边重合，可确定对应的截面核心边界点的坐标依次为

$$(y_{F2}, z_{F2}) = \left(0, \frac{h}{6}\right), \quad (y_{F3}, z_{F3}) = \left(\frac{h}{6}, 0\right), \quad (y_{F4}, z_{F4}) = \left(0, -\frac{h}{6}\right)$$

由式(9.8)可知，当中性轴从 AB 边开始绕着 B 点顺时针方向转到 BC 边的过程中，偏心压力作用点将由图 9.7 中的点 1 按直线移动到点 2。同理，可将点 2 和 3、点 3 和 4、点 4 和 1 直线相连，最终得到一个菱形的截面核心。

9.3　弯曲与扭转的组合

机械中的传动轴，大多处于弯曲与扭转的组合变形。以图 9.8(a)所示电动机的传动轴为例，说明杆件产生弯曲与扭转组合变形时的强度计算。通常，皮带与带轮之间存在摩擦力，拉力 F_1 不等于 F_2(图 9.8(b))，设 $F_1 > F_2$。把两个拉力分别向带轮形心 O 简化，得到作用于 O 点上的横向力 $F = F_1 + F_2$ 和力偶 $M_{\mathrm{e}} = \frac{1}{2}(F_1 - F_2)D$，传动轴的受力简图如图 9.8(c)所示。力偶 M_{e} 使杆受扭转变形，横截面上的扭矩相等，横向力 F 使杆受弯曲变形，在固定端 A 所在截面弯矩最大。由此可知，杆件受到弯曲和扭转组合变形，且固定端为危险截面，其上的内力分别为

扭矩：　　　　　　　　　　　$T = M_{\mathrm{e}} = \frac{1}{2}(F_1 - F_2)D$

弯矩：　　　　　　　　　　　$M = Fl$

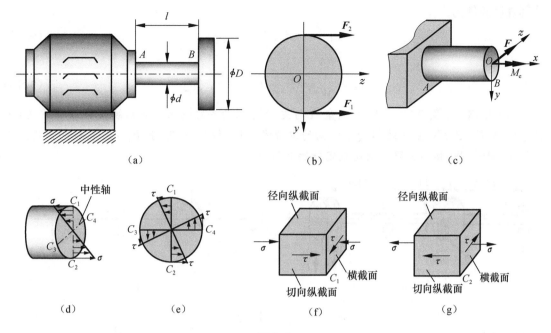

图 9.8

在危险截面上,弯曲正应力和扭转切应力的分布分别如图 9.8(d)和(e)所示。危险截面周边上的各点处有相同的最大扭转切应力,大小为 $\tau = T/W_t$,其中 W_t 为抗扭截面系数;最大弯曲正应力产生在危险截面上距中性轴 C_3C_4 最远的 C_1 和 C_2 处,大小为 $\sigma = M/W$,其中 W 为抗弯截面系数。围绕危险点 C_1 和 C_2 点截取的单元体分别如图 9.8(f)和(g)所示。可见,C_1 和 C_2 点均处于二向应力状态,注意到对于圆截面,有 $W_t = 2W$,故三个主应力可表示为

C_1 点:
$$\left.\begin{array}{c}\sigma_1 \\ \sigma_3\end{array}\right\} = -\frac{\sigma}{2} \pm \frac{1}{2}\sqrt{\sigma^2 + 4\tau^2} = \frac{1}{2W}(-M \pm \sqrt{M^2 + T^2}), \quad \sigma_2 = 0 \tag{a}$$

C_2 点:
$$\left.\begin{array}{c}\sigma_1 \\ \sigma_3\end{array}\right\} = \frac{\sigma}{2} \pm \frac{1}{2}\sqrt{\sigma^2 + 4\tau^2} = \frac{1}{2W}(M \pm \sqrt{M^2 + T^2}), \quad \sigma_2 = 0 \tag{b}$$

对于轴类零件,大多由塑性材料制成,故一般采用第三或第四强度理论进行强度计算。按第三强度理论,其相当应力为

$$\sigma_{r3} = \sigma_1 - \sigma_3 = \sqrt{\sigma^2 + 4\tau^2}$$

故其强度条件为

$$\sigma_{r3} = \sqrt{\sigma^2 + 4\tau^2} \leqslant [\sigma] \tag{9.10}$$

或

$$\sigma_{r3} = \frac{1}{W}\sqrt{M^2 + T^2} \leqslant [\sigma] \tag{9.11}$$

按第四强度理论,其相当应力为

$$\sigma_{r4} = \sqrt{\frac{1}{2}\left[(\sigma_1 - \sigma_2)^2 + (\sigma_2 - \sigma_3)^2 + (\sigma_3 - \sigma_1)^2\right]} = \sqrt{\sigma^2 + 3\tau^2}$$

故其强度条件为

$$\sigma_{r4} = \sqrt{\sigma^2 + 3\tau^2} \leqslant [\sigma] \qquad (9.12)$$

或

$$\sigma_{r4} = \frac{1}{W}\sqrt{M^2 + 0.75T^2} \leqslant [\sigma] \qquad (9.13)$$

【例 9.4】 如图 9.9(a)所示,绞盘 A 与皮带轮 B 的半径均为 20cm,绞盘 A 受水平力(平行于 z 轴)$F = 20\text{kN}$,皮带轮 B 受 y 方向的皮带张力 F_1 和 F_2 作用,且 $F_1 = 2F_2$,轴的许用应力 $[\sigma] = 60\text{MPa}$。试按第三强度理论确定轴的直径 d。

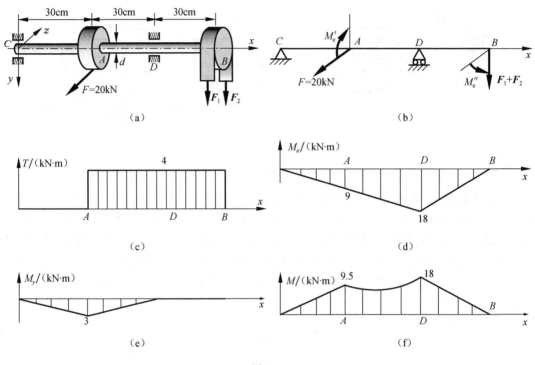

图 9.9

解 将作用于绞盘上的力 F 与皮带轮上的张力 $F_1 = 2F_2$ 向轴线(x 轴)简化,得到图 9.9(b)所示的受力简图。作用于绞盘上的力 F 对轴线的力矩 M'_e 为

$$M'_e = 20 \times 0.2 = 4(\text{kN} \cdot \text{m})$$

作用于皮带轮上的张力 F_1 和 F_2 对轴线的合力矩 M''_e 为

$$M''_e = (F_1 - F_2) \times 0.2 = 0.2F_2$$

由平衡方程知,$M'_e = M''_e$,于是得到

$$F_1 = 40\text{kN}, \quad F_2 = 20\text{kN}$$

力偶 M'_e 和 M''_e 使轴产生扭转,水平横向力 F 使轴产生 $x\text{-}z$ 平面内的弯曲,垂直横向力 $F_1 + F_2$ 使轴产生 $x\text{-}y$ 平面内的弯曲。分别作扭矩 T 图,$x\text{-}y$ 平面内的弯矩 M_z 图,$x\text{-}z$ 平面内的弯矩 M_y 图,如图 9.9(c)~(e)所示。将两个平面内的弯矩图合成,即 $M = \sqrt{M_y^2 + M_z^2}$,得到合成弯矩图 M,如图 9.9(f)所示,其中 A 截面上的合成弯矩 $M_A = \sqrt{9^2 + 3^2} = 9.5(\text{kN} \cdot \text{m})$,$D$ 截面上的合成弯矩 $M_D = 18\text{kN} \cdot \text{m}$,显然 $M_D > M_A$,危险面是 D 截面。

由第三强度理论

$$\sigma_{r3} = \frac{\sqrt{M_D^2 + T_D^2}}{W} = \frac{32\sqrt{M_D^2 + T_D^2}}{\pi d^3} \leqslant [\sigma]$$

可求得直径 d 为

$$d = \frac{32\sqrt{M_D^2 + T_D^2}}{\pi d^3} \geqslant \sqrt[3]{\frac{32 \times \sqrt{18^2 + 4^2} \times 10^6}{\pi \times 60}} = 146.3(\text{mm})$$

取圆轴直径 $d=147$mm。

需要说明的是：

(1)合成弯矩图中,各截面弯矩 M 并不位于同一纵向截面,只是表示弯矩大小沿杆轴线的变化,但对于圆截面杆,任意横截面上的扭转切应力和弯曲正应力均可按 $\tau=T/W_t$ 和 $\sigma=M/W$ 进行计算,故其强度仍可按式(9.11)或式(9.13)进行计算。

(2)图 9.9(d)和(e)所示的 M_z 图和 M_y 图均为分段直线,可以证明,合成后的总弯矩 M 图一定为分段直线或凹曲线,合成弯曲的最大值(危险截面)一定出现在 M 图的尖点处(如本例中的截面 D),读者可自行证明。

【例 9.5】　圆轴直径 $d=20$mm,长 $L=3$m,点 A 和 B 所在的截面与自由端面的间距 $l=2$m,受力如图 9.10(a)所示。在轴的上边缘 A 点处,测得轴向线应变 $\varepsilon_A=4\times10^{-4}$;在水平纵对称面的外侧 B 点处,测得 $\varepsilon_{-45°}=3\times10^{-4}$。材料的弹性模量 $E=200$GPa,泊松比 $\mu=0.25$,许用应力 $[\sigma]=160$MPa。试求:

(1) 作用在轴上的集中力 F 和力偶矩 M_e;

(2) 按第三强度理论校核轴的强度。

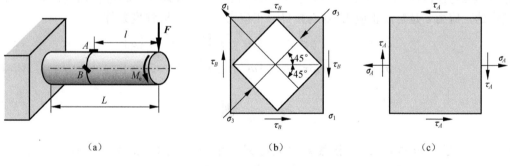

图 9.10

解　(1) 由于 B 点位于中心层上,其上的弯曲正应力为零,故点 B 处于纯剪切应力状态。单元体如图 9.10(b)所示,$-45°$ 和 $45°$ 正是纯剪切应力状态的两个主应力方向,故其上的正应力即为主应力

$$\sigma_{-45°} = \sigma_1 = \tau_B, \qquad \sigma_2 = 0, \qquad \sigma_{45°} = \sigma_3 = -\tau_B$$

由广义胡克定律,可得

$$\varepsilon_1 = \varepsilon_{-45°} = \frac{\sigma_{-45°} - \mu\sigma_{45°}}{E} = \frac{(1+\mu)\tau_B}{E} \tag{a}$$

扭转切应力 τ_B 与力偶矩 M_e 的关系为

$$\tau_B = \frac{M_e}{W_t} = \frac{16M_e}{\pi d^3} \tag{b}$$

将式(b)代入式(a),可求得外力偶矩

$$M_e = \frac{\pi d^3}{16} \frac{E}{1+\mu} \varepsilon_{-45°} = \frac{\pi \times 20^3}{16} \times \frac{2 \times 10^5}{1+0.25} \times 3 \times 10^{-4} = 7.54 \times 10^4 (\text{N} \cdot \text{mm}) \quad (c)$$

点 A 处为二向应力状态,单元体如图 9.10(c)所示,且有

$$\sigma_A = \frac{Fl}{W} = \frac{32Fl}{\pi d^3} \quad (d)$$

由广义胡克定律可知,A 点处的轴向正应变 $\varepsilon_{0°}$ 为

$$\varepsilon_{0°} = \frac{\sigma_A}{E} \quad (e)$$

将式(e)代入式(d),可求得集中力

$$F = \frac{E \varepsilon_{0°} \pi d^3}{32l} = \frac{2 \times 10^5 \times 4 \times 10^{-4} \times \pi \times 20^3}{32 \times 2000} = 31.4 (\text{N})$$

(2) 圆轴为弯曲与扭转组合变形,固定端截面为危险截面,最大扭矩和弯矩分别为

$$T_{max} = M_e = 7.54 \times 10^4 \text{N} \cdot \text{mm}$$

$$M_{max} = FL = 31.4 \times 3000 = 9.42 \times 10^4 (\text{N} \cdot \text{mm})$$

按第三强度理论进行强度校核,有

$$\sigma_{r3} = \frac{\sqrt{M_{max}^2 + T_{max}^2}}{W} = \frac{32 \times \sqrt{(9.42 \times 10^4)^2 + (7.54 \times 10^4)^2}}{\pi \times 20^3} = 153.6 (\text{MPa}) < [\sigma]$$

圆轴满足强度条件。

　　有些圆截面杆件,除承受弯扭组合作用外,还同时承受轴向拉伸或轴向压缩的作用,即产生弯拉扭或弯压扭组合变形。对于这类杆件,其危险点的应力状态仍属于图 9.8 所示的应力状态,如果这类杆件由塑性材料制成,则仍可应用式(9.10)或式(9.12)进行强度计算,只需注意其中的正应力 σ 是弯曲正应力 σ_M 与拉(压)正应力 σ_F 之和,即强度条件为

$$\sigma_{r3} = \sqrt{\sigma^2 + 4\tau^2} = \sqrt{(\sigma_M + \sigma_F)^2 + 4\tau^2} \leqslant [\sigma] \quad (9.14)$$

$$\sigma_{r4} = \sqrt{\sigma^2 + 3\tau^2} = \sqrt{(\sigma_M + \sigma_F)^2 + 3\tau^2} \leqslant [\sigma] \quad (9.15)$$

习　　题

9.1　题 9.1 图所示起重架,在横梁的中点受到集中力 F 的作用,材料的许用应力 $[\sigma] = 100\text{MPa}$。试选择横梁工字钢的型号(不考虑工字钢的自重)。

9.2　如题 9.2 图所示的链环,其截面直径 $d = 50\text{mm}$,受拉力 $F = 10\text{kN}$ 作用,试求链环的最大正应力。

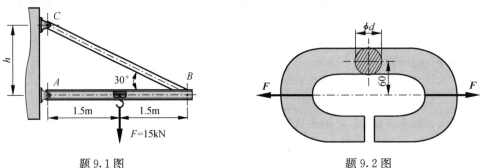

题 9.1 图　　　　　　　　　　　　　题 9.2 图

9.3 如题 9.3 图所示夹具,夹紧力 $F=2$kN,材料的许用应力 $[\sigma]=170$MPa,试校核 m-m 截面的强度。

9.4 题 9.4 图所示简支梁,已知:$q=20$kN/m,$F=1500$kN,$e=80$mm。求:

(1) F 和 q 分别作用时,跨中截面的正应力分布图;

(2) F 和 q 同时作用时,跨中截面的正应力分布图。

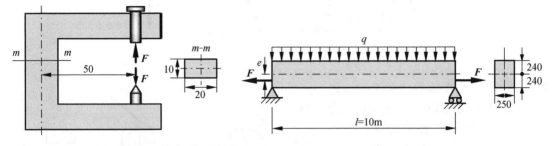

题 9.3 图   题 9.4 图

9.5 如题 9.5 图所示托架,AB 为矩形截面梁,宽度 $b=20$mm,高度 $h=40$mm;杆 CD 为圆管,外径 $D=30$mm,内径 $d=24$mm;两者的材料相同,许用应力 $[\sigma]=160$MPa。试确定该结构的许可载荷 $[q]$。

9.6 试确定如题 9.6 图(a)、(b)所示截面的截面核心。

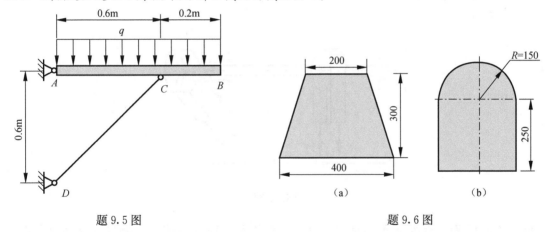

题 9.5 图   题 9.6 图

9.7 如题 9.7 图所示的传动轴 AB,$M_e=600$N·m,$F_{1y}=1500$N,$F_{1z}=4000$N;$F_{2y}=8000$N,$F_{2z}=3000$N,材料的许用应力 $[\sigma]=50$MPa。试按第三强度理论设计 AB 轴的直径。

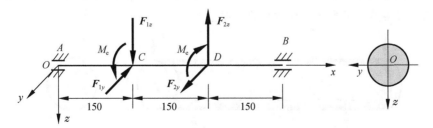

题 9.7 图

9.8 如题 9.8 图所示的皮带传动轴,皮带轮直径 $D=1200\text{mm}$,$l=1600\text{mm}$,$T=6\text{kN}$,$t=3\text{kN}$,轴的许用应力 $[\sigma]=50\text{MPa}$,皮带轮重 $G=1\text{kN}$。试用第四强度理论确定传动轴的直径。

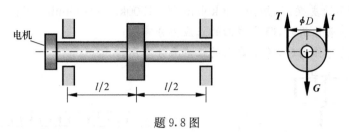

题 9.8 图

9.9 齿轮 C 的直径 $D_1=200\text{mm}$,齿轮 D 的直径 $D_2=300\text{mm}$,切向力 $F_1=20\text{kN}$,圆轴的许用应力 $[\sigma]=60\text{MPa}$,如题 9.9 图所示,试用第三强度理论确定轴的直径。

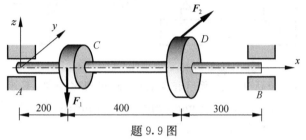

题 9.9 图

9.10 题 9.10 图所示传动轴,皮带拉力 $F_1=3.9\text{kN}$,$F_2=1.5\text{kN}$,皮带轮直径均为 $D=60\text{cm}$,材料的许用应力 $[\sigma]=80\text{MPa}$。试按第三强度理论确定轴的直径 d。

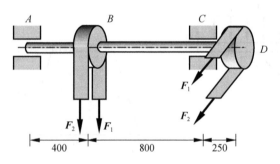

题 9.10 图

9.11 题 9.11 图所示圆截面杆,受横向力 F 和扭转力矩 M_e 联合作用。测得 A 点轴向应变 $\varepsilon_0=4\times10^{-4}$,$B$ 点位于水平纵对称面内,其与轴线呈 $45°$ 方向应变 $\varepsilon_{-45°}=3.75\times10^{-4}$。已知杆的抗弯截面模量 $W=6000\text{mm}^3$,材料的许用应力 $[\sigma]=150\text{MPa}$,$E=200\text{GPa}$,$\mu=0.25$。试按第三强度理论校核杆的强度。

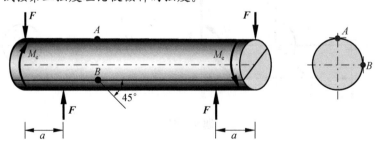

题 9.11 图

9.12 题 9.12 图所示传动轴,其直径 $d=6\text{cm}$,皮带轮直径 $D=80\text{cm}$,皮带轮重 $Q=2\text{kN}$,皮带水平拉力 $F_1=8\text{kN}$,$F_2=2\text{kN}$,材料的许用应力 $[\sigma]=140\text{MPa}$。

(1) 画出传动轴的内力图,标出危险截面;

(2) 画出危险点的应力状态;

(3) 试按第三强度理论校核轴的强度。

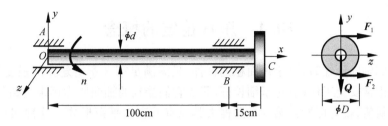

题 9.12 图

9.13 题 9.13 图所示圆截面折杆,A 端固定,D 端自由,AB 段为 1/4 圆曲杆,BD 段为直杆。已知:$R=50\text{cm}$,$l=40\text{cm}$,截面直径 $d=10\text{cm}$,材料的许用应力 $[\sigma]=80\text{MPa}$。试按第四强度理论确定许可载荷 $[F]$。

9.14 题 9.14 图所示空心圆杆,外径 $D=200\text{mm}$,内径 $d=160\text{mm}$,圆杆长 $l=500\text{mm}$,材料的许用应力 $[\sigma]=80\text{MPa}$。在端部圆杆边缘 A 点处,作用切向集中力 $F=60\text{kN}$。试求:

(1) 标出危险点的位置;

(2) 绘出危险点的单元体;

(3) 试按第四强度理论校核杆的强度。

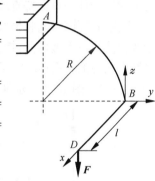

题 9.13 图

9.15 直杆 AB 与直径为 $d=40\text{mm}$ 的圆柱焊成一体,结构受力如题 9.15 图所示,若忽略弯曲剪力的影响,试确定固定端上点 a 和点 b 的应力状态,并按第四强度理论计算其相当应力 σ_{r4}。

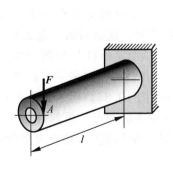

题 9.14 图

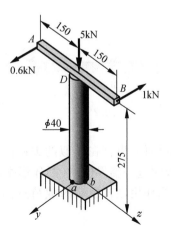

题 9.15 图

第 10 章　压 杆 稳 定

10.1　压杆稳定的概念

杆件在受到轴向压缩时,对于短而粗的杆件,只需满足第 2 章所建立的强度条件,就能保证其正常安全工作;但对于细长杆,只要它们受到的轴向压力远未达到其发生破坏时的极限值,就有可能突然变弯而丧失其原有的直线平衡形式。这种细长杆在轴向压力作用下突然变弯的现象称为**丧失稳定**,简称**失稳**。

图 10.1(a)所示下端固定、上端自由的细长杆,受轴向压力 F 作用。当压力 F 小于某一临界值 F_{cr} 时,杆件一直保持直线形状平衡,即使用微小的侧向干扰力使其发生微弯曲(图 10.1(b)),干扰力解除后,它将恢复到直线平衡状态(图 10.1(c));当压力 $F = F_{cr}$ 时,若有微小的侧向干扰力使其发生微弯曲,撤去干扰力后,它将不再恢复到原有的直线状态,此时压杆将保持曲线微弯状态的平衡(图 10.1(d));当压力 $F > F_{cr}$ 时,杆件将发生急剧的弯曲而丧失承载能力(图 10.1(e))。图 10.1 所示细长杆的平衡与放置在曲面上球的平衡是类似的(图 10.2)。

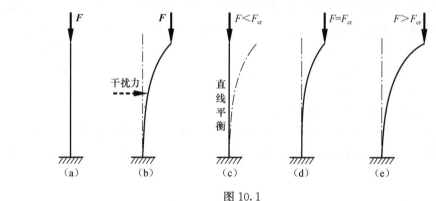

图 10.1

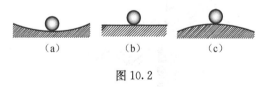

图 10.2

工程实际中的压杆,其轴线总会有初曲率,压力不可避免地存在偏心,材料也不可能绝对均匀。这些因素均起到侧向干扰"力"的作用,从而使压杆呈现微弯曲状态,一旦 $F > F_{cr}$,杆件就将丧失稳定。除细长压杆外,工程中的某些薄壁构件,也存在类似的失稳问题。例如,图 10.3(a)所示承受外压的薄壁圆筒,当外压达到或超过一临界值时,圆环形截面将突然变为椭圆形。再如,图 10.3(b)所示狭长矩形截面梁,当作用在自由端的载荷达到或超过某一临界值时,梁会突然发生侧向弯曲与扭转。

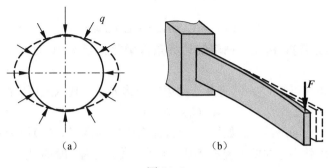

图 10.3

10.2　两端铰接细长压杆临界压力的欧拉公式

两端铰接的细长压杆如图 10.4(a)所示,压力 F 的作用线与杆轴线重合,压杆由线弹性材料制成。为了研究临界压力,假设其处于微弯平衡状态(图 10.4(b))。

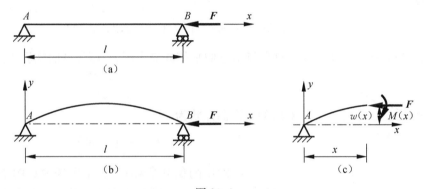

图 10.4

如图 10.4(c)所示,距原点为 x 的任意截面的挠度为 $w(x)$,弯矩为 $M(x)$。由图可见,$w(x)$ 为正时,$M(x)$ 为负;$w(x)$ 为负时,$M(x)$ 为正,即 $M(x)$ 与 $w(x)$ 的符合相反,所以

$$M(x) = -Fw(x) \tag{a}$$

对于微小弯曲,挠曲线近似微分方程为

$$\frac{\mathrm{d}^2 w(x)}{\mathrm{d}x^2} = \frac{M(x)}{EI} \tag{b}$$

将式(a)代入,得

$$\frac{\mathrm{d}^2 w(x)}{\mathrm{d}x^2} = -\frac{Fw(x)}{EI} \tag{c}$$

式中,EI 是梁在 x-y 平面内的抗弯刚度。

引入记号

$$k^2 = \frac{F}{EI} \tag{d}$$

可将式(c)简写为

$$w''(x) + k^2 w(x) = 0 \tag{e}$$

其通解为

$$w(x) = C_1 \sin kx + C_2 \cos kx \tag{f}$$

式中，C_1 和 C_2 为积分常数，由压杆两端的边界条件确定。当 $x=0$ 时，$w(0)=0$；当 $x=l$ 时，$w(l)=0$。

由第一个边界条件可知 $C_2=0$，将其连同第二个边界条件代入式(f)，得到

$$C_1 \sin kl = 0 \tag{g}$$

此方程的解为 $C_1=0$ 或 $\sin kl=0$。如果 $C_1=0$，那么压杆的挠度 $w(x)$ 恒为零，轴线仍为直线，这与压杆失稳而发生微小弯曲的前提相矛盾。因此，微分方程的解应为

$$\sin kl = 0 \tag{h}$$

满足式(h)的解为 $kl=n\pi(n=0,1,2,\cdots)$。

若 $n=0$，则 $F=0$，显然不是该问题的解。因此，使压杆保持微弯曲平衡的解为

$$kl = n\pi \quad (n=1,2,3,\cdots) \tag{i}$$

或

$$F = \frac{n^2\pi^2 EI}{l^2} \quad (n=1,2,3,\cdots) \tag{j}$$

于是，挠曲线方程为

$$w(x) = C_1 \sin kx = C_1 \sin\frac{n\pi x}{l} \quad (n=1,2,3,\cdots) \tag{k}$$

由式(j)，当 $n=1$ 时，得到使压杆保持微弯曲平衡的最小压力，即压杆的临界压力

$$F_{cr} = \frac{\pi^2 EI}{l^2} \tag{10.1}$$

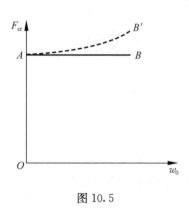

图 10.5

对应的微弯曲形状为

$$w(x) = C_1 \sin\frac{\pi x}{l} \tag{10.2}$$

式(10.2)中的积分常数 C_1 表示压杆中点的挠度 w_0，在临界压力 F_{cr} 作用下，其值是未定的，在图 10.5 中表示为一条水平线 AB，这是由于推导上述公式时采用了挠曲线近似微分方程(6.4a)。如果采用精确的非线性挠曲线微分方程(6.3)，则可得到图 10.5 中所示的曲线 OAB'，即在给定的压力下，其挠度 w_0 是确定的。

10.3　不同杆端约束下细长压杆临界力的欧拉公式

图 10.6(a)所示的为一端固定、一端铰接的细长压杆，在临界压力 $\boldsymbol{F}$ 的作用下处于微弯平衡状态。若以 $\boldsymbol{F}_{By}$ 表示铰支座 B 的支反力，如图 10.6(b)所示，则任一横截面上的弯矩为

$$M(x) = -Fw(x) + F_{By}(l-x) \tag{a}$$

相应的挠曲线的近似微分方程为

$$EIw''(x) = -Fw(x) + F_{By}(l-x) \tag{b}$$

引入记号 $k^2 = \dfrac{F}{EI}$，则式(b)的通解为

$$w(x) = C_1 \sin kx + C_2 \cos kx + \frac{F_{By}}{EIk^2}(l-x) \tag{c}$$

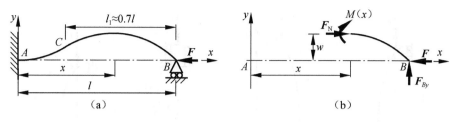

图 10.6

由图 10.6 可知，压杆的边界条件为 $w(0)=0$ 及 $w'(0)=0$；$w(l)=0$，代入上述方程，可得

$$C_2 + \frac{F_{By}}{EIk^2}l = 0, \quad kC_1 - \frac{F_{By}}{EIk^2} = 0, \quad C_1\sin kl + C_2\cos kl = 0$$

上述三个方程是关于 C_1、C_2 和 F_{By} 的齐次方程组，且要求 C_1、C_2 和 F_{By} 有非零解，所以方程组的系数行列式应为零，即

$$\begin{vmatrix} 0 & 1 & \dfrac{l}{EIk^2} \\[2mm] k & 0 & -\dfrac{1}{EIk^2} \\[2mm] \sin kl & \cos kl & 0 \end{vmatrix} = 0$$

解此行列式，可得

$$\tan kl = kl$$

由图解法或数值解法，得上式的最小非零根 $kl = 4.493$，代入 $k^2 = \dfrac{F}{EI}$，有

$$F_{cr} = k^2 EI = \frac{4.493^2 EI}{l^2} \approx \frac{\pi^2 EI}{(0.7l)^2} \tag{10.3}$$

对于其他约束条件下细长压杆的临界压力公式可以类似地推导，也可以由它们微弯后的挠曲线形状与两端铰接细长压杆微弯后的挠曲线形状类比得到。

一端固定、另一端自由的细长压杆的挠曲线，由图 10.7(b) 可见，其与两倍于其长度的两端铰接细长压杆的挠曲线（图 10.7(a)）相同，即均为半波正弦曲线。因此，将两端铰接细长压杆临界压力公式(10.1)中的 l 用 $2l$ 替换，即得到一端固定、另一端自由的细长压杆的临界压力公式

$$F_{cr} = \frac{\pi^2 EI}{(2l)^2} \tag{10.4}$$

两端固定的细长压杆的挠曲线，由图 10.7(c) 可以求出，在上、下 $l/4$ 处是挠曲线的拐点，由 $w'' = \dfrac{M}{EI} = 0$ 可知，这两点的弯矩 $M = 0$，即可将这两点看做铰接点。因此，中间长为 $l/2$ 的一段挠曲线与两端铰接细长压杆的挠曲线相同。故只需将 $l/2$ 替换式(10.1)中的 l，即得到两端固定细长压杆的临界压力公式

$$F_{cr} = \frac{\pi^2 EI}{(0.5l)^2} \tag{10.5}$$

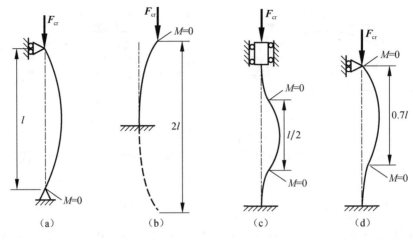

图 10.7

同理,一端固定、一端铰接的细长压杆的临界压力公式也可由类比法得到。由图 10.7(d)可以求出,在离距铰接端约 $0.7l$ 处出现一个拐点,故只需将 $0.7l$ 替换式(10.1)中的 l,即得到式(10.3)。

由上述分析可知,不同杆端约束条件下的细长压杆临界压力公式可以写成如下统一形式:

$$F_{cr} = \frac{\pi^2 EI}{(\mu l)^2} \tag{10.6}$$

式中,μl 称为**相当长度**,是压杆挠曲线上两个拐点(即弯矩为零)之间的距离;μ 称为**长度因数**,其值由杆端约束条件决定。两端铰接,$\mu=1$;一端固定、一端自由,$\mu=2$;两端固定,$\mu=0.5$;一端铰接、另一端固定,$\mu=0.7$。

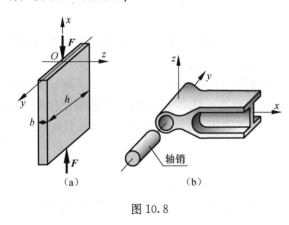

图 10.8

式(10.6)又称为细长压杆**临界压力的欧拉公式**。由该式可知,细长压杆的临界压力 F_{cr} 与杆的抗弯刚度 EI 成正比,与杆的长度 l 平方成反比,同时,还与杆端的约束情况(μ)有关。

需要注意的是,按式(10.6)计算的临界压力与杆的失稳平面有关,压杆在 $I/(\mu l)^2$ 最小的平面内失稳。当杆端约束条件在各个平面内均相同时,如球铰或嵌入式固定端,其失稳发生在形心主惯性矩 I 为最小的平面内。例如,图 10.8(a)所示两端固定的矩形截面压杆,失稳发生在纵向 x-z 平面内。当杆端约束条件在各个平面内不相同时,如图 10.8(b)所示的柱形铰,在 x-z 平面内,杆端可绕轴销自由转动,相当于铰接;而在 x-y 平面内,杆端约束相当于固定端,则其失稳平面应综合考虑杆端约束条件和惯性矩 I 来确定。

【例 10.1】 图 10.9(a)所示的一端固定、一端自由的细长压杆,自由端受轴向压力作用。试推导其临界压力公式。

解 如图 10.9(a)所示,压杆在临界压力 F 的作用下处于微弯状态,设其自由端挠度为 δ,

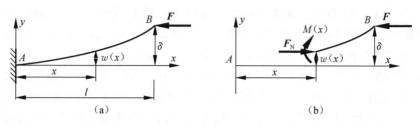

图 10.9

而杆轴线任何一点处的挠度为 $w(x)$，则该点处横截面上的弯矩为

$$M(x) = F(\delta - w(x)) \tag{a}$$

挠曲线的近似微分方程为

$$EIw''(x) = F(\delta - w(x)) \tag{b}$$

令 $k^2 = \dfrac{F}{EI}$，则式（b）可改写为

$$w''(x) + k^2 w(x) = k^2 \delta \tag{c}$$

该微分方程的通解为

$$w(x) = C_1 \sin kx + C_2 \cos kx + \delta \tag{d}$$

由图 10.9 可知，压杆的边界条件为 $w(0)=0$ 及 $w'(0)=0$。代入式（d），可得 $C_1 = 0$ 和 $C_2 = -\delta$，因此，由式（d）

$$w(x) = \delta(1 - \cos kx) \tag{e}$$

因 $x = l$ 时 $w(l) = \delta$，得 $\cos kl = 0$，即 $kl = \dfrac{n\pi}{2}(n=1,3,5,\cdots)$，临界压力应取最小值，即 $n=1$，得

$$F_{cr} = \frac{\pi^2 EI}{(2l)^2}$$

10.4　欧拉公式的适用范围、临界应力总图

将临界压力公式（10.6）除以横截面面积 A，得到

$$\sigma_{cr} = \frac{F_{cr}}{A} = \frac{\pi^2 EI}{A\,(\mu l)^2} = \frac{\pi^2 E i^2}{(\mu l)^2} = \frac{\pi^2 E}{\left(\dfrac{\mu l}{i}\right)^2} \tag{a}$$

式中，σ_{cr} 称为**临界应力**；$i = \sqrt{I/A}$ 为截面的惯性半径。引入符号

$$\lambda = \mu l / i \tag{10.7}$$

式中，λ 称为压杆的**长细比**或**柔度**。因此，可将式（a）写为

$$\sigma_{cr} = \frac{\pi^2 E}{\lambda^2} \tag{10.8}$$

称为**临界应力的欧拉公式**。由于在推导临界压力的欧拉公式过程中使用了挠曲线近似微分方程，而挠曲线近似微分方程要求材料服从胡克定律。因此，欧拉公式（10.6）和式（10.8）适用条件为：临界应力 σ_{cr} 小于材料的比例极限 σ_p，即

$$\sigma_{cr} = \frac{\pi^2 E}{\lambda^2} \leqslant \sigma_p \quad \text{或} \quad \lambda \geqslant \lambda_p = \sqrt{\frac{\pi^2 E}{\sigma_p}} \tag{10.9}$$

满足条件 $\lambda \geqslant \lambda_p$ 的压杆称为**大柔度杆**,即前面提到的**细长压杆**。对于不同的材料,λ_p 的数值由弹性模量和比例极限确定。例如,Q235 钢,$\sigma_p \approx 200\text{MPa}$,$E = 210\text{GPa}$,由式(10.9)可以求得 $\lambda_p = 100$。再如,铝合金,$\sigma_p = 175\text{MPa}$,$E = 70\text{GPa}$,$\lambda_p = 62.8$。

当 $\lambda < \lambda_p$ 时,临界应力 σ_{cr} 大于材料的比例极限,这属于非弹性失稳问题,欧拉公式不再适用。

对于非弹性失稳问题,已有一些理论分析结果。但工程中一般采用以试验结果为依据的经验公式来计算这类压杆的临界应力和临界压力。最常见的经验公式有直线公式和抛物线公式。

直线公式

$$\sigma_{cr} = a - b\lambda \tag{10.10}$$

式中,a 和 b 为与材料性质有关的常数,由试验确定。几种常用材料的 a、b 和 λ_p 的数值如表 10.1 所示。

表 10.1　几种常用材料的 a、b 和 λ_p 值

材　料	a/MPa	b/MPa	λ_p
Q235 钢,$\sigma_s = 235\text{MPa}$	304	1.12	100
优质碳钢,$\sigma_s = 306\text{MPa}$	461	2.568	95
硅钢,$\sigma_s = 353\text{MPa}$	578	3.744	120
铬钼钢	980.7	5.296	55
硬铝	373	2.15	50
铸铁	332.2	1.454	70
木材	28.7	0.190	80

对于塑性材料,材料不应发生屈服,因此式(10.10)的适用范围为

$$\sigma_p \leqslant \sigma_{cr} \leqslant \sigma_s \tag{b}$$

由此可确定式(10.10)适用的最大 λ,用 λ_s 表示,其值为

$$\lambda_s = \frac{a - \sigma_s}{b} \tag{10.11}$$

式(b)也可以用柔度表示为

$$\lambda_s \leqslant \lambda \leqslant \lambda_p \tag{c}$$

这类压杆称为**中柔度杆**或**中长杆**。当 $\lambda \leqslant \lambda_s$ 时,称为**小柔度杆**或**短粗杆**,其破坏属于强度问题,应按第 2 章中介绍的压缩强度条件进行计算。

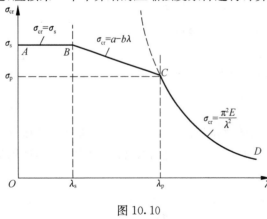

图 10.10

综合以上分析结果,以 λ 表示横坐标,σ_{cr} 表示纵坐标,则可得 σ_{cr} 随 λ 变化的图形,称为**临界应力总图**(图 10.10)。它由三部分组成:AB 段($\lambda \leqslant \lambda_s$)为短粗杆,其临界应力就是屈服极限;$BC$ 段($\lambda_s \leqslant \lambda \leqslant \lambda_p$)为中柔度杆,其临界应力由式(10.10)计算;$CD$ 段($\lambda \geqslant \lambda_p$)为大柔度杆,其临界应力由欧拉公式(10.8)计算。

对于脆性材料,需将图 10.10 中的 σ_s 用其强度极限 σ_b 代替。

抛物线公式

$$\sigma_{cr} = a_1 - b_1\lambda^2 \tag{10.12}$$

式中，a_1 和 b_1 为与材料性质有关的常数。

在工程实际中，经常会遇到压杆在某一部位受到局部削弱的情况，如木结构的榫眼和钢结构中的螺栓孔、铆钉孔等。因为压杆的临界压力是由整根压杆的失稳情况决定的，某一局部的截面削弱对整体稳定性的影响一般来说是很小的，故在对压杆进行稳定性分析时，横截面面积 A 和惯性矩 I 可按未被削弱的截面尺寸来计算。但对于粗短杆，在进行强度分析时，自然应该使用削弱后的截面面积。

10.5　压杆的稳定计算

为了保证压杆在轴向压力作用下不失稳，并具有一定的安全裕量，压杆的工作压力 F 应满足

$$F \leqslant \frac{F_{cr}}{n_{st}}$$

或

$$n = \frac{F_{cr}}{F} \geqslant n_{st} \tag{10.13}$$

式(10.13)即为压杆的稳定条件，n 称为工作安全因数，n_{st} 称为**稳定安全因数**。由于压杆存在初弯曲、压力偏心、材料不均匀和支座缺陷等不利因素的影响，n_{st} 值一般比强度安全系数要大些，并且 λ 越大，n_{st} 值也越大。具体取值可从有关设计手册中查到。

【例 10.2】　千斤顶如图 10.11 所示，丝杠长度 $l=375mm$，螺纹内径 $d=40mm$，材料为 Q235 钢，最大起重量 $F=80kN$，规定的稳定安全因数 $n_{st}=3$。试校核丝杠的稳定性。

解　丝杠可简化为下端固定、上端自由的压杆，故其长度系数 $\mu=2$。其惯性半径和柔度分别为

$$i = \sqrt{\frac{I}{A}} = \sqrt{\frac{\pi d^4/64}{\pi d^2/4}} = \frac{d}{4} = 10mm$$

$$\lambda = \frac{\mu l}{i} = \frac{2 \times 375}{10} = 75$$

由表 10.1 可知，对于 Q235 钢，$\lambda_p=100$，$\lambda_s = \frac{304-235}{1.12} = 61.6$。

由 $\lambda_s \leqslant \lambda \leqslant \lambda_p$ 可知，丝杠是中柔度杆，应采用直线经验公式计算其临界压力。查表 10.1 可得，$a=304MPa$，$b=1.12MPa$，故丝杠的临界压力为

$$F_{cr} = \sigma_{cr}A = (a-b\lambda)\frac{\pi d^2}{4}$$

$$= (304 - 1.12 \times 75) \times \frac{\pi \times 40^2}{4} = 276.5(kN)$$

由式(10.13)，有

$$n = F_{cr}/F = 276.5/80 = 3.46 > n_{st}$$

因此，千斤顶丝杠满足稳定性条件。

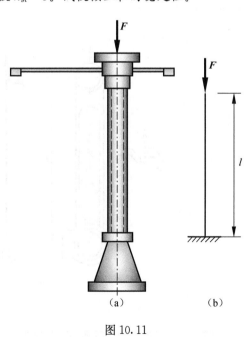

图 10.11

【例 10.3】 两端铰接压杆,长 $l=3000\text{mm}$,最大压力 $F_{\max}=250\text{kN}$。压杆材料为 Q235 钢,$E=210\text{GPa}$。若稳定安全因数 $n_{\text{st}}=4$,试确定压杆的直径。

解　由于杆的直径未知,无法确定临界应力的计算公式。为此,先利用欧拉公式对压杆进行试设计。由于 $\mu=1$,临界压力为

$$F_{\text{cr}}=\frac{\pi^2 EI}{(\mu l)^2}=\frac{\pi^2\times 210\times 10^3\times\pi d^4}{(1\times 3000)^2\times 64}=0.0113d^4$$

根据稳定性条件

$$n=\frac{F_{\text{cr}}}{F_{\max}}=\frac{0.0113d^4}{250\times 10^3}\geqslant n_{\text{st}}=4$$

可得

$$d\geqslant\sqrt[4]{\frac{4\times 250\times 10^3}{0.0113}}=97(\text{mm})$$

由此,取 $d=97\text{mm}$。

由式(10.7),可得

$$\lambda=\frac{\mu l}{i}=\frac{\mu l}{d/4}=\frac{1\times 3000}{97/4}=123.7$$

Q235 钢的 $\lambda_{\text{p}}=100$,因为 $\lambda>\lambda_{\text{p}}$,可见直径 $d=97\text{mm}$ 的压杆是细长杆,欧拉公式适用。因此,压杆直径的最终设计值 $d=97\text{mm}$。

【例 10.4】　图 10.12 所示的发动机连杆由 45 钢制成,其屈服极限 $\sigma_{\text{s}}=320\text{MPa}$,$\lambda_{\text{p}}=95$,临界压力的经验公式为 $\sigma_{\text{cr}}=461-2.568\lambda$。最大推力 $F=110\text{kN}$,稳定安全因数 $n_{\text{st}}=3.5$。已知 $l_1=960\text{mm}$,$l_2=900\text{mm}$,$I_y=46\text{cm}^4$,$I_z=7.9\text{cm}^4$,$A=1500\text{mm}^2$。试校核连杆的稳定性。

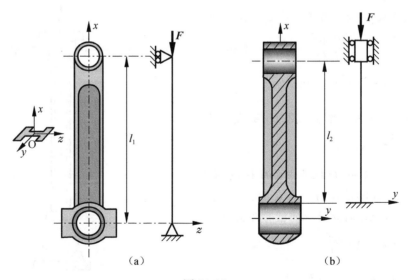

图 10.12

解　如图 10.12(a)所示,如失稳发生在 $x\text{-}z$ 平面内,可将两端简化为铰支座约束,其长度因数 $\mu=1$。

$$i_y = \sqrt{\frac{I_y}{A}} = \sqrt{\frac{460000}{1500}} = 17.5 (\text{mm})$$

$$\lambda_y = \frac{\mu l_1}{i_y} = \frac{1 \times 960}{17.5} = 54.9$$

如图 10.12(b)所示，如失稳发生在 x-y 平面内，可将两端简化为固定端约束，其长度因数 $\mu = 0.5$。

$$i_z = \sqrt{\frac{I_z}{A}} = \sqrt{\frac{79000}{1500}} = 7.26 (\text{mm})$$

$$\lambda_z = \frac{\mu l_2}{i_z} = \frac{0.5 \times 900}{7.26} = 62.0$$

因为 $\lambda_z > \lambda_y$，故压杆首先在 x-y 平面内发生失稳，其柔度 $\lambda = \lambda_z = 62.0$。

对于 45 钢，$\lambda_s = \dfrac{461 - 320}{2.568} = 54.9$。由于 $\lambda_s \leqslant \lambda \leqslant \lambda_p$，可知连杆是中柔度杆，应采用直线经验公式计算其临界压力，即

$$F_{cr} = \sigma_{cr} A = (461 - 2.568\lambda) \times 1500 = 452.7 \times 10^3 (\text{N}) = 452.7 (\text{kN})$$

由式(10.13)，有

$$n = \frac{F_{cr}}{F} = \frac{452.7}{110} = 4.12 > n_{st}$$

因此，连杆满足稳定性要求。

在钢结构设计规范中，往往采用折减系数法进行稳定性计算。此时，压杆的稳定条件为

$$\sigma = \frac{F_N}{A} \leqslant \varphi [\sigma] \tag{10.14}$$

式中，F_N 为压杆的工作压力；A 为横截面面积；$[\sigma]$ 为压缩时的许用应力；φ 为一个小于 1 的系数，称为**折减系数**，其值与压杆的材料、截面形状和柔度有关，可从有关设计规范中查到。

10.6　提高压杆稳定的措施

由前面可知，影响压杆稳定的因素有压杆的截面形状、长度、约束条件和材料性质。因此，提高压杆稳定的措施也应该从这几个方面进行考虑。

1. 选择合理的截面形状

对于大柔度杆和中柔度杆，由式(10.8)和式(10.10)可见，压杆的临界应力随柔度 λ 减少而增大。由于 $\lambda = \dfrac{\mu l}{i}$，且 $i = \sqrt{\dfrac{I}{A}}$，因此提高惯性半径 i 或最小惯性矩 I 是提高临界应力的有效措施。

当压杆各个方向的约束条件相同时，应使截面对两个形心主轴的惯性矩尽可能相等；在相同的横截面面积下，应使其惯性矩尽可能大，如用空心圆截面代替实心圆截面等。

选择截面形状时还要考虑失稳的方向性。如果压杆两端为球形铰接或固定端约束，则宜选择 $I_y = I_z$ 的截面；若两端为轴销支承(如例 10.4)等，则应选择 $I_y \neq I_z$ 的截面，并使得两个方向上的柔度尽可能相近。

2. 改变压杆的约束条件

减小压杆的相当长度 μl，可使柔度 λ 降低，从而提高压杆的临界应力。为了减小压杆的相

当长度,可改变压杆两端的约束,如将铰接约束改为固定端约束,或在压杆的中间设置一个或多个辅助支承,从而提高了压杆的临界应力。

3. 合理选择材料

大柔度杆的临界应力与材料的弹性模量 E 成正比。因此,钢制压杆比铜、铸铁或铝制压杆的临界应力高。但各种钢材的 E 值基本相同,所以对大柔度杆选用高强度钢与低强度钢对临界应力并无太大差别。

对于中柔度杆,由临界应力总图可见,材料的屈服极限 σ_s 和比例极限 σ_p 越高,临界应力就越大。这时选用高强度钢会提高压杆的承载能力。至于小柔度杆,由于是强度问题,选用高强度钢,自然能提高其承载能力。

习　　题

10.1 如题 10.1 图所示,一端固定、一端铰接的工字形截面细长压杆,已知弹性模量 E＝208GPa,截面尺寸 200mm×100mm×7mm,杆长 l＝10m,试确定压杆的临界压力。

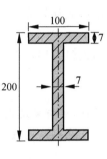

题 10.1 图

10.2 两端固定的圆截面钢质压杆,直径为 50mm,受轴向压力 F 作用。已知 E＝210GPa 和 σ_p＝200MPa,试确定能够使用欧拉公式的最短压杆长度 l。

10.3 如题 10.3 图所示,截面为矩形 $b×h$ 的压杆,两端用柱销连接(在 x-y 平面内弯曲时,可视为两端铰接;在 x-z 平面内弯曲时,可视为两端固定)。已知 E＝200GPa,σ_p＝200MPa。试求:

(1) 当 b＝30mm,h＝50mm 时,压杆的临界压力;

(2) 若使压杆在两个平面(x-y 面和 x-z 面)内失稳的可能性相同,求 b 和 h 的比值。

10.4 两端铰接的细长压杆,圆形横截面的直径为 d。假设压杆只产生弹性变形,材料的热膨胀系数为 α。若温度升高 ΔT,求临界压力与 ΔT 的关系。

10.5 题 10.5 图所示的圆截面压杆 d＝40mm,材料 σ_s＝235MPa。试求可用经验公式 σ_{cr}＝304－1.12λ 计算临界应力时的最小杆长。

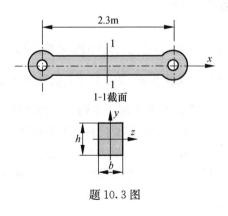

题 10.3 图

题 10.5 图

10.6 题 10.6 图所示结构，圆杆 BD 的直径 $d=50\text{mm}$，材料 $E=200\text{GPa}$，$\lambda_p=100$，试求结构的临界压力 F_{cr}。

10.7 由三根细长压杆构成的支架（题 10.7 图），A、B、C 位于同一水平面，三杆截面均为圆形，直径为 d，材料的弹性模量为 E，$\lambda_p=90$。A、B、C、D 均为铰链节点。竖向力 F 的作用线恰好通过等边三角形 ABC 的形心 G。已知 $DG=AB=h$，$h=20d$。试确定最大允许力 F。

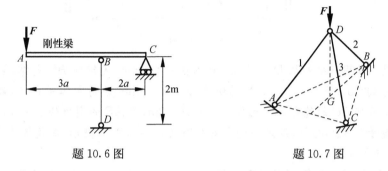

题 10.6 图　　　　　　　　　　　　　题 10.7 图

10.8 题 10.8 图中 AB 为刚杆，圆截面细长杆 1、2 为两端铰接约束，材料、长度、直径均相同，求临界压力 F_{cr}。

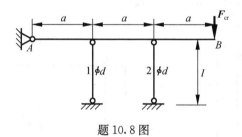

题 10.8 图

10.9 如题 10.9 图所示的杆系 ABC，由两根细长压杆通过铰支座相连，压杆的横截面尺寸和材料相同。试求使得临界压力 F 值最大时的角度 β（$\beta<90°$）。

10.10 题 10.10 图所示蒸汽机的活塞杆 AB，所受压力 $F=120\text{kN}$，$l=1.8\text{m}$，截面为圆形，直径 $d=75\text{mm}$，材料为钢，$E=210\text{GPa}$，$\sigma_p=240\text{MPa}$。规定的稳定安全因数 $n_{st}=8$，试校核活塞杆的稳定性。

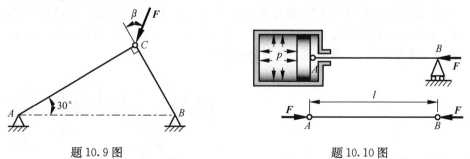

题 10.9 图　　　　　　　　　　　　　题 10.10 图

10.11 发动机连杆由 Q235 钢制成，如题 10.11 图所示。已知 $l_1=2\text{m}$，$l_2=1.7\text{m}$，$b=30\text{mm}$，$h=60\text{mm}$，材料的弹性模量 $E=210\text{GPa}$。规定的稳定安全因数 $n_{st}=3.0$，试确定最大工作压力 F。

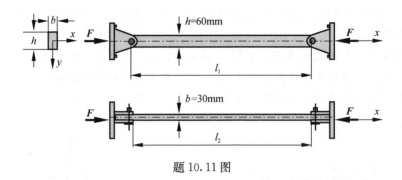

题 10.11 图

10.12 悬臂梁 AB 用一根外径 $D=40\text{mm}$ 和内径 $d=30\text{mm}$ 的钢管 BC 支撑,梁和钢管的材料均为 Q235。当一个重 250N 的块体 Q 从 $h=8\text{mm}$ 的高度落到 B 点(题 10.12 图),试校核压杆 BC 的稳定性。已知 $a=3\text{m}$,$b=2\text{m}$,梁 AB 的惯性矩 $I=2450\text{cm}^4$,材料的弹性模量 $E=200\text{GPa}$,规定的稳定安全因数 $n_{st}=2.8$。(提示:本题待学习动载荷一章后,再行求解)

10.13 题 10.13 图所示构架,AB 为刚性杆,AC、BD、BE 均为细长杆,且它们的材料、横截面均相同,横截面面积为 A,惯性矩为 I,力 F 作用于 AB 杆的中点。设材料的弹性模量为 E,稳定安全因数 $n_{st}=3$,求许可载荷 $[F]$。

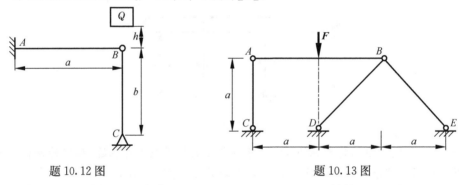

题 10.12 图   题 10.13 图

10.14 钢杆的尺寸、受力和支座情况如题 10.14 图所示。已知材料的比例极限 $\sigma_p=200\text{MPa}$,屈服极限 $\sigma_s=240\text{MPa}$,弹性模量 $E=200\text{GPa}$,直线公式的系数 $a=304\text{MPa}$,$b=1.12\text{MPa}$。试求其工作安全系数。

10.15 题 10.15 图所示结构 ABC 为矩形截面杆,$b=60\text{mm}$,$h=100\text{mm}$,$l=4\text{m}$,BD 为圆截面杆,$d=60\text{mm}$,两杆材料均为 Q235 钢,$E=200\text{GPa}$,$\sigma_p=200\text{MPa}$,均布载荷 $q=1\text{kN/m}$,稳定安全系数 $n_{st}=3$。试校核 BD 杆的稳定性。

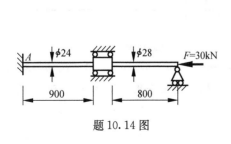

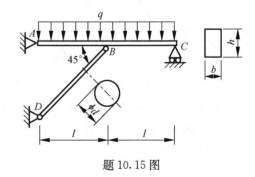

题 10.14 图   题 10.15 图

第 11 章 能 量 法

11.1 能量法的概念

可变形弹性固体在载荷作用下发生变形,外力作用点沿其作用方向发生位移,外力因而对弹性体做功;另一方面,弹性体因受力变形而积蓄应变能。由功能原理可知,弹性体内积蓄的应变能 V_ε 等于载荷所做的功 W,即

$$V_\varepsilon = W \tag{11.1}$$

利用功能原理分析弹性体变形和内力的方法,称为能量法。

11.2 应变能的计算

考虑以静载方式施加载荷,即从零逐渐加载到 F。当材料处于线弹性范围,且在小变形的条件下,载荷和相应的位移呈线性关系。若在加载过程中,载荷为 F 时对应的位移为 Δ,则当载荷增加 $\mathrm{d}F$ 时,相应的位移增量为 $\mathrm{d}\Delta$,如图 11.1 所示,于是作用在弹性体上的载荷 F,因位移 $\mathrm{d}\Delta$ 而做功

$$\mathrm{d}W = F\mathrm{d}\Delta$$

当载荷从零增加到 F,位移从零增加到 Δ 时,外力所做的功为

$$W = \int_0^\Delta F\mathrm{d}\Delta = \frac{1}{2}F\Delta$$

不考虑加载过程中的能量损耗,此功将全部转变为弹性体的应变能 V_ε,于是有

$$V_\varepsilon = W = \frac{1}{2}F\Delta \tag{11.2}$$

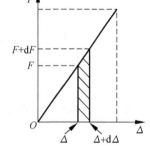

图 11.1

式中,F 为广义力,或为集中力,或为集中力偶;Δ 为相应于该广义力的广义位移,或为线位移,或为角位移。

因此,杆件在轴向拉压、扭转、平面弯曲等基本变形情况下的应变能表达式均可由式(11.2)导出。考虑杆件仅受轴向拉压、扭转、平面弯曲等基本变形,其微段受力如图 11.2 所示,它们的应变能计算如下。

1.轴向拉压应变能

当微段上仅受轴力 $F_\mathrm{N}(x)$ 作用,其引起的两端截面相对线位移为 $\mathrm{d}(\Delta l)$(图 11.2(a)),则微段的应变能为

$$\mathrm{d}V_\varepsilon = \frac{1}{2}F_\mathrm{N}(x)\mathrm{d}(\Delta l)$$

将 $\mathrm{d}(\Delta l) = \dfrac{F_\mathrm{N}(x)\mathrm{d}x}{EA}$ 代入上式,并沿整个杆积分,可求得轴向拉(压)杆的应变能为

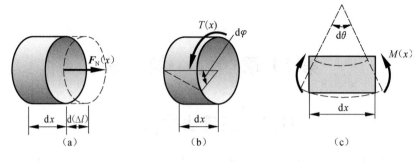

图 11.2

$$V_\varepsilon = \int_l \frac{F_N^2(x)\,\mathrm{d}x}{2EA} \tag{11.3}$$

如果杆件的轴力 F_N 为常数且为等直杆,则式(11.3)简化为

$$V_\varepsilon = \frac{F_N^2 l}{2EA} \tag{11.4}$$

2. 扭转应变能

若微段上仅受扭矩 $T(x)$ 作用,其引起的两端截面相对扭转角为 $\mathrm{d}\varphi$(图 11.2(b)),则微段的应变能为

$$\mathrm{d}V_\varepsilon = \frac{1}{2}T(x)\,\mathrm{d}\varphi$$

将 $\mathrm{d}\varphi = \dfrac{T(x)\,\mathrm{d}x}{GI_p}$ 代入上式,并沿整个杆积分,可求得圆杆扭转时的应变能为

$$V_\varepsilon = \int_l \frac{T^2(x)\,\mathrm{d}x}{2GI_p} \tag{11.5}$$

如果等直扭转圆杆的扭矩 T 为常数,则式(11.5)简化为

$$V_\varepsilon = \frac{T^2 l}{2GI_p} \tag{11.6}$$

3. 弯曲应变能

若微段上仅受弯矩 $M(x)$ 作用,由其引起的两端截面相对转角为 $\mathrm{d}\theta$(图 11.2(c)),则微段的应变能为

$$\mathrm{d}V_\varepsilon = \frac{1}{2}M(x)\,\mathrm{d}\theta$$

将 $\mathrm{d}\theta = \dfrac{M(x)\,\mathrm{d}x}{EI}$ 代入上式,并沿整个梁积分,可求得梁弯曲时的应变能为

$$V_\varepsilon = \int_l \frac{M^2(x)\,\mathrm{d}x}{2EI} \tag{11.7}$$

这里忽略了弯曲剪切应变能。当剪切应变能不能略去时,需由下式计算梁的应变能

$$V_\varepsilon = \int_l \frac{M^2(x)\,\mathrm{d}x}{2EI} + \int_l \frac{kF_s^2(x)}{2GA}\,\mathrm{d}x \tag{11.8}$$

式(11.8)等号右边的第二项是弯曲剪切应变能。其中,k 为修正系数,其数值与截面形状有关。对于矩形截面,$k=1.2$;对于圆形截面,$k=10/9$;对于薄壁圆环截面,$k=2$;对于工字形截面,$k=A/A_1$(A_1 为腹板面积)。

如果等截面梁发生纯弯曲变形,则式(11.7)简化为

$$V_\varepsilon = \frac{M^2 l}{2EI} \qquad (11.9)$$

【例 11.1】 比较图 11.3 所示的圆截面简支梁的弯曲应变能和剪切应变能。已知梁截面的抗弯刚度为 EI。

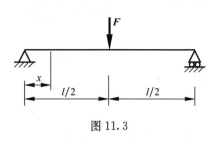

图 11.3

解 在左半段任意 x 截面处,$M(x) = \frac{Fx}{2}$,利用对称性,可得弯矩引起的弯曲应变能为

$$V_\varepsilon^M = 2\int_0^{l/2} \frac{M^2(x)\mathrm{d}x}{2EI} = 2\int_0^{l/2} \left(\frac{Fx}{2}\right)^2 \frac{\mathrm{d}x}{2EI} = \frac{F^2 l^3}{96EI}$$

剪力引起的弯曲应变能为

$$V_\varepsilon^{F_S} = 2\int_0^{l/2} \frac{kF_S^2}{2GA}\mathrm{d}x = \frac{k}{GA}\int_0^{l/2} \left(\frac{F}{2}\right)^2 \mathrm{d}x = \frac{kF^2 l}{8GA}$$

二者之比为

$$\frac{V_\varepsilon^{F_S}}{V_\varepsilon^M} = \frac{kF^2 l}{8GA}\frac{96EI}{F^2 l^3} = \frac{12kEI}{GAl^2} = \frac{12k}{l^2}\frac{I}{A}\frac{E}{G}$$

对于圆截面梁,有 $k = \frac{10}{9}$,$\frac{I}{A} = \frac{d^2}{16}$。考虑各向同性线弹性材料,有 $G = \frac{E}{2(1+\mu)}$。于是

$$\frac{V_\varepsilon^{F_S}}{V_\varepsilon^M} = \frac{5(1+\mu)}{3}\left(\frac{d}{l}\right)^2$$

若泊松比 μ 取为 0.3,当 $d/l = 0.5$ 时,有 $V_\varepsilon^{F_S}/V_\varepsilon^M = 0.5417$;当 $d/l = 0.1$ 时,有 $V_\varepsilon^{F_S}/V_\varepsilon^M = 0.0217$。可见,只有对短梁才应考虑弯曲剪切应变能,而对长梁可忽略不计。尽管上述结论是由圆截面梁得到的,但适用于任何截面形状的梁。

因此,在横力弯曲情况下,剪力引起的剪切应变能与弯矩引起的弯曲应变能相比很小,通常不予考虑。

杆件在线弹性、小变形条件下产生组合变形时,各基本变形的内力只在其自身基本变形上做功。因此,一般情况下杆件的应变能为

$$V_\varepsilon = \int_l \frac{F_N^2(x)\mathrm{d}x}{2EA} + \int_l \frac{T^2(x)\mathrm{d}x}{2GI_p} + \int_l \frac{M^2(x)\mathrm{d}x}{2EI} \qquad (11.10)$$

显然,应变能是内力的二次齐次式,由胡克定律可知,应变能也是位移的二次齐次式,因此,叠加原理不再适用。

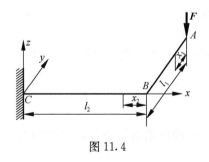

图 11.4

【例 11.2】 图 11.4 所示的位于水平面 x-y 内的圆截面刚架,自由端 A 受垂直于水平面的铅垂集中力 F 作用。试计算自由端 A 点的铅垂位移 δ_A。

解 AB 段的弯矩方程 $M(x_1)$ 和扭矩方程 $T(x_1)$ 为

$$M(x_1) = -Fx_1, \quad T(x_1) = 0$$

BC 段的弯矩方程 $M(x_2)$ 和扭矩方程 $T(x_2)$ 为

$$M(x_2) = -Fx_2, \quad T(x_2) = -Fl_1$$

因此,弯扭组合变形情况下,刚架内的总应变能为

$$V_\varepsilon = \int_0^{l_1} \left[\frac{M^2(x_1)}{2EI} + \frac{T^2(x_1)}{2GI_p} \right] dx_1 + \int_0^{l_2} \left[\frac{M^2(x_2)}{2EI} + \frac{T^2(x_2)}{2GI_p} \right] dx_2$$

$$= \int_0^{l_1} \left[\frac{(-Fx_1)^2}{2EI} + \frac{0}{2GI_p} \right] dx_1 + \int_0^{l_2} \left[\frac{(-Fx_2)^2}{2EI} + \frac{(-Fl_1)^2}{2GI_p} \right] dx_2$$

$$= \frac{F^2(l_1^3 + l_2^3)}{6EI} + \frac{F^2 l_1^2 l_2}{2GI_p}$$

外力功为

$$W = \frac{1}{2} F \delta_A$$

由功能原理 $W = V_\varepsilon$，可得

$$\delta_A = \frac{F(l_1^3 + l_2^3)}{3EI} + \frac{F l_1^2 l_2}{GI_p}$$

求得的铅垂位移 δ_A 为正，表明位移实际发生的方向与图 11.4 中铅垂集中力 F 的方向一致。

11.3　互 等 定 理

图 11.5(a)所示的线弹性简支梁，在 C_1 和 C_2 点上作用有两个广义力，外力缓慢地由零逐渐增加到最终值，外力所做的功将完全转变为储存在梁内的应变能。广义力的最终值分别记为 F_1 和 F_2，对应的广义位移的最终值分别记为 δ_1 和 δ_2。

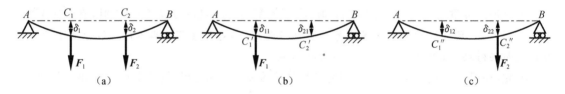

图 11.5

类似地，当简支梁仅有 F_1 作用，其引起的 C_1 点沿 F_1 作用方向的位移记为 δ_{11}，C_2 点沿 F_2 作用方向的位移记为 δ_{21}，如图 11.5(b)所示。当简支梁仅有 F_2 作用，引起的 C_1 点沿 F_1 作用方向的位移记为 δ_{12}，C_2 点沿 F_2 作用方向的位移记为 δ_{22}，如图 11.5(c)所示。这里，δ_{ij} 代表弹性变形体仅受广义力 F_j 作用时，广义力 F_i 作用点沿其作用方向的广义位移。

由叠加原理，在 F_1 和 F_2 共同作用下，C_1 和 C_2 点的广义位移分别为

$$\delta_1 = \delta_{11} + \delta_{12}, \quad \delta_2 = \delta_{21} + \delta_{22} \tag{a}$$

考虑两种加载次序。

第一种加载次序：先加 F_1 后加 F_2（图 11.6(a)）。先施加的 F_1 引起位移 δ_{11} 和 δ_{21}，此时结构上仅有 F_1 作用（图 11.6(b)和(c)），故只有 F_1 做功

$$W_{11} = \frac{1}{2} F_1 \delta_{11} \tag{b}$$

然后，把 F_2 施加于已作用有 F_1 的变形后的梁上，引起 F_1 和 F_2 的作用点沿着各自的作用方向产生位移 δ_{12} 和 δ_{22}。故 F_2 所做的功为（图 11.6(c)）

$$W_{22} = \frac{1}{2} F_2 \delta_{22} \tag{c}$$

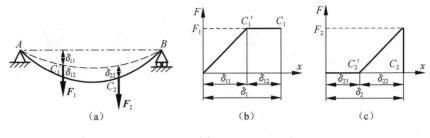

图 11.6

在 F_2 施加过程中 F_1 为恒定值,因此 F_1 所做的功为(图 11.6(b))

$$W_{12} = F_1\delta_{12} \tag{d}$$

由功能原理,梁的应变能为

$$V_\epsilon = W_{11} + W_{12} + W_{22} = \frac{1}{2}(F_1\delta_{11} + 2F_1\delta_{12} + F_2\delta_{22}) \tag{e}$$

第二种加载次序:先加 F_2 后加 F_1(图 11.7)。同理,可得梁的应变能为

$$V'_\epsilon = \frac{1}{2}(F_1\delta_{11} + 2F_2\delta_{21} + F_2\delta_{22}) \tag{f}$$

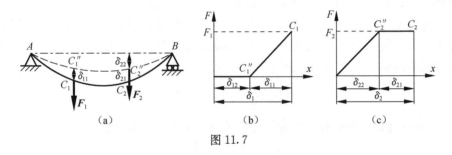

图 11.7

在线弹性、小变形范围内,弹性体的应变能只取决于外力和变形的最终数值,而与力的加载次序无关,即 $V_\epsilon = V'_\epsilon$。因此,有

$$F_1\delta_{12} = F_2\delta_{21} \tag{11.11}$$

式(11.11)表明,作用于线弹性结构上的两个广义力,第一个力在第二个力引起的位移上所做的功,等于第二个力在第一个力引起的位移上所做的功。这就是**功的互等定理**。

当 $F_1 = F_2 = F$ 时,可得

$$\delta_{12} = \delta_{21} \tag{11.12}$$

式(11.12)表明,作用于线弹性结构上的大小相同的两个广义力 F_1 和 F_2,F_1 单独作用下引起的 F_2 作用点处沿 F_2 作用方向的广义位移,在数值上等于在 F_2 单独作用下引起的 F_1 作用点处沿 F_1 作用方向的广义位移。这就是**位移互等定理**。

【例 11.3】 图 11.8 所示悬臂梁,跨中作用力 F 时,B 截面的转角 $\theta_B = \dfrac{Fl^2}{16EI}$。试求在 B 截面作用力偶 M 时,C 截面的挠度 w_C。

解 根据功的互等定理,有

$$Fw_C = M\theta_B$$

即力 F 在力偶 M 所产生的位移上所做的功,等于力偶 M 在力 F 所产生的位移(角位移)上所

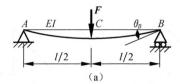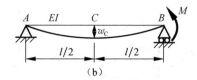

图 11.8

做的功。把 θ_B 的表达式代入后,可解得

$$w_C = \frac{Ml^2}{16EI}$$

挠度 w_C 的符号为正,表明其方向与图 11.8(a)中力 F 的方向一致。

11.4　卡 氏 定 理

　　考虑线弹性结构上作用一个广义力,广义力的最终值为 $F_1 + dF_1$,对应的广义位移的最终值为 $\delta_1 + d\delta_1$,这里 dF_1 和 $d\delta_1$ 是各自的微小增量。现按两种不同的加载次序将广义力作用于线弹性结构上,分别计算应变能的增量,并由此导出卡氏定理。

　　第一种加载次序:先加 F_1,后加微小增量 dF_1。在小变形、线弹性条件下,位移与外力之间成正比关系。因此,如果广义力按比例由零逐渐增加到最终值,则对应的广义位移也将按比例逐渐增加到最终值。广义力 F_1 加载过程中所做的功为

$$W = \frac{1}{2}F_1\delta_1 = f(F_1)$$

由功能原理,线弹性结构内储存的应变能可表示为广义力 F_1 的函数

$$V_\varepsilon = W = f(F_1)$$

于是,后继施加的 dF_1 引起的应变能改变量,可用如下微分关系表示

$$dV_\varepsilon = \frac{\partial V_\varepsilon}{\partial F_1}dF_1$$

线弹性结构内的总应变能,等于两步加载积累的应变能之和,即

$$V_{\varepsilon 1} = \frac{1}{2}F_1\delta_1 + \frac{\partial V_\varepsilon}{\partial F_1}dF_1$$

　　第二种加载次序:先加微小力 dF_1,后加 F_1。微小力 dF_1 作用于线弹性结构上后,应变能增加量为

$$dV'_\varepsilon = \frac{1}{2}dF_1 d\delta_1$$

在后继施加的 F_1 的加载过程中,不但 F_1 做功,已经作用于结构上的微小力 dF_1 也将由于其作用点位置的变化而做功。因此,结构内的总应变能为

$$V_{\varepsilon 2} = \frac{1}{2}dF_1 d\delta_1 + \frac{1}{2}F_1\delta_1 + dF_1\delta_1$$

　　由于外力做功与加载次序和加载方式无关,所做总功只取决于广义力和广义位移的最终值。因此,两种加载方式下结构内积累的应变能相等。令 $V_{\varepsilon 1} = V_{\varepsilon 2}$,略二阶微量,化简后得到

$$\delta_1 = \frac{\partial V_\varepsilon}{\partial F_1} \tag{11.13}$$

以上结果可以推广到任意多个广义力的情况,即

$$\delta_k = \frac{\partial V_\varepsilon}{\partial F_k} \tag{11.14}$$

式(11.14)表明,**线弹性结构的应变能对于其上某一广义力的变化率,等于与该广义力相应的广义位移**。这就是卡氏定理,它适用于线弹性结构。注意到这里的 δ_k 是与广义力 F_k 相对应的广义位移,即如果 F_k 是一个集中力,则 δ_k 是与 F_k 相对应的线位移;如果 F_k 是一个集中力偶,则 δ_k 是与 F_k 相对应的转角;如果 F_k 是一对集中力,则 δ_k 是与 F_k 相对应的相对线位移;如果 F_k 是一对集中力偶,则 δ_k 是与 F_k 相对应的相对转角。各种基本变形情况下,卡氏定理应用式如下。

(1)轴向拉压杆

$$\delta_i = \int_l \frac{F_N(x)}{EA} \frac{\partial F_N(x)}{\partial F_i} \mathrm{d}x \tag{11.15}$$

(2)桁架结构

$$\delta_i = \sum_{j=1}^{n} \frac{F_{Nj} l_j}{E_j A_j} \frac{\partial F_{Nj}}{\partial F_i} \tag{11.16}$$

(3)扭转圆轴

$$\delta_i = \int_l \frac{T(x)}{GI_p} \frac{\partial T(x)}{\partial F_i} \mathrm{d}x \tag{11.17}$$

(4)平面弯曲梁

$$\delta_i = \int_l \frac{M(x)}{EI} \frac{\partial M(x)}{\partial F_i} \mathrm{d}x \tag{11.18}$$

【**例 11.4**】 图 11.9 所示外伸梁,自由端 A 受集中力作用。梁的抗弯刚度为 EI,试求 A 截面的铅垂位移。

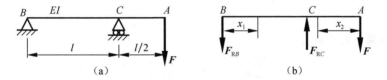

图 11.9

解 外伸梁的受力简图如图 11.9(b)所示,由平衡方程,求得

$$F_{RC} = \frac{3F}{2}, \quad F_{RB} = \frac{F}{2}$$

外伸梁 AB 各段的弯矩方程及其对 F 的偏导数如下:

BC 段

$$M(x_1) = -\frac{F}{2} x_1, \quad \frac{\partial M(x_1)}{\partial F} = -\frac{1}{2} x_1$$

CA 段

$$M(x_2) = -F x_2, \quad \frac{\partial M(x_2)}{\partial F} = -x_2$$

根据卡氏定理，A 截面的铅垂位移为

$$\Delta_A = \int_0^l -\frac{Fx_1}{2EI}\left(-\frac{x_1}{2}\right)\mathrm{d}x_1 + \int_0^{l/2} -\frac{Fx_2}{EI}(-x_2)\mathrm{d}x_2 = \frac{Fl^3}{8EI}$$

所求线位移为正，说明其方向与力 F 的指向一致。

【例 11.5】 已知平面桁架受力如图 11.10 所示，两杆的抗拉（抗压）刚度 EA 相同。试求铰 B 的水平位移与铅垂位移。

解 根据卡氏定理的表达式，在计算结构某处的位移时，该处应有与所求位移相应的外力作用。因此，为了计算水平位移 Δ_{Bx}，在铰 B 上虚设一个水平方向的集中力 Q（图 11.10(b)）。

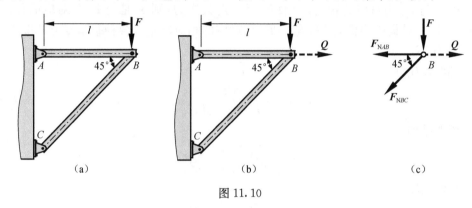

图 11.10

将杆 AB 和 BC 截开，作受力图 11.10(c)。由平衡方程 $\sum F_y = 0$，求得杆 BC 的轴力为

$$F_{NBC} = -\sqrt{2}F$$

其对 F 和 Q 的偏导数分别为

$$\frac{\partial F_{NBC}}{\partial F} = -\sqrt{2}, \quad \frac{\partial F_{NBC}}{\partial Q} = 0$$

由平衡方程 $\sum F_x = 0$，求得杆 AB 的轴力为

$$F_{NAB} = F + Q$$

其对 F 和 Q 的偏导数分别为

$$\frac{\partial F_{NAB}}{\partial F} = 1, \quad \frac{\partial F_{NAB}}{\partial Q} = 1$$

在应用卡氏定理时，令虚设的集中力 Q 等于零。于是，铰 B 的水平位移为

$$\Delta_{Bx} = \frac{-\sqrt{2}F}{EA} \times 0 \times \sqrt{2}l + \frac{F}{EA} \times 1 \times l = \frac{Fl}{EA}$$

铰 B 的铅垂位移为

$$\Delta_{By} = \frac{-\sqrt{2}F}{EA} \times (-\sqrt{2}) \times \sqrt{2}l + \frac{F}{EA} \times 1 \times l = (1 + 2\sqrt{2})\frac{Fl}{EA}$$

【例 11.6】 线弹性外伸梁受力如图 11.11(a)所示，抗弯刚度 EI 为常数。求梁截面 C 和 D 的挠度。

解 为了区分用同一符号表示的两个集中力，用 F_1 替代作用于 C 截面上的集中力 F，用 F_2 替代作用于 D 截面上的集中力 F（图 11.11(b)）。由平衡方程 $\sum M_B = 0$，求得 A 支座反力

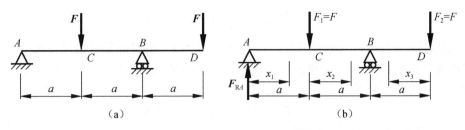

图 11.11

$$F_{RA} = \frac{F_1 - F_2}{2}$$

外伸梁各段的弯矩方程及其对 F_1 和 F_2 的偏导数如下：

AC 段

$$M(x_1) = \frac{F_1 - F_2}{2} x_1, \quad \frac{\partial M(x_1)}{\partial F_1} = \frac{x_1}{2}, \quad \frac{\partial M(x_1)}{\partial F_2} = -\frac{x_1}{2}$$

BC 段

$$M(x_2) = \frac{F_1 - F_2}{2}(a + x_2) - F_1 x_2, \quad \frac{\partial M(x_2)}{\partial F_1} = \frac{a - x_2}{2}, \quad \frac{\partial M(x_2)}{\partial F_2} = -\frac{a + x_2}{2}$$

BD 段

$$M(x_3) = -F_2 x_3, \quad \frac{\partial M(x_3)}{\partial F_1} = 0, \quad \frac{\partial M(x_3)}{\partial F_2} = -x_3$$

在应用卡氏定理时，用 F 替换 F_1 和 F_2。于是，C 截面的挠度为

$$w_C = \int_0^a \frac{-Fx_2}{EI} \frac{a - x_2}{2} \mathrm{d}x_2 = \frac{-Fa^3}{12EI}$$

D 截面的挠度为

$$w_D = \int_0^a \frac{-Fx_2}{EI} \frac{-(a + x_2)}{2} \mathrm{d}x_2 + \int_0^a \frac{-Fx_3}{EI} (-x_3) \mathrm{d}x_3 = \frac{3Fa^3}{4EI}$$

11.5　虚　功　原　理

外力作用下的弹性体，其各材料点的空间位置在加载过程中不断改变，最终位置相对于初始位置的改变量称为弹性体的真实位移。真实位移必须满足位移约束条件、变形协调方程、物理关系和静力平衡方程。外力在真实位移上所做的功称为实功。

若已知弹性体的某位移满足位移约束条件和变形协调方程，但不确定是否满足物理关系和静力平衡方程，则把这类位移称为变形可能位移，它与外力没有必然的因果关系。在给定时刻，某一变形可能位移的任何无穷小扰动，称为弹性体在该时刻的虚位移。虚位移实际上是一个不一定发生的假想的任意微小位移，但它必须满足位移约束条件和变形协调方程。虚位移不会对原有外力的效应产生任何影响，因此受力分析时仍可用杆件的初始位置和尺寸。外力在虚位移上所做的功称为虚功。

以 F_i 和 $q_j(x)$ 分别表示杆件上的广义集中力和广义分布力，以 u_i^* 和 $u_j^*(x)$ 分别表示对应的虚位移，由于在虚位移中外力保持不变，故外力所做总虚功为

$$W_{\text{ext}} = \sum_i F_i u_i^* + \sum_j \int q_j(x) u_j^*(x) \mathrm{d}x \tag{a}$$

一般情况下,杆件微段的虚变形可以分解成:由轴力 F_N 引起的相对轴向位移 $\mathrm{d}(\Delta l)^*$、由弯矩 M 引起的相对转角 $\mathrm{d}\theta^*$、由扭矩 T 引起的相对扭转角 $\mathrm{d}\varphi^*$(图 11.12)。则在组合变形情况下,内力在虚变形上所做的虚功为

$$\mathrm{d}W_{\text{int}} = F_N \mathrm{d}(\Delta l)^* + M\mathrm{d}\theta^* + T\mathrm{d}\varphi^* \tag{b}$$

积分式(b),可得整个杆件上的内力所做虚功

$$W_{\text{int}} = \int F_N \mathrm{d}(\Delta l)^* + \int M\mathrm{d}\theta^* + \int T\mathrm{d}\varphi^* \tag{c}$$

可以证明,内力表示的虚功等于外力表示的虚功,故有

$$\sum_i F_i u_i^* + \sum_j \int q_j(x) w_j^*(x) \mathrm{d}x = \int F_N \mathrm{d}(\Delta l)^* + \int M\mathrm{d}\theta^* + \int T\mathrm{d}\varphi^* \tag{11.19}$$

上式表明,在虚位移中,外力所做虚功等于内力在相应虚变形上所做虚功。这就是虚功原理。

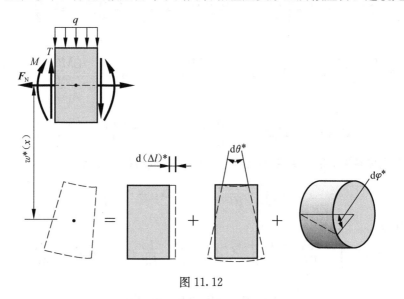

图 11.12

在导出变形体的虚功原理时,没有限定内力和变形之间的关系,即没有涉及任何材料性质。因此,虚功原理既适用于线弹性材料,也适用于非线性材料。此外,虚功原理没有限定外力与位移的关系,故而可用于分析几何非线性问题。

11.6　单位载荷法

利用虚功原理可以建立求杆件或杆系结构某点位移的一般方法——单位载荷法。如图 11.13 所示的线弹性杆件上作用真实广义力系 $F_1, F_2, \cdots, F_n$,若从杆件上任意截取 $\mathrm{d}x$ 微段,一般情况下,真实广义力系作用下微段两端截面上的内力有轴力 F_N、扭矩 T 和弯矩 M,相应的实际变形分别为 $\mathrm{d}(\Delta l)$、$\mathrm{d}\varphi$ 和 $\mathrm{d}\theta$。为了计算任意 A 点沿任意方向 a-a 的线位移 Δ,可以假想在 A 点施加一个对应于 Δ 的单位力,则只有单位力作用时上述微段 $\mathrm{d}x$ 两端截面上的内力可记为轴力 $\overline{F}_N$、扭矩 $\overline{T}$ 和弯矩 $\overline{M}$。以真实广义力系引起的位移作为虚位移,则单位力在位移

Δ 上所做的虚功为

$$W_{\text{ext}} = 1 \times \Delta$$

而轴力 $\overline{F}_{\text{N}}$、扭矩 $\overline{T}$ 和弯矩 $\overline{M}$ 在虚变形(实际上是真实变形)$\mathrm{d}(\Delta l)$、$\mathrm{d}\varphi$ 和 $\mathrm{d}\theta$ 上做内力虚功,由虚功原理可得

$$1 \times \Delta = \int \overline{F}_{\text{N}}(x)\mathrm{d}(\Delta l) + \int \overline{T}(x)\mathrm{d}\varphi + \int \overline{M}(x)\mathrm{d}\theta \tag{11.20}$$

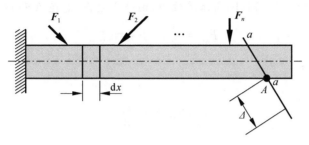

图 11.13

若材料是线弹性的,则虚变形(实际是真实变形)可表示为

$$\mathrm{d}(\Delta l) = \frac{F_{\text{N}}(x)\mathrm{d}x}{EA}, \quad \mathrm{d}\varphi = \frac{T(x)\mathrm{d}x}{GI_{\text{p}}}, \quad \mathrm{d}\theta = \frac{M(x)\mathrm{d}x}{EI}$$

代入式(11.20),得到

$$\Delta = \int \frac{F_{\text{N}}(x)\overline{F}_{\text{N}}(x)\mathrm{d}x}{EA} + \int \frac{T(x)\overline{T}(x)\mathrm{d}x}{GI_{\text{p}}} + \int \frac{M(x)\overline{M}(x)\mathrm{d}x}{EI} \tag{11.21}$$

式(11.21)即为用单位载荷法求解组合变形下线弹性结构位移的计算公式,称为莫尔定理,式中的积分则称为**莫尔积分**。在实际受力杆件横截面上,轴力、扭矩和弯矩不一定同时存在。因此,应用单位载荷法时,应根据具体问题确定非零的内力分量。

【例 11.7】 图 11.14 所示简支梁,材料为线弹性,抗弯刚度为 EI。计算 B 截面的挠度。

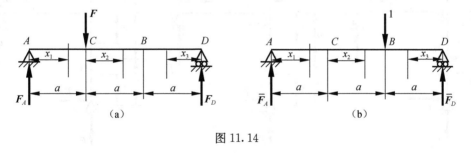

图 11.14

解 (1)如图 11.14(a)所示,由平衡方程,实际载荷作用下简支梁的约束反力为

$$F_A = \frac{2F}{3}, \quad F_D = \frac{F}{3}$$

各段的弯矩方程如下:

AC 段

$$M(x_1) = \frac{2Fx_1}{3}$$

CB 段

$$M(x_2) = \frac{2F}{3}(a + x_2) - Fx_2$$

BD 段

$$M(x_3) = \frac{Fx_3}{3}$$

(2)在 *B* 截面施加图 11.14(b)所示单位力,由平衡方程,支座 *A* 和 *D* 处的支反力为

$$\overline{F}_A = \frac{1}{3}, \quad \overline{F}_D = \frac{2}{3}$$

各段的弯矩方程如下:

AC 段

$$M(x_1) = \frac{x_1}{3}$$

CB 段

$$M(x_2) = \frac{1}{3}(a + x_2)$$

BD 段

$$M(x_3) = \frac{2x_3}{3}$$

(3)由莫尔定理,得 *B* 截面的挠度为

$$\Delta_B = \int_0^a \frac{x_1}{3} \frac{2Fx_1}{3EI} \mathrm{d}x_1 + \int_0^a \frac{a + x_2}{3} \frac{F(2a - x_2)}{3EI} \mathrm{d}x_2 + \int_0^a \frac{2x_3}{3} \frac{Fx_3}{3EI} \mathrm{d}x_3 = \frac{7Fa^3}{18EI}$$

【例 11.8】 刚架结构如图 11.15(a)所示,材料为线弹性,抗弯刚度为 *EI*,不考虑轴力的影响。计算 *C* 截面的转角和 *D* 截面的水平位移。

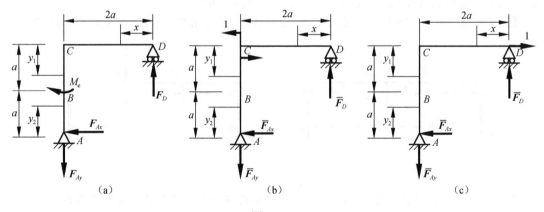

图 11.15

解 (1)如图 11.15(a)所示,由平衡方程,支座 *A* 和 *D* 处的支座反力为

$$F_{Ax} = 0, \quad F_{Ay} = F_D = \frac{M_e}{2a}$$

刚架结构各段的弯矩方程如下:

CD 段

$$M(x) = \frac{M_e}{2a}x$$

CB 段

$$M(y_1) = M_e$$

AB 段

$$M(y_2) = 0$$

(2)施加图 11.15(b)所示单位力偶,由平衡方程,支座 *A* 和 *D* 处的支座反力为

$$\overline{F}_{Ax} = 0, \quad \overline{F}_{Ay} = \overline{F}_D = -\frac{1}{2a}$$

刚架结构各段的弯矩方程如下:

CD 段

$$\overline{M}(x) = -\frac{1}{2a}x$$

CB 段

$$\overline{M}(y_1) = 0$$

AB 段

$$\overline{M}(y_2) = 0$$

(3)由莫尔定理,得 *C* 截面的转角为

$$\theta_C = \int_0^{2a} -\frac{x}{2a}\frac{1}{EI}\frac{M_e x}{2a}\mathrm{d}x = -\frac{2M_e a}{3EI}$$

(4)施加图 11.15(c)所示单位力,由平衡方程,支座 *A* 和 *D* 处的支座反力为

$$\overline{F}_{Ax} = 1, \quad \overline{F}_{Ay} = \overline{F}_D = 1$$

刚架结构各段的弯矩方程如下:

CD 段

$$\overline{M}(x) = x$$

CB 段

$$\overline{M}(y_1) = 2a - y_1$$

AB 段

$$\overline{M}(y_2) = y_2$$

(5)由莫尔定理,得 *D* 截面的水平位移为

$$\Delta_{Dx} = \int_0^{2a} x \frac{1}{EI}\frac{M_e x}{2a}\mathrm{d}x + \int_0^a (2a - y_1)\frac{M_e}{EI}\mathrm{d}y_1 = \frac{17M_e a^2}{6EI}$$

【例 11.9】　抗弯刚度均为 *EI* 的静定组合梁 *ABC*,材料为线弹性。求铰 *B* 两侧截面的相对转角。

解　(1)取梁段 *BC* 为研究对象,由平衡方程,支座 *C* 处的支座反力为

$$F_C = 0$$

以组合梁 *ABC* 为研究对象,由平衡方程得到支座 *A* 处的支座反力为

$$F_A = ql, \quad M_A = \frac{1}{2}ql^2$$

组合梁各段的弯矩方程如下:

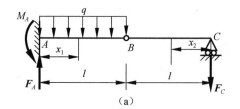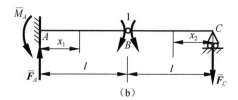

图 11.16

AB 段

$$M(x_1) = qlx_1 - \frac{1}{2}qx_1^2 - \frac{1}{2}ql^2$$

BC 段

$$M(x_2) = 0$$

(2)如图 11.16(b)所示,在铰 *B* 两侧截面上施加一对单位集中力偶,由平衡方程,支座 *A* 和 *C* 处的支反力为

$$\overline{F}_A = \frac{1}{l}, \quad \overline{M}_A = 2, \quad \overline{F}_C = \frac{1}{l}$$

组合梁各段的弯矩方程如下:

AB 段

$$\overline{M}(x_1) = \frac{x_1}{l} - 2$$

BC 段

$$\overline{M}(x_2) = -\frac{x_2}{l}$$

(3)由莫尔定理,得到 *B* 两侧截面的相对转角

$$\theta_B = \int_0^l \left(\frac{x_1}{l} - 2\right) \frac{1}{EI} \left(qlx_1 - \frac{ql^2}{2} - \frac{qx_1^2}{2}\right) \mathrm{d}x_1 = \frac{7ql^3}{24EI}$$

【**例 11.10**】　线弹性材料制成的圆截面折杆 *ABC*(∠*ABC*=90°)位于水平面内,*AB* 和 *BC* 的长度皆为 *l*,杆截面的弯曲刚度为 *EI*,扭转刚度为 2*GI*,如图 11.17(a)所示。求 *C* 截面的铅垂线位移和绕 *x* 轴的转角。

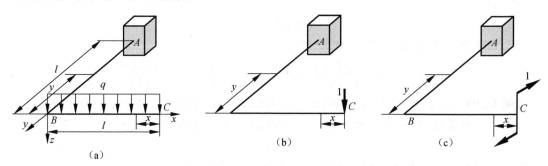

图 11.17

解　在均布载荷作用下,各段的内力方程如下:

BC 段

$$M(x) = -\frac{qx^2}{2}$$

AB 段

$$M(y) = -qly$$

AB 段

$$T(y) = -\frac{ql^2}{2}$$

如图 11.17(b)所示,在 C 截面上施加垂直向下的单位力,各段的内力方程如下:
BC 段

$$\overline{M}(x) = -x$$

AB 段

$$\overline{M}(y) = -y$$

AB 段

$$\overline{T}(y) = -l$$

由莫尔定理,C 截面的铅垂线位移

$$\Delta_C = \int_0^l -x\,\frac{-qx^2}{2EI}\mathrm{d}x + \int_0^l -y\,\frac{-qly}{EI}\mathrm{d}y + \int_0^l -l\,\frac{-ql^2}{4GI}\mathrm{d}y = \frac{11ql^4}{24EI} + \frac{ql^4}{4GI}$$

如图 11.17(c)所示,在 C 截面上施加单位集中力偶,各段的内力方程如下:
BC 段

$$\overline{M}(x) = 0$$

AB 段

$$\overline{M}(y) = 1$$

AB 段

$$\overline{T}(y) = 0$$

可得 C 截面绕 x 轴的转角为

$$\theta = \int_0^l 1 \times \frac{-qly}{EI}\mathrm{d}y = -\frac{ql^3}{2EI}$$

11.7 用能量法解超静定问题

第 7 章介绍变形协调法求解超静定问题,本章主要介绍用力法求解超静定问题的思路和方法。如图 11.18(a)所示的一次超静定梁,将 C 点的光滑铰接约束解除,并以多余未知约束力 $\boldsymbol{X}_1$ 代替,得到超静定结构的相当系统,如图 11.18(b)所示。基本静定系在 $\boldsymbol{F}$ 单独作用下,C 点沿 $\boldsymbol{X}_1$ 方向的位移为 Δ_{1F}(图 11.18(c));在 $\boldsymbol{X}_1$ 单独作用下,C 点沿 $\boldsymbol{X}_1$ 方向的位移为 Δ_{1X_1}(图 11.18(d))。显然,基本静定系在力 $\boldsymbol{F}$ 与多余未知力 $\boldsymbol{X}_1$ 联合作用下,C 截面沿 $\boldsymbol{X}_1$ 方向的位移 Δ_1 应为

$$\Delta_1 = \Delta_{1F} + \Delta_{1X_1}$$

根据上述定义,位移 Δ_{1F} 和 Δ_{1X_1} 的第一个下标"1",表示位移产生的位置和方向,即位移产生于

C 点($\boldsymbol{X}_1$ 的作用点)沿着 $\boldsymbol{X}_1$ 的作用方向;第二个下标"F"或"X_1",分别表示引起位移的作用力。由于 C 点实际上是光滑铰接约束,因而沿 $\boldsymbol{X}_1$ 方向的位移 Δ_1 应等于零,即

$$\Delta_1 = \Delta_{1F} + \Delta_{1X_1} = 0 \qquad\qquad (a)$$

这就是变形协调方程。

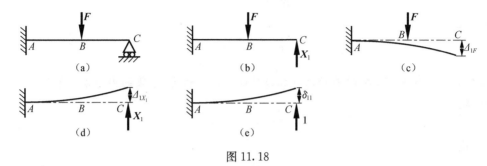

图 11.18

以单位力代替图 11.18(d)中所示的 $\boldsymbol{X}_1$,由单位力引起的沿 $\boldsymbol{X}_1$ 方向的位移记为 δ_{11}(图 11.18(e))。对于线弹性结构,Δ_{1X_1} 可表示为

$$\Delta_{1X_1} = \delta_{11} X_1 \qquad\qquad (b)$$

将式(b)代入式(a),得

$$\delta_{11} X_1 + \Delta_{1F} = 0 \qquad\qquad (11.22)$$

通过莫尔积分求得位移 δ_{11} 和 Δ_{1F} 后,多余未知力 X_1 可由式(11.22)解出。以"广义力"为基本变量求解超静定结构的方法,称为**力法**。力法适合于求解高次超静定问题。

类似地,可得到基于力法的求解 n 次超静定问题的标准形式,即

$$\left.\begin{array}{l}\delta_{11} X_1 + \delta_{12} X_2 + \cdots + \delta_{1n} X_n + \Delta_{1F} = 0 \\ \delta_{21} X_1 + \delta_{22} X_2 + \cdots + \delta_{2n} X_n + \Delta_{2F} = 0 \\ \cdots\cdots \\ \delta_{n1} X_1 + \delta_{n2} X_2 + \cdots + \delta_{nn} X_n + \Delta_{nF} = 0 \end{array}\right\} \qquad (11.23)$$

此方程一般称为力法的**正则方法**或**典型方程**。其中,X_i 为多余约束反力;Δ_{iF} 表示基本静定系在外载荷作用下,$\boldsymbol{X}_i$ 的作用点沿其作用方向的位移;δ_{ij} 表示单位力 $X_j=1$ 单独作用在基本静定系上时,$\boldsymbol{X}_i$ 的作用点沿其作用方向的位移。根据莫尔积分,有

$$\delta_{ij} \equiv \delta_{ji} = \int_l \frac{\overline{M}_i(x)\overline{M}_j(x)\mathrm{d}x}{EI} \qquad (c)$$

$$\Delta_{iF} = \int_l \frac{M(x)\overline{M}_i(x)\mathrm{d}x}{EI} \qquad (d)$$

式中,$\overline{M}_i$ 表示 $X_i=1$ 单独作用于基本静定系时引起的弯矩;M 表示只有外载荷作用时的弯矩。由莫尔积分求得 δ_{ij} 和 Δ_{iF} 后,代入式(11.23)即可解出所有的约束反力。

【例 11.11】　图 11.19 所示线弹性结构,钢梁 AC 的抗弯刚度为 EI,钢杆 AD 的抗拉(抗压)刚度为 EA。试求钢杆 AD 的轴力 F_N。

解　在无拉杆 AD 约束时,钢梁 AC 是静定外伸梁,因此图 11.19(a)所示结构是一次超静定结构。解除 D 处的铰链约束,并用多余未知力 $\boldsymbol{X}_1$ 代替,得到图 11.19(b)所示的相当系统。

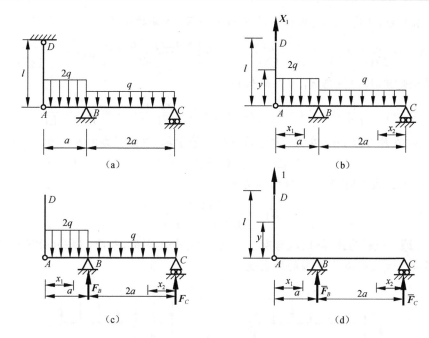

图 11.19

在均布载荷单独作用下,如图 11.19(c)所示,由平衡方程,可得支座约束反力为

$$F_B = \frac{7qa}{2}, \quad F_C = \frac{qa}{2}$$

各杆段的内力方程如下:

AD 段

$$F_N = 0$$

AB 段

$$M(x_1) = -qx_1^2$$

BC 段

$$M(x_2) = \frac{1}{2}qax_2 - \frac{1}{2}qx_2^2$$

在基本静定系上,只作用单位力 $X_1 = 1$,如图 11.19(d)所示,由平衡方程,可得支座约束反力为

$$\overline{F}_B = -\frac{3}{2}, \quad \overline{F}_C = \frac{1}{2}$$

各杆段的内力方程如下:

AD 段

$$\overline{F}_N = 1$$

AB 段

$$\overline{M}(x_1) = x_1$$

BC 段

$$\overline{M}(x_2) = \frac{x_2}{2}$$

根据莫尔积分,在均布载荷单独作用下 D 点沿 $\boldsymbol{X}_1$ 方向的位移为

$$\Delta_{1F} = \frac{0}{EA} \times 1 \times l + \int_0^a \frac{-qx_1^2}{EI}x_1\mathrm{d}x_1 + \int_0^{2a} \frac{qax_2 - qx_2^2}{2EI} \frac{x_2}{2}\mathrm{d}x_2 = -\frac{7qa^4}{12EI}$$

在 $X_1 = 1$ 单独作用时,D 点沿 $\boldsymbol{X}_1$ 方向的位移为

$$\delta_{11} = \frac{1}{EA} \times 1 \times l + \int_0^a \frac{x_1}{EI}x_1\mathrm{d}x_1 + \int_0^{2a} \frac{x_2}{2EI} \frac{x_2}{2}\mathrm{d}x_2 = \frac{l}{EA} + \frac{a^3}{EI}$$

实际上,受到铰支座约束 D 点在 $\boldsymbol{X}_1$ 方向的位移应等于零,即变形协调方程为

$$\Delta_1 = \delta_{11}X_1 + \Delta_{1F} = 0$$

把 δ_{11} 和 Δ_{1F} 代入上式,解得钢杆 AD 的轴力为

$$X_1 = \frac{7qa^4A}{12(Il + Aa^3)}$$

【例 11.12】 材料为线弹性,抗弯刚度为 EI 的超静定刚架,如图 11.20(a)所示,不计轴力和剪力的影响。试求刚架 A 支座的约束反力。

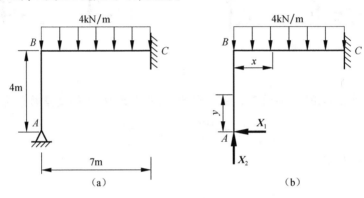

图 11.20

解　刚架 A 端铰接,C 端是固定端,是二次超静定问题。解除固定铰支座 A,以多余水平力 $\boldsymbol{X}_1$ 和铅垂力 $\boldsymbol{X}_2$ 代替,由此得到如图 11.20(b)所示的相当系统。主动力和多余约束力联合作用下,A 点沿 $\boldsymbol{X}_i$ 方向的位移应为

$$\begin{cases} \Delta_1 = \delta_{11}X_1 + \delta_{12}X_2 + \Delta_{1F} \\ \Delta_2 = \delta_{21}X_1 + \delta_{22}X_2 + \Delta_{2F} \end{cases}$$

由于曲杆的 A 端是固定铰接,A 点的水平位移 Δ_1 和铅垂位移 Δ_2 应为零,所以

$$\begin{cases} \Delta_1 = \delta_{11}X_1 + \delta_{12}X_2 + \Delta_{1F} = 0 \\ \Delta_2 = \delta_{21}X_1 + \delta_{22}X_2 + \Delta_{2F} = 0 \end{cases}$$

只有均布载荷作用在基本静定系上时,各段的弯矩方程如下:

AB 段

$$M(y) = 0$$

BC 段

$$M(x) = -2x^2$$

只有单位力 $X_1 = 1$ 作用在基本静定系上时,各段的弯矩方程如下:

AB 段

$$\overline{M}(y) = y$$

BC 段

$$\overline{M}(x) = 4$$

只有单位力 $X_2 = 1$ 作用在基本静定系上时,各段的弯矩方程如下:

AB 段

$$\overline{M}(y) = 0$$

BC 段

$$\overline{M}(x) = x$$

根据莫尔积分,有

$$\Delta_{1F} = \frac{1}{EI}\int_0^7 (-2x^2)4\mathrm{d}x = -\frac{2744}{3EI}$$

$$\Delta_{2F} = \frac{1}{EI}\int_0^7 (-2x^2)x\mathrm{d}x = -\frac{2401}{2EI}$$

$$\delta_{11} = \frac{1}{EI}\left(\int_0^4 y^2\mathrm{d}y + \int_0^7 16\mathrm{d}x\right) = \frac{400}{3EI}$$

$$\delta_{12} = \delta_{21} = \frac{1}{EI}\int_0^7 4x\mathrm{d}x = \frac{98}{EI}$$

$$\delta_{22} = \frac{1}{EI}\int_0^7 x^2\mathrm{d}x = \frac{343}{3EI}$$

把 δ_{ij} 和 Δ_{iF} 代入正则方程,化简后可得

$$X_1 = -2.32\mathrm{kN}, \quad X_2 = 12.49\mathrm{kN}$$

工程实际的很多结构及其载荷具有对称性。所谓对称结构,是指结构的几何形状、支撑条件和各杆的刚度都对称于某一轴线(图 11.21(a))。所谓对称载荷,则指作用于对称结构上的外载荷的作用位置、大小和方向也关于同一轴线对称,如图 11.21(a)中的集中力 F_1。如果载荷的作用位置和大小对称,而方向是反对称的,则为反对称载荷,如图 11.21(a)中的集中力 F_2。同样,杆件的内力也可以分成对称的和反对称的。以图 11.21(b)所示的对称截面上作用的内力(轴力 F_N、剪力 F_S 和弯矩 M)为例,类比于外载荷的分类,显然轴力 F_N 和弯矩 M 是对称的,剪力 F_S 是反对称的。

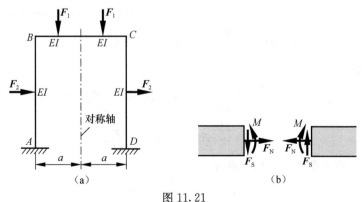

图 11.21

对于超静定对称结构,在对称载荷作用下,结构的内力和变形是对称的,反对称多余约束反力为零;在反对称载荷作用下,结构的内力和变形是反对称的,对称多余约束反力为零。由此不难得到,**对称载荷作用时对称截面上的反对称内力为零**(图 11.21(b)所示的剪力 $\boldsymbol{F}_\mathrm{S}$),**反对称载荷作用时对称截面上的对称内力为零**(图 11.21(b)所示的轴力 $\boldsymbol{F}_\mathrm{N}$ 和弯矩 M)。如果作用于对称结构上的载荷既不是对称的也不是反对称的,但是能够转化为对称载荷与反对称载荷的线性叠加,则仍可分别利用对称载荷与反对称载荷的上述性质。

【例 11.13】 图 11.22(a)所示等截面圆环,在其铅垂直径 AB 的两端,沿直径作用方向相反的一对集中力 $\boldsymbol{F}$。已知圆环的抗弯刚度为 EI,试求直径 AB 的长度变化。

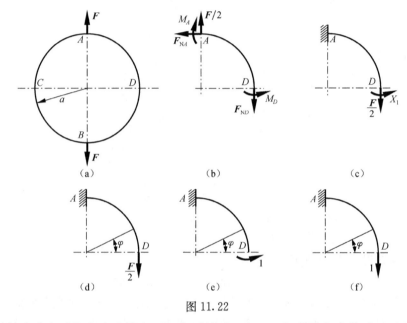

图 11.22

解 沿铅垂直径 AB 和水平直径 CD 分别将圆环切开,由结构和载荷关于 AB 和 CD 的对称性可知,截面上的剪力均为零,可取 1/4 圆环作为研究对象,如图 11.22(b)所示。由平衡方程,可知 $F_{ND}=F/2$,由于对称截面 A 的转角为零,故可把截面 A 简化为固定端,将多余约束力 M_D 记为 X_1,如图 11.22(c)所示。

由于对称截面 D 的转角为零,可建立变形协调条件

$$\delta_{11}X_1 + \Delta_{1F} = 0 \tag{a}$$

单独作用集中力 $\boldsymbol{F}/2$(图 11.22(d))和单位力偶(图 11.22(e))时的弯矩方程为

$$M(\varphi) = -\frac{Fa}{2}(1-\cos\varphi), \quad \overline{M}(\varphi)=1$$

由莫尔积分,可得

$$\Delta_{1F} = \int_0^{\frac{\pi}{2}} -\frac{Fa(1-\cos\varphi)}{2EI} \times 1 a\mathrm{d}\varphi = -\frac{Fa^2}{2EI}\left(\frac{\pi}{2}-1\right)$$

$$\delta_{11} = \int_0^{\frac{\pi}{2}} \frac{1}{EI} \times 1^2 a\mathrm{d}\varphi = \frac{\pi a}{2EI}$$

将 Δ_{1F} 和 δ_{11} 代入正则方程式(a),化简后得

$$X_1 = Fa\left(\frac{1}{2}-\frac{1}{\pi}\right)$$

在 $X_1 = Fa\left(\dfrac{1}{2} - \dfrac{1}{\pi}\right)$ 和 $F_N = F/2$ 共同作用下,AD 段圆环在任意截面上的实际弯矩为

$$M(\varphi) = -\frac{Fa}{2}(1-\cos\varphi) + Fa\left(\frac{1}{2} - \frac{1}{\pi}\right) = -Fa\left(\frac{1}{\pi} - \frac{\cos\varphi}{2}\right) \tag{b}$$

在集中力 F 作用下圆环铅垂直径 AB 的长度变化,即为 A、B 两点的相对位移,应等于图 11.22 (b)所示 D 点垂直位移的 2 倍。在 D 点作用垂直向下的单位力,如图 11.22(f)所示,则其弯矩方程为

$$\overline{M}(\varphi) = -a(1-\cos\varphi) \tag{c}$$

由莫尔积分,可得

$$\Delta = 2\Delta_D = 2\int_0^{\frac{\pi}{2}} \frac{1}{EI} Fa\left(\frac{1}{\pi} - \frac{\cos\varphi}{2}\right) a(1-\cos\varphi)\mathrm{d}\varphi = \frac{Fa^3}{EI}\left(\frac{\pi}{4} - \frac{2}{\pi}\right)$$

习　　题

11.1　如题 11.1 图所示,杆 AB 的抗拉(压)刚度为 EA。求:

(1) 在 $\pmb{F}_1$ 及 $\pmb{F}_2$ 二力作用下,杆内的弹性应变能;

(2) 求变量 $\pmb{F}_2$ 为何值时杆的弹性应变能最小?

11.2　题 11.2 图所示结构中 AB 为刚性杆。已知拉杆①和②抗拉刚度均为 EA,杆长为 l,杆②内储存的应变能为 V_{ed}。求 $\pmb{F}$ 的值。

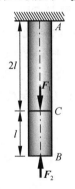

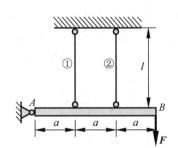

题 11.1 图　　　　　　　　　　　　　题 11.2 图

11.3　题 11.3 图所示简支梁的抗弯刚度为 EI,不计剪力的影响,求梁的应变能。

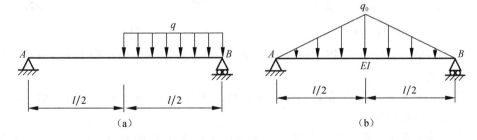

题 11.3 图

11.4　如题 11.4 图所示,圆截面曲杆 AB 的直径为 d,曲率半径为 R,弹性模量 E 为已知。求曲杆的弹性应变能。

11.5 题 11.5 图所示外伸梁,在集中力 F 单独作用下,截面 A 的转角为 $\dfrac{Fla}{6EI}$。求梁在集中力偶矩 M_e 单独作用下 C 点的挠度。

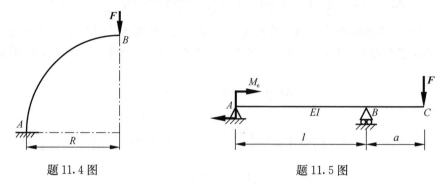

题 11.4 图　　　　　　　　　　　题 11.5 图

11.6 悬臂梁受力如题 11.6 图所示,已知抗弯刚度为 EI。试求 A 截面的挠度和转角。

11.7 简支梁 AB 受力如题 11.7 图所示,已知抗弯刚度为 EI。试求 B 端的转角。

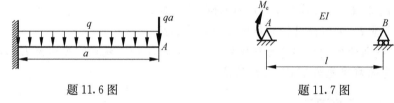

题 11.6 图　　　　　　　　　　　题 11.7 图

11.8 题 11.8 图所示结构中,折杆 ABE 的截面抗弯刚度为 EI(略去此杆中的剪力和轴力对变形的影响),CD 杆抗拉刚度为 EA。试求截面 E 处的水平和铅垂位移。

11.9 线弹性圆截面小曲率杆及其受力情况如题 11.9 图所示,曲杆的抗弯刚度为 EI。已知曲杆的直径为 d,其材料的弹性模量为 E,求 C 点的竖向位移和截面 B 的转角。

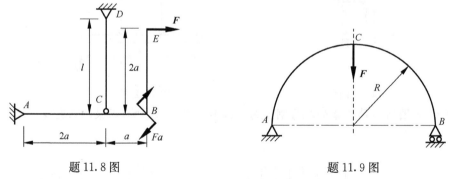

题 11.8 图　　　　　　　　　　　题 11.9 图

11.10 平面刚架,如题 11.10 图所示,抗弯刚度为 EI。求 A 点的铅垂和水平位移(不计轴力和剪力的影响)。

11.11 题 11.11 图所示刚架,各段的抗弯刚度均为 EI。不计轴力和剪力的影响,求截面 D 的水平位移和转角。

11.12 已知等截面小曲率曲杆的抗弯刚度为 EI,曲率半径为 R(题 11.12 图)。若视 AB 杆为刚性杆,试求曲杆 B 点的水平和铅垂位移。

11.13 由弯曲刚度为 EI 的薄钢条所构成的半径为 R 的开口圆环,开口间隙为 Δ(题 11.13 图)。试问欲将此间隙闭合,需加多大的力 F。

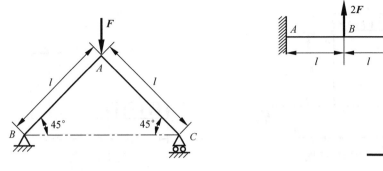

题 11.10 图   题 11.11 图

11.14 试求题 11.14 图所示刚架在缺口 A 处由 F 引起的相邻截面的相对线位移。刚架各部分的 EI 相等。略去轴力及剪力对变形的影响。

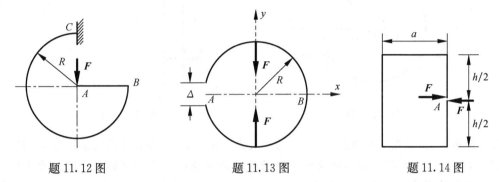

　　　题 11.12 图　　　　　　　　　题 11.13 图　　　　　　　题 11.14 图

11.15 题 11.15 图所示桁架,每杆的抗拉刚度均为 EA,在节点 D 受水平载荷 F 作用,支座 B 沿垂直方向下沉了 Δ。试用虚功原理求 DB 杆的转角。

11.16 题 11.16 图所示平面刚架,各杆的抗弯刚度均为 EI。试求刚架的支座反力。

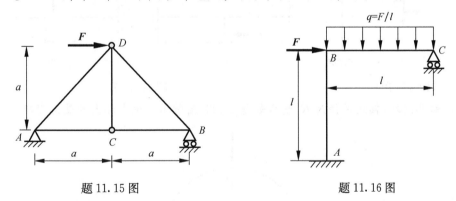

　　　　　题 11.15 图　　　　　　　　　　　题 11.16 图

11.17 题 11.17 图所示结构,横梁 AB、CE 的抗弯刚度为 EI,竖杆 BD 的抗拉(压)刚度为 EA。试求竖杆 BD 的轴力。

11.18 题 11.18 图所示结构,横梁 AB 的抗弯刚度为 EI,竖杆 BC 的抗拉(压)刚度为 EA,且 $I = Aa^2/3$。求 B 点的铅垂位移。

11.19 题 11.19 图所示一薄壁圆环,由 ACB 与 ADB 在 A、B 处铰接,两段的抗弯刚度分别是 EI 和 βEI。欲使 C、D 两处的弯矩 $M_C = M_D$,求 β 值。

11.20 已知题 11.20 图所示刚架中两杆的抗弯刚度均为 EI,试绘出此刚架的弯矩图。

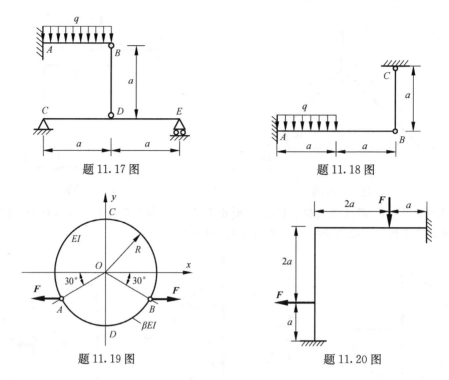

题 11.17 图   题 11.18 图

题 11.19 图   题 11.20 图

11.21 试求题 11.21 图所示刚架中的最大弯矩及其作用位置。已知各段的抗弯刚度均为 EI。

11.22 求题 11.22 图所示静不定梁跨中截面的转角和挠度。已知梁的抗弯刚度为 EI，不计轴力的影响。

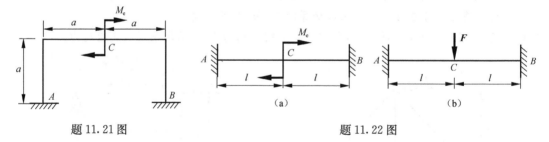

题 11.21 图   题 11.22 图

11.23 小曲率圆环，轴线半径为 R，受力如题 11.23 图所示。试求环内的最大弯矩。

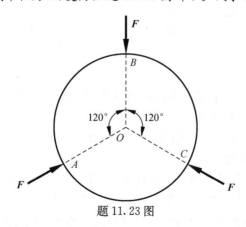

题 11.23 图

第 12 章 动 载 荷

12.1 动载荷概述

前面各章在分析杆件的变形和应力时,都假定载荷是从零开始缓慢地增加到最终值,忽略了加载过程中各点的加速度,认为杆件始终处于平衡状态,这样的载荷称为静载荷。

在实际工程中,有些高速运动或高速旋转的部件,如加速提升电梯的缆绳、锻压气锤的锤杆、紧急制动的转轴等,其加速度是明显的。例如,锻压气锤,在锻造时,其与锻件接触的时间非常短,而速度变化很大,造成了很大的瞬时加速度,因此对于这一类问题的分析,必须考虑加载过程中的加速度变化。

动载荷是指随时间明显变化的载荷。根据加载的速度与性质,有三类动载荷问题:①一般加速度问题;②冲击问题;③振动问题。由于篇幅所限,本书只介绍前两类问题,对振动问题不作介绍。

试验结果表明,只要应力不超过材料的比例极限,动载荷下应力-应变关系仍符合胡克定律,且其弹性模量和泊松比也与静载荷下的数值基本相同。

12.2 动静法的应用

由物理学可知,加速度为 a 的质点,其惯性力等于其质量 m 与 a 的乘积,方向与 a 相反。达朗贝尔原理指出,对做加速运动的质点系,如假想地在每一质点上施加惯性力,则质点系上的原力系与惯性力系组成平衡力系。这样就可把动力学问题简化为形式上的静力学问题,这就是动静法。

例如,图 12.1(a)所示的钢索起吊重物 Q,以匀加速度 a 提升。重物的重力为 P,钢索的横截面面积为 A,其重力与 P 相比可略去不计。由于钢索吊着重物 Q 以匀加速度 a 提升,故钢索除受重力 P 作用外,还受惯性力的作用。根据动静法,将惯性力 $\dfrac{P}{g}a$(其指向与加速度 a 的指向相反)加在重物上(图 12.1(b)),这样,就可按静载荷问题求得钢索横截面上的轴力 F_{Nd},由静力平衡方程

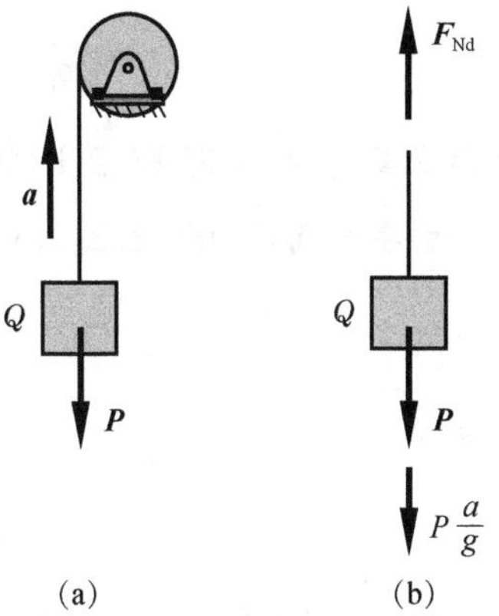

图 12.1

$$F_{\mathrm{Nd}} - P - \frac{P}{g}a = 0 \qquad\qquad \text{(a)}$$

求得

$$F_{\mathrm{Nd}} = P\left(1 + \frac{a}{g}\right) \qquad\qquad \text{(b)}$$

由此可得,钢索横截面上的应力(称为动应力)为

$$\sigma_{\mathrm{d}} = \frac{F_{\mathrm{Nd}}}{A} = \frac{P}{A}\left(1 + \frac{a}{g}\right) = \sigma_{\mathrm{st}}\left(1 + \frac{a}{g}\right) \tag{c}$$

式中,$\sigma_{\mathrm{st}} = \dfrac{P}{A}$ 为 P 作用时钢索横截面上的静应力;$\left(1 + \dfrac{a}{g}\right)$ 是与静载荷相比的放大比例系数,称为**动荷因数**,用 K_{d} 表示。故式(c)可写为

$$\sigma_{\mathrm{d}} = K_{\mathrm{d}}\sigma_{\mathrm{st}} \tag{12.1}$$

即动应力等于静应力乘以动荷因数。强度条件可以写成

$$\sigma_{\mathrm{d}} = K_{\mathrm{d}}\sigma_{\mathrm{st}} \leqslant [\sigma] \tag{12.2}$$

由于在动荷因数 K_{d} 里包含了动载荷的影响,所以 $[\sigma]$ 即为静载下的许用应力。

　　【例 12.1】 如图 12.2(a)所示薄圆环,以角速度 ω 匀速地绕圆心 O 且垂直于环平面的轴转动,试分析其动应力。其中,薄圆环的中径为 D,壁厚 $\delta \ll D$,圆环的横截面面积为 A,材料的质量密度为 ρ。

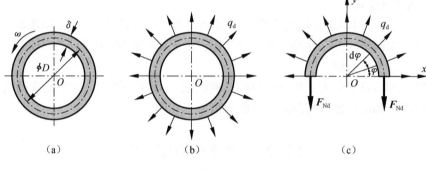

图 12.2

　　解　对于薄圆环,其以角速度 ω 匀速转动,则环内各点的向心加速度 $a_{\mathrm{n}} = \omega^2\left(\dfrac{D}{2}\right)$。于是沿圆环周向均匀分布的惯性力集度(单位弧长的惯性力)为

$$q_{\mathrm{d}} = \rho A \times 1 \times a_{\mathrm{n}} = \rho A \omega^2\left(\frac{D}{2}\right) = \frac{\rho A D}{2}\omega^2$$

方向背离圆心,如图 12.2(b)所示。

　　由半个圆环(图 12.2(c))的平衡方程 $\sum F_y = 0$,得

$$2F_{\mathrm{Nd}} = \int_0^{\pi} q_{\mathrm{d}}\sin\varphi\,\frac{D}{2}\,\mathrm{d}\varphi = q_{\mathrm{d}}D$$

则可得

$$F_{\mathrm{Nd}} = \frac{\rho A}{4}\omega^2 D^2$$

　　于是,横截面上的正应力为

$$\sigma_{\mathrm{d}} = \frac{F_{\mathrm{Nd}}}{A} = \rho\frac{\omega^2 D^2}{4} = \rho v^2 \tag{12.3}$$

式中,$v = \omega\dfrac{D}{2}$ 为圆环周线上点的线速度。

由此,可以建立匀速旋转的薄壁圆环的强度条件为

$$\sigma_d = \rho v^2 \leqslant [\sigma] \tag{12.4}$$

由式(12.3)和式(12.4)可以看出,环内应力与横截面面积 A 无关,因此要保证圆环的强度,应限制其转速。

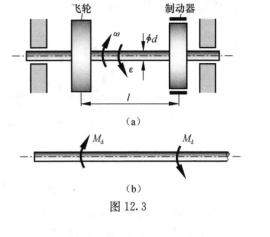

图 12.3

【例 12.2】 如图 12.3(a)所示,直径 $d = 20\text{mm}$ 的轴上装有一个飞轮,飞轮的转动惯量 $I_0 = 0.05\text{kN} \cdot \text{m} \cdot \text{s}^2$。轴的转速 $n = 90\text{r/min}$,用制动器在 10s 内使飞轮以匀减速停止转动。不计轴的质量,求轴内的最大切应力。

解 制动开始时,飞轮与轴的转动角速度为

$$\omega = \frac{2\pi n}{60} = \frac{2\pi \times 90}{60} = 3\pi(\text{rad/s})$$

制动过程为匀减速转动,其角加速度为

$$\varepsilon = \frac{0 - \omega}{t} = \frac{-3\pi}{10} = -0.3\pi(\text{rad/s}^2)$$

相应的惯性力偶矩为

$$M_d = -I_0\varepsilon = -(0.05) \times (-0.3\pi) = 0.015\pi(\text{kN} \cdot \text{m})$$

轴的扭矩为

$$T_d = M_d = 0.015\pi(\text{kN} \cdot \text{m})$$

因此,横截面上的最大扭转切应力为

$$\tau_{d,\text{max}} = \frac{T_d}{W_t} = \frac{0.015\pi \times 10^6}{\pi \times 20^3/16} = 30(\text{MPa})$$

12.3 杆件受冲击时的应力和变形

当运动着的物体作用到静止的物体上时,在相互接触的极短时间内,运动物体的速度急剧下降,从而使静止的物体受到很大的作用力,这种现象称为**冲击**。冲击中的运动物体称为冲击物,静止的物体称为被冲击物。由于冲击过程的持续时间非常短暂,在冲击物与被冲击物的接触区域内,应力状态异常复杂,难以准确分析。为此,工程中通常采用偏于安全的能量方法近似计算被冲击物内的冲击应力。

在用能量方法分析冲击应力时,假定:①不计冲击物的变形,且冲击物与被冲击物接触后相互附着共同运动;②被冲击物的质量与冲击物相比很小,可忽略不计,且材料处于线弹性状态,即满足胡克定律;③在冲击过程中,声、热等能量耗损很小,可忽略不计,因此冲击物的动能全部转化为被冲击物的应变能。

考虑一重为 W 的重物垂直冲击到弹性固体上(此处以悬臂梁为例),如图 12.4(a)所示。在冲击过程中,当冲击物与梁接触的瞬时,冲击物的动能为 T,接触后冲击物附着梁共同运动。

当梁的变形达到最大值 Δ_d 时,梁受到的最大冲击载荷为 F_d,在此过程中,动载荷 F_d 完成的功为 $F_d\Delta_d/2$,它全部转化为梁的应变能 V_{ed}。此时,冲击物的速度等于零(其动能为零),由能量守恒定理,有

$$T + W\Delta_d = V_{ed} = \frac{F_d \Delta_d}{2} \tag{a}$$

式中，$W\Delta_d$ 为冲击物势能的变化。

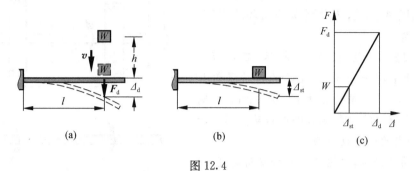

图 12.4

如果将重物静止放在梁的受冲击点上，相当于梁受静载荷 W 作用，相应的位移和应力分别用 Δ_{st} 和 σ_{st} 表示，则由胡克定律，有

$$\frac{F_d}{W} = \frac{\Delta_d}{\Delta_{st}} = \frac{\sigma_d}{\sigma_{st}} = K_d \tag{b}$$

此关系可由图 12.4(c)表示。K_d 称为**冲击动荷因数**，它是最大动位移和最大静位移之比。将式(b)代入式(a)，有

$$\frac{1}{2} K_d^2 \Delta_{st} - K_d \Delta_{st} - \frac{T}{W} = 0 \tag{c}$$

得

$$K_d = 1 + \sqrt{1 + \frac{2T}{W\Delta_{st}}} \tag{12.5}$$

由此，可将式(b)改写为

$$F_d = K_d W, \quad \Delta_d = K_d \Delta_{st}, \quad \sigma_d = K_d \sigma_{st} \tag{12.6}$$

可见，冲击时的载荷、变形和应力等都由静载荷作用时的对应值乘以冲击动荷因数。

若已知重物与梁冲击前的瞬时速度 v，则由 $T = \frac{1}{2} \frac{W}{g} v^2$，其中 g 为重力加速度，则式(12.5)应写为

$$K_d = 1 + \sqrt{1 + \frac{v^2}{g\Delta_{st}}} \tag{12.7}$$

当冲击物从高度为 h 的位置自由落体冲击到被冲击物上时，$T = Wh$，故由式(12.5)可知其冲击动荷因数为

$$K_d = 1 + \sqrt{1 + \frac{2h}{\Delta_{st}}} \tag{12.8}$$

当 $h=0$ 时，即重力 W 突然加于构件上，称为**突加载荷**。这时，由式(12.8)和式(12.6)，有 $K_d = 2$，$\Delta_d = 2\Delta_{st}$ 和 $\sigma_d = 2\sigma_{st}$。所以，在突加载荷下，构件的应力和变形均为静载 W 时的 2 倍。

由上述分析，可以得到冲击载荷下构件的强度和刚度条件

$$\sigma_d = K_d \sigma_{st} \leqslant [\sigma] \tag{12.9}$$

$$\Delta_d = K_d \Delta_{st} \leqslant [\Delta] \tag{12.10}$$

显然，求解冲击问题的关键在于求取冲击动荷因数 K_d。

需要说明的是,以上分析虽然以悬臂梁为例,但在推导过程中并未用到梁的特殊性质,因此所得公式适用于任何弹性固体。上述计算方法,忽略了冲击过程中的其他能量损失,如声能、热能等。因此,实际冲击过程中被冲击物的应变能以及应力和变形值要小于以上计算值。

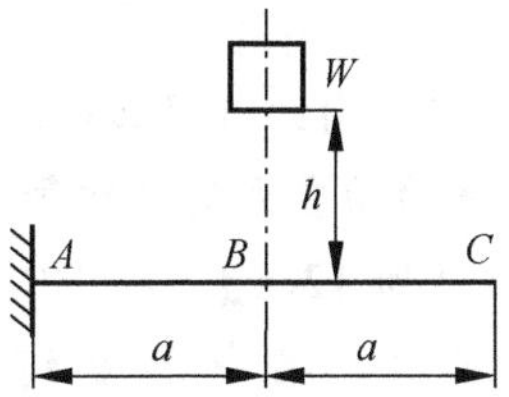

【例 12.3】 求图 12.5 所示悬臂梁自由端 C 的动位移。已知 $W=10\text{kN}$, $h=1\text{cm}$, $a=0.5\text{m}$, $I_z=500\text{cm}^4$,材料的弹性模量 $E=200\text{GPa}$。

解 在冲击动荷因数的计算式中,Δ_{st} 为冲击载荷作用点的静位移,对于本例,即为 B 截面的静位移,其值为

$$\Delta_{\text{st}} = \Delta_{\text{st}}^B = \frac{Wa^3}{3EI} = \frac{10 \times 10^3 \times 500^3}{3 \times 200 \times 10^3 \times 500 \times 10^4} = 0.42(\text{mm})$$

相应的冲击动荷因数为

$$K_{\text{d}} = 1 + \sqrt{1 + \frac{2h}{\Delta_{\text{st}}}} = 1 + \sqrt{1 + \frac{2 \times 10}{0.42}} = 8.0$$

由梁变形的叠加原理,易求得 C 截面的静位移为

$$\Delta_{\text{st}}^C = \frac{Wa^3}{3EI} + \left(\frac{Wa^2}{2EI}\right)a = \frac{5Wa^3}{6EI} = \frac{5 \times 10 \times 10^3 \times 500^3}{6 \times 200 \times 10^3 \times 500 \times 10^4} = 1.04(\text{mm})$$

故 C 截面的动位移为

$$\Delta_{\text{d}}^C = K_{\text{d}}\Delta_{\text{st}}^C \approx 8.0 \times 1.04 = 8.3(\text{mm})$$

图 12.5

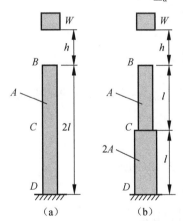

图 12.6

【例 12.4】 图 12.6(a)所示一等截面直杆,杆长为 $2l$,截面面积为 A,受高为 h 的重物 W 自由下落的冲击作用;图 12.6(b)所示一阶梯杆,上段杆长为 l,截面面积为 A,下段杆长为 l,截面面积为 $2A$,同样受高为 h 的重物 W 自由下落的冲击作用。试比较两种结构的最大动应力。

解 (1) 图 12.6(a)所示等截面直杆,冲击点的静位移为

$$\Delta_{\text{st}}^{(a)} = \Delta l^{(a)} = \frac{2Wl}{EA}$$

其冲击动荷因数为

$$K_{\text{d}}^{(a)} = 1 + \sqrt{1 + \frac{hEA}{Wl}}$$

相应的最大动应力为

$$\sigma_{\text{d,max}}^{(a)} = K_{\text{d}}\sigma_{\text{st,max}} = \left(1 + \sqrt{1 + \frac{hEA}{Wl}}\right)\frac{W}{A}$$

(2) 图 12.6(b)所示等截面直杆,冲击点的静位移为

$$\Delta_{\text{st}}^{(b)} = \Delta l^{(b)} = \frac{Wl}{EA} + \frac{Wl}{2EA} = \frac{3Wl}{2EA}$$

其冲击动荷因数为

$$K_{\text{d}}^{(b)} = 1 + \sqrt{1 + \frac{4hEA}{3Wl}}$$

相应的最大动应力为

$$\sigma_{d,\max}^{(b)} = K_d^{(b)} \sigma_{st,\max} = \left(1 + \sqrt{1 + \frac{4hEA}{3Wl}}\right)\frac{W}{A}$$

（3）由此可见，尽管阶梯杆每段的横截面面积均不小于等截面直杆的横截面面积，但是阶梯杆的动应力仍然比等截面直杆的动应力大，随着高度 h 的增加，阶梯杆首先失效。

【例 12.5】 图 12.7 所示两种简支梁，其中图 12.7(a)为刚性支撑，图 12.7(b)为弹性支撑。梁中点受到自由下落重物 W 的冲击，$L=3\mathrm{m}$，$h=0.05\mathrm{m}$，$I_z=3400\mathrm{cm^4}$，$W_z=309\mathrm{cm^3}$，$W=1\mathrm{kN}$，$E=200\mathrm{GPa}$，弹簧刚度 $C=100\mathrm{N/mm}$。试计算两种简支梁的最大动应力。

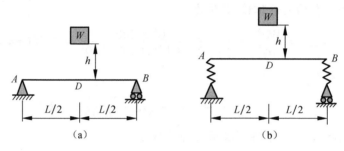

图 12.7

解　（1）图 12.7(a)所示简支梁，冲击点的静位移为

$$\Delta_{st}^{(a)} = \frac{WL^3}{48EI} = \frac{1000 \times 3000^3}{48 \times 200 \times 10^3 \times 3400 \times 10^4} = 0.0827(\mathrm{mm})$$

其冲击动荷因数为

$$K_d^{(a)} = 1 + \sqrt{1 + \frac{2 \times 50}{0.0827}} = 35.8$$

梁在静载荷作用下的最大弯矩产生在中截面上，其值为 $M_{\max} = \frac{1}{4}WL$，相应的最大静应力为

$$\sigma_{st,\max} = \frac{M_{\max}}{W_z} = \frac{\frac{1}{4}WL}{W_z} = \frac{1000 \times 3000}{4 \times 309 \times 10^3} = 2.43(\mathrm{MPa})$$

相应的最大动应力为

$$\sigma_{d,\max}^{(a)} = K_d^{(a)} \sigma_{st,\max} = 35.8 \times 2.43 = 87(\mathrm{MPa})$$

（2）图 12.7(b)所示简支梁，冲击点的静位移为

$$\Delta_{st}^{(b)} = \frac{WL^3}{48EI} + \frac{W}{2C} = 0.0827 + \frac{1000}{2 \times 100} = 5.0827(\mathrm{mm})$$

其冲击动荷因数为

$$K_d^{(b)} = 1 + \sqrt{1 + \frac{2 \times 50}{5.0827}} = 5.55$$

相应的最大动应力为

$$\sigma_{d,\max}^{(b)} = K_d^{(b)} \sigma_{st,\max} = 5.55 \times 2.43 = 13.5(\mathrm{MPa})$$

显然，弹簧使得静位移 Δ_{st} 大幅度增加，大大减少了 K_d 和 σ_d，这是弹簧的"减振"作用。

【例 12.6】 图 12.8(a)所示起吊设备,重物 Q 通过弹簧和缆绳连接,重物 Q 以均匀速度 v 向下运动,求卷扬机紧急刹车时缆绳的动应力。已知 $Q=20\text{kN},v=1\text{m/s}$;缆绳的长度 $l=20\text{m}$,横截面面积 $A=6\text{cm}^2$,弹性模量 $E=160\text{GPa}$;弹簧刚度 $C_s=25\text{kN/cm}$。

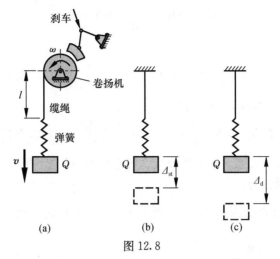

图 12.8

解 弹性系统(即缆绳和弹簧组合系统)的静位移 Δ_{st} 由弹簧的静位移 Δ_{st}^s(弹簧的伸长)和缆绳的静位移 Δ_{st}^c(缆绳的伸长)组成,即

$$\Delta_{st} = \Delta_{st}^s + \Delta_{st}^c = \frac{Q}{C_s} + \frac{Q}{C_c} = \frac{Q}{C} \tag{a}$$

式中,C 为此弹性系统的总刚度;$C_s=2500\text{N/mm}$ 为弹簧的刚度;C_c 为缆绳的刚度,$C_c=\dfrac{EA}{l}=\dfrac{160\times10^3\times600}{20\times10^3}=4800(\text{N/mm})$。故

$$C = \frac{C_c C_s}{C_c + C_s} = \frac{4800 \times 2500}{4800 + 2500} = \frac{4800 \times 2500}{4800 + 2500} = 1643.84(\text{N/mm}) \tag{b}$$

因此,弹性系统的静位移为

$$\Delta_{st} = \frac{Q}{C} = \frac{20 \times 10^3}{1643.84} = 12.17(\text{mm})$$

为了研究紧急刹车时的动应力,需要研究初始状态(刹车前的瞬间)和最终状态(刹车后的重物达到最大动位移的瞬间),见表 12.1。

表 12.1

	初始状态	最终状态
动能	$\dfrac{Q}{2g}v^2$	0
势能(刹车后的瞬间为基准)	$Q(\Delta_d - \Delta_{st})$	0
应变能	$V_{\varepsilon,st} = \dfrac{1}{2}Q\Delta_{st} = \dfrac{1}{2}C\Delta_{st}^2$	$V_{ed} = \dfrac{1}{2}F_d\Delta_d = \dfrac{1}{2}C\Delta_d^2$

因此,由能量守恒定律,有

$$\frac{Q}{2g}v^2 + Q(\Delta_d - \Delta_{st}) + \frac{1}{2}C\Delta_{st}^2 = \frac{1}{2}C\Delta_d^2 \tag{c}$$

引入动荷因数

$$K_d = \frac{F_d}{W} = \frac{\Delta_d}{\Delta_{st}} = \frac{\sigma_d}{\sigma_{st}}$$

代入式(c),化简后有

$$K_d^2 - 2K_d - \frac{v^2}{g\Delta_{st}} + 1 = 0$$

即

$$K_d = 1 + \sqrt{\frac{v^2}{g\Delta_{st}}} = 1 + \sqrt{\frac{1}{9.8 \times 0.0122}} = 3.89$$

故卷扬机紧急刹车时缆绳的动应力为

$$\sigma_d = K_d\sigma_{st} = K_d\frac{Q}{A} = 3.89 \times \frac{20 \times 10^3}{600} = 129.7(\text{MPa})$$

【例 12.7】 重物 Q 以速度 v 水平冲击直立的悬臂梁 AB,如图 12.9(a)所示。已知 E、I、W,求梁 AB 内的最大动应力。

解 冲击时,冲击物的动能为 $\frac{Q}{2g}v^2$;最终状态下,冲击物的动能为零,梁的应变能 $V_{ed} = \frac{1}{2}F_d\Delta_d$。由能量守恒定律,有

$$\frac{Qv^2}{2g} = \frac{1}{2}F_d\Delta_d$$

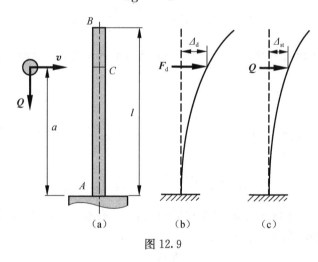

图 12.9

类似于重物的垂直冲击,引入动荷因数

$$K_d = \frac{F_d}{Q} = \frac{\Delta_d}{\Delta_{st}} = \frac{\sigma_d}{\sigma_{st}}$$

其中,Δ_{st}和σ_{st}为 Q 作为水平力作用时相应的静位移和静应力,如图 12.9(c)所示。因此,有

$$\frac{Qv^2}{2g} = \frac{1}{2}F_d\Delta_d = \frac{1}{2}K_d^2 Q\Delta_{st}$$

求得

$$K_d = \sqrt{\frac{v^2}{g\Delta_{st}}} \tag{12.11}$$

对于图示悬臂梁,易求得

$$\Delta_{st} = \frac{Qa^3}{3EI}$$

代入式(12.11),有

$$K_d = \sqrt{\frac{v^2}{g\Delta_{st}}} = \sqrt{\frac{3EIv^2}{gQa^3}}$$

最大的静应力产生在固定端截面 A,故最大的动应力也产生在截面 A,其值为

$$\sigma_d^A = K_d\sigma_{st}^A = \sqrt{\frac{3EIv^2}{gQa^3}} \cdot \frac{Qa}{W} = \frac{v}{W}\sqrt{\frac{3QEI}{ga}}$$

习 题

12.1 题 12.1 图所示重物以匀加速度下降,在 0.2s 内速度由 1.5m/s 降至 0.5m/s。设绳的横截面面积 $A=10\text{mm}^2$,求绳内应力。

12.2 题 12.2 图所示重物 $Q=40\text{kN}$,用绳索以等加速度 $a=5\text{m/s}^2$ 向上吊起,绳索绕在一重 $W=4.0\text{kN}$,直径为 $D=1.2\text{m}$ 的鼓轮上,鼓轮的惯性半径 $r=45\text{cm}$。轴的许用应力 $[\sigma]=100\text{MPa}$,鼓轮轴两端 A、B 处可视为铰接。试按第三强度理论选定轴的直径 d。

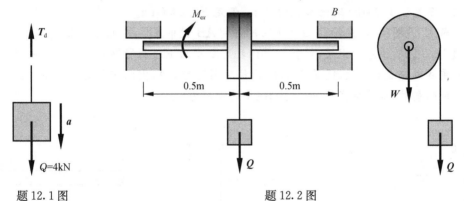

题 12.1 图   题 12.2 图

12.3 如题 12.3 图所示,重 300N 法兰从高度为 h 处自由下落,冲击到杆 ABC 的下端 C 平台,杆能承受的最大应力为 200MPa,求 h 的最大允许高度。假定杆的弹性模量 $E=200\text{GPa}$。

12.4 如题 12.4 图所示,重 100N 物体从 $h=500\text{mm}$ 位置自由下落到铝制梁 AB 上的 C 点,求截面 C 的位移和梁上的最大应力。假定铝的弹性模量 $E=70\text{GPa}$。

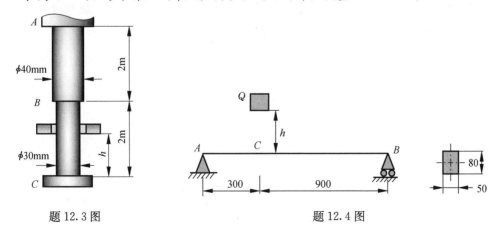

题 12.3 图   题 12.4 图

12.5 如题 12.5 图所示,重量为 Q 的物体从高度 H 自由下落到悬臂梁自由端 C,求自由端 C 在冲击时的最大垂直位移。

12.6 如题 12.6 图所示,钢杆弹簧组合体,一个重量为 W 的物体从 H 高度落到弹簧顶端。已知,梁 AB 抗弯刚度为 EI,梁 AB 抗弯截面系数为 W_z,弹簧常数为 C。求:

(1) 梁的自由端点 B 的最大垂直位移;

(2) 梁的最大正应力。

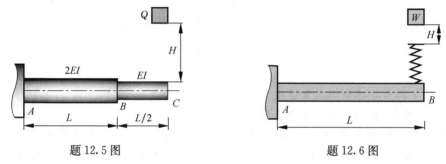

题 12.5 图　　　　　　　　　　　　　　　　题 12.6 图

12.7 如题 12.7 图所示,重量为 50N 的物体以水平速度 v_0 冲击到圆管 C 点处,求当管内正应力不超过 160MPa 时的最大速度 v_0,假定 $E=200$GPa。

12.8 如题 12.8 图所示,重物 Q 自由下落冲击到 AB 梁中点 C,求 C 点的挠度。

12.9 题 12.9 图所示悬臂钢梁,梁长 l,梁的抗弯刚度为 EI;悬臂梁自由端处有一吊车,吊车将重物以匀速 v 下放,绳长为 a,绳的抗拉刚度为 EA,重物重量为 Q。不计梁、吊车和钢绳的质量,求吊车突然制动时钢绳中的动应力。

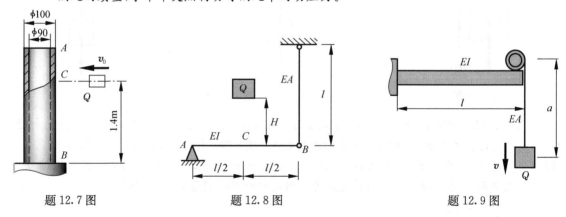

题 12.7 图　　　　　　　　题 12.8 图　　　　　　　　题 12.9 图

第 13 章　交变应力和疲劳强度

13.1　交变载荷及疲劳破坏

工程中的机械零件或结构,所承受的载荷往往随时间作周期性的交替变化,这种载荷称为**交变载荷**。交变载荷作用下的构件,截面上的应力变化也是周期性的,这种随时间作交替变化的应力,称为**交变应力**。如图 13.1(a)所示的机车车轴,尽管载荷 F 不随时间 t 变化,但车轴本身的旋转使得横截面 A-A 上任一点 C 的位置随时间作交替变化(图 13.1(b)),相应地该点处的弯曲正应力也随时间作周期性变化(图 13.1(c))。再如,图 13.2(a)所示的简支梁,电动机转子偏心惯性力使梁产生受迫振动,危险点应力随时间变化的曲线如图 13.2(c)所示。

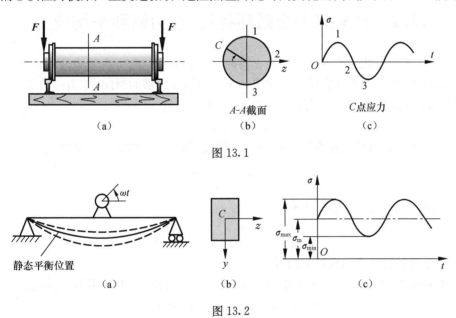

图 13.1

图 13.2

工程实践表明,长期处于交变载荷作用下的构件,即使最大的工作应力远低于材料的屈服极限,仍然会出现构件的骤然断裂失效。这种因交变载荷导致构件破坏的形式,称为**疲劳破坏**。机械加工的切削痕、阶梯轴台阶附近以及孔边等应力集中部位,最容易引发构件的疲劳破坏。

与静载荷下构件的破坏相比,疲劳破坏主要有以下特征:

(1)构件内的最大工作应力远低于静载荷下材料的强度极限或屈服极限。

(2)无论是脆性还是塑性材料,断裂前都没有明显的塑性变形,疲劳破坏没有先兆。

(3)疲劳破坏的断口表面呈现两个截然不同的区域,即光滑区和颗粒状的粗糙区。图 13.3(a)所示的构件疲劳断口,可以清晰地分辨出疲劳启裂与扩展阶段所形成的光滑区(疲劳裂纹上、下面反复摩擦所致),以及最后发生脆性断裂的粗糙区。

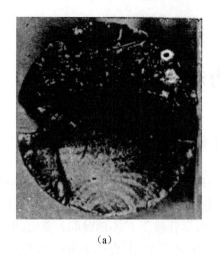 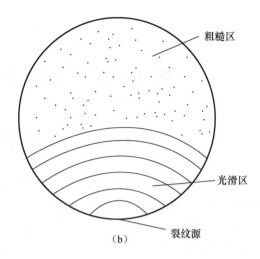

粗糙区

光滑区

裂纹源

（a）　　　　　　　　　　　　　（b）

图 13.3

13.2　交变应力的循环特征、应力幅和平均应力

图 13.4 表示按正弦曲线变化的应力 σ 与时间 t 的关系。应力由最大应力经过最小应力再回到最大应力，称为一个**应力循环**。完成一个应力循环所需的时间，称为一个周期。以 σ_{max} 和 σ_{min} 分别表示循环中的最大应力和最小应力，二者的比值

$$r = \sigma_{min}/\sigma_{max} \tag{13.1}$$

称为交变应力的**循环特征**或**应力比**。σ_{max} 和 σ_{min} 代数和的一半，称为**平均应力**，即

$$\sigma_{m} = \frac{\sigma_{max} + \sigma_{min}}{2} \tag{13.2}$$

σ_{max} 和 σ_{min} 代数差的一半，称为**应力幅**，即

$$\sigma_{a} = \frac{\sigma_{max} - \sigma_{min}}{2} \tag{13.3}$$

工程中常见的循环应力有以下两种。

对称循环应力，如图 13.5(a) 所示。应力循环中的 σ_{max} 和 σ_{min} 大小相等、正负相反，因而有

$$r = -1, \quad \sigma_{m} = 0, \quad \sigma_{a} = \sigma_{max} \tag{a}$$

$r \neq -1$ 的交变应力循环，统称为**非对称循环**。

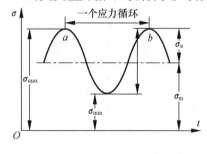

图 13.4

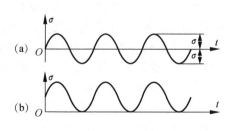

图 13.5

脉动应力循环,如图 13.5(b)所示。应力循环中的最小应力 σ_{min} 为零,因而有

$$r = 0, \quad \sigma_m = \sigma_a = \frac{\sigma_{max}}{2} \tag{b}$$

此外,静应力也可以看做是应力循环的一种特殊情况。此时,应力是一个恒定值,不随时间而变化,因而有

$$r = 1, \quad \sigma_m = \sigma_{max} = \sigma_{min}, \quad \sigma_a = 0 \tag{c}$$

以上关于交变应力的概念,都是采用正应力 σ 表示的。当构件承受交变切应力时,上述概念仍然适用,只需将正应力 σ 改为切应力 τ 即可。

13.3　S-N 曲线和持久极限

静载荷作用下材料的强度评价指标,不再适用于构件疲劳破坏分析,因而需要通过交变载荷作用下的疲劳试验,重新确定材料的疲劳强度指标。材料的疲劳强度,除了与材料本身的性能有关外,还与应力循环的应力比、应力幅和平均应力等因素有关。

常见的疲劳试验是纯弯曲对称循环疲劳试验,试验机的构造原理如图 13.6(a)所示。试验采用直径为 $7\sim10mm$ 的光滑圆棒试样,每组试样约为 10 根。由图 13.6 可知,安装在试验机上的试样承受纯弯曲变形,在保持载荷 F 不变的情况下,电动机每旋转试样一周,试样横截面上的应力便经历一次对称应力循环。

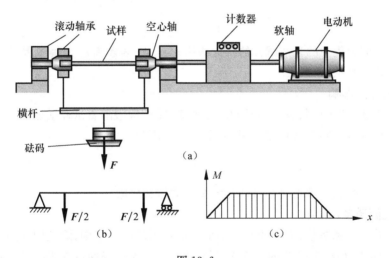

图 13.6

疲劳试验时,第一根试样所加载荷的最大应力值 $\sigma_{max,1}$ 大致等于 $0.7\sigma_b$,经历 N_1 次对称循环加载后试样疲劳断裂,则 N_1 称为应力为 $\sigma_{max,1}$ 时的疲劳寿命(简称寿命)。然后,使第二根试样的应力略低于第一根,进行试验并记录疲劳寿命 N_2。依次进行其余试样的疲劳试验。最后,以应力最大值为纵坐标,以相应的疲劳寿命为横坐标,绘制应力-疲劳寿命曲线,即 S-N 曲线(图 13.7)。试验表明,当最大应力值降低到某个极限值时,S-N 曲线趋近于水平线。也就是说,只要交变应力的最大值低于这一极限值,疲劳寿命趋于无穷大,试样不会发生疲劳破坏。这个极限值,称为材料的**持久极限**或**疲劳极限**,记为 σ_{-1},下标"-1"表示对称循环的应力比,$r = -1$。

　　试验表明,对于一般碳钢,若经受 10^7 次循环而不破坏,则在经历更多次循环后也不会破坏。因此,通常取 $N_0 = 10^7$ 次为循环基数,把循环 N_0 次而未引起疲劳破坏的最大应力定义为持久极限。有色金属的 $S\text{-}N$ 曲线(图 13.8)没有明显趋近水平线的直线段,通常取 $N_0 = 10^8$ 次为循环基数,并把与其对应的最大应力值规定为材料的**"条件"持久极限**。

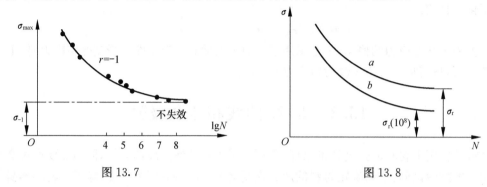

图 13.7　　　　　　　　　　　　　　　图 13.8

　　实际构件的持久极限,除了与材料的持久极限有关外,还受到构件外形、尺寸和表面质量等因素的影响。

1. 构件外形的影响

　　构件外形的突变将引起局部应力集中,使得构件的持久极限显著降低。构件外形对持久极限的影响,可通过下述定义的有效应力集中因数来表征

$$K_\sigma = \frac{\sigma_{-1}}{(\sigma_{-1})_k} \tag{13.4}$$

式中, σ_{-1} 表示无应力集中的光滑试样的持久极限;$(\sigma_{-1})_k$ 表示有应力集中因素且尺寸与光滑试样相同的试样的持久极限。

2. 构件尺寸的影响

　　试验结果表明,持久极限有着明显的尺寸效应,持久极限随着试样横截面面积的增大而减小。为了考虑尺寸变化对持久极限的影响,引入尺寸因数

$$\varepsilon_\sigma = \frac{(\sigma_{-1})_d}{\sigma_{-1}} \tag{13.5}$$

式中, σ_{-1} 和 $(\sigma_{-1})_d$ 分别表示光滑小试样和大试样的持久极限。

3. 构件表面质量的影响

　　表面加工的刀痕和擦伤、表面的凹凸不平等都将引起应力集中,降低构件的持久极限。把表面光滑且无加工缺陷的构件的持久极限记为 σ_{-1} ,而有表面缺陷构件的持久极限记为 $(\sigma_{-1})_\beta$,则表面质量因数可定义为

$$\beta = \frac{(\sigma_{-1})_\beta}{\sigma_{-1}} \tag{13.6}$$

综合考虑上述三种因素,对称循环下构件的实际持久极限为

$$\sigma_{-1}^0 = \frac{\varepsilon_\sigma \beta}{K_\sigma} \sigma_{-1} \tag{13.7}$$

式中, σ_{-1} 为光滑小试件的持久极限;σ_{-1}^0 中的上标"0"表示实际构件。影响因数 K_σ、ε_σ 和 β,可通过相关设计手册查取。

对于对称循环交变切应力,构件的实际持久极限可写成

$$\tau_{-1}^0 = \frac{\varepsilon_\tau \beta}{K_\tau} \tau_{-1} \qquad (13.8)$$

13.4　对称循环的疲劳强度计算

将实际持久极限 σ_{-1}^0 除以安全因数 n,得到构件在对称循环下的许用应力

$$[\sigma_{-1}] = \frac{\sigma_{-1}^0}{n} = \frac{\varepsilon_\sigma \beta}{K_\sigma} \frac{\sigma_{-1}}{n} \qquad (a)$$

构件的疲劳强度条件为

$$\sigma_{max} \leqslant [\sigma_{-1}] \qquad (b)$$

式中,σ_{max} 为构件横截面上的最大工作应力。结合式(a)和式(b),可将疲劳强度条件改写为

$$n_\sigma \geqslant n \qquad (13.9)$$

式中,$n_\sigma = \sigma_{-1}^0 / \sigma_{max}$ 代表构件工作时的安全储备,称为构件的工作安全因数。以安全因数表示的强度条件(13.9),在机械设计中广泛采用,它要求构件的工作安全因数大于或等于规定的安全因数。将对称循环下构件的实际持久极限(13.7)代入强度条件(13.9),得到

$$n_\sigma = \frac{\varepsilon_\sigma \beta}{K_\sigma} \frac{\sigma_{-1}}{\sigma_{max}} \geqslant n \qquad (13.10)$$

【例 13.1】　阶梯轴如图 13.9 所示,材料为合金钢,$\sigma_b =$ 920MPa,$\sigma_s = 520$MPa,$\sigma_{-1} = 420$MPa。轴受纯弯曲作用,恒定弯矩 $M = 850$N·m。轴表面为车削加工,由相关条件可查得,有效应力集中因数 $K_\sigma = 1.48$,尺寸因数 $\varepsilon_\sigma = 0.77$,表面质量因数 $\beta = 0.87$。若规定疲劳安全系数 $n = 1.4$,试校核轴的疲劳强度。

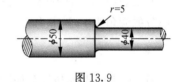

图 13.9

解　轴在恒定弯矩作用下旋转,故轴上各点的应力为弯曲对称循环应力。

轴上的最大工作应力为

$$\sigma_{max} = \frac{M}{W} = \frac{850 \times 10^3}{\pi \times 40^3 / 32} = 135.3 (\text{MPa})$$

因此,圆轴的工作安全因数为

$$n_\sigma = \frac{\varepsilon_\sigma \beta}{K_\sigma} \frac{\sigma_{-1}}{\sigma_{max}} = \frac{0.77 \times 0.87 \times 420}{1.48 \times 135.3} = 1.41 > n$$

该轴满足疲劳强度要求。

13.5　非对称循环的疲劳强度计算

非对称循环情况下的持久极限记为 σ_r,其中下标 r 表示应力比。持久极限 σ_r 的测试方法与 σ_{-1} 的测定方法类似,其曲线如图 13.10 所示。

以平均应力 σ_m 为横轴、应力幅 σ_a 为纵轴,建立如图 13.11 所示的坐标系。任一应力循环,对应于坐标平面上的一个确定点 P,该点的纵、横坐标之和为 σ_{max}。

若从原点 O 作射线 OP,其与横轴的夹角设为 α,则有

$$\tan\alpha = \frac{\sigma_a}{\sigma_m} = \frac{\sigma_{\max} - \sigma_{\min}}{\sigma_{\max} + \sigma_{\min}} = \frac{1-r}{1+r} \tag{a}$$

式(a)说明同一条射线上各点所表示的应力循环特征相同。

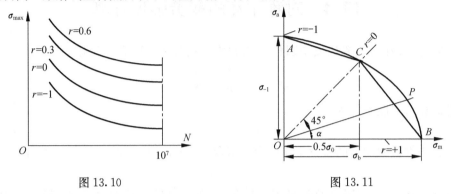

图 13.10　　　　　　　　　　　　　　　图 13.11

曲线上三个特殊的临界点,即 $A(0,\sigma_{-1})$,代表对称循环所对应的临界点;$B(\sigma_b,0)$,代表静应力所对应的临界点;$C(0.5\sigma_0,0.5\sigma_0)$,代表脉动循环所对应的临界点。持久极限曲线 $\overset{\frown}{ACB}$ 上每一个点,对应于给定应力比的一个临界点。因此,确定一条相对光滑的持久极限曲线,需要进行多种不同应力比下的疲劳试验。为减少工作量,工程上常用折线 ACB 代替疲劳极限曲线 $\overset{\frown}{ACB}$,这样,只要取得 σ_{-1}、σ_0 和 σ_b 三个试验数据就可作出简化的疲劳极限图。折线的 AC 部分的倾角为 γ,斜率为

$$\psi_\sigma = \tan\gamma = \frac{\sigma_{-1} - \sigma_0/2}{\sigma_0/2} \tag{b}$$

线段 AC 上的点都与持久极限 σ_r 相对应,将这些点的横、纵坐标分别记为 σ_{rm} 和 σ_{ra},于是 AC 的方程可写成

$$\sigma_{ra} = \sigma_{-1} - \psi_\sigma \sigma_{rm} \tag{c}$$

式中,系数 ψ_σ 与材料有关。

对于实际构件,应该考虑应力集中、构件尺寸和表面质量的影响。试验表明,上述因素主要影响应力幅,而对平均应力的影响甚微。这样,可以由材料的疲劳极限简化折线 ACB (图 13.11)得到构件的疲劳极限图(图 13.12)。考虑上述影响后,A、C 两点的纵坐标分别降为 $(\varepsilon_\sigma\beta/K_\sigma)\sigma_{-1}$($E$ 点)和 $(\varepsilon_\sigma\beta/K_\sigma)\dfrac{\sigma_0}{2}$($F$ 点),从而得到构件的持久极限曲线(折线 EFB)。由式(c)可知,代表构件的持久极限的线段 EF 上各点的总坐标应为

$$\sigma_{ra} = \frac{\varepsilon_\sigma\beta}{K_\sigma}(\sigma_{-1} - \psi_\sigma \sigma_{rm}) \tag{d}$$

基于构件的持久极限曲线 EFB(图 13.12)及式(d),可求得构件的工作安全因数为

$$n_\sigma = \frac{\sigma_r}{\sigma_{\max}} = \frac{\sigma_{-1}}{\dfrac{K_\sigma}{\varepsilon_\sigma\beta}\sigma_a + \psi_\sigma\sigma_m} \tag{13.11}$$

构件的工作安全因数 n_σ 应大于或等于规定的安全因数 n,此即为疲劳强度条件 $n_\sigma \geqslant n$。对于承受切应力非对称载荷作用的构件,工作安全因数为

$$n_\tau = \frac{\tau_{-1}}{\dfrac{K_\tau}{\varepsilon_\tau \beta}\tau_a + \psi_\tau \tau_m} \quad\quad (13.12)$$

承受交变应力的构件,不但需要满足疲劳强度条件,还应满足应力最大值 $\sigma_{max}=\sigma_a+\sigma_m$ 小于或等于材料的屈服极限 σ_s,该条件对应于斜线段 LJ。因此,保证构件不疲劳破坏也不发生塑性变形的是折线 EKJ 与坐标轴围成的区域。

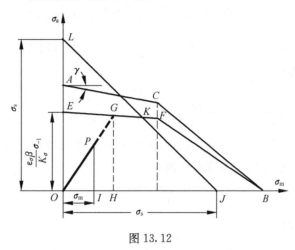

图 13.12

强度计算时,由构件工作应力的应力比 r 确定射线 OP。若射线首先与线段 EF 相交,则应由式(13.11)计算 n_σ 并作疲劳强度校核;若射线首先与线段 KJ 相交,则表明构件在疲劳失效前将发生塑性屈服,因而应该按照静强度条件

$$n_\sigma = \frac{\sigma_s}{\sigma_{max}} \geqslant n_s \quad\quad (13.13)$$

进行强度校核,其中 n_s 表示静强度安全因数。一般来说,对于应力比 $r>0$ 的情况,都需进行静强度校核。

【例 13.2】 如图 13.13 所示圆杆上有一沿直径方向的贯穿小孔,杆件承受非对称循环弯矩 $M_{max}=5M_{min}=512\text{N}\cdot\text{m}$。材料为合金钢,$\sigma_b=950\text{MPa}$,$\sigma_s=540\text{MPa}$,$\sigma_{-1}=430\text{MPa}$,$K_\sigma=2.18$,$\varepsilon_\sigma=0.77$,$\beta=1$,$\psi_\sigma=0.2$。若规定的安全因数 $n=2$,静强度安全因数 $n_s=1.5$,试校核圆杆的强度。

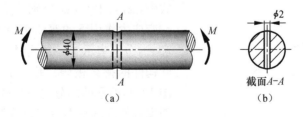

图 13.13

解 圆杆的弯曲工作应力为

$$\sigma_{\max} = \frac{M_{\max}}{W} = \frac{32 \times 512 \times 10^3}{\pi \times 40^3} = 81.5 \text{(MPa)}$$

$$\sigma_{\min} = \frac{1}{5}\sigma_{\max} = \frac{1}{5} \times 81.5 = 16.3 \text{(MPa)}$$

$$r = \frac{\sigma_{\min}}{\sigma_{\max}} = \frac{16.3}{81.5} = 0.2$$

$$\sigma_{\mathrm{m}} = \frac{\sigma_{\max} + \sigma_{\min}}{2} = \frac{81.5 + 16.3}{2} = 48.9 \text{(MPa)}$$

$$\sigma_{\mathrm{a}} = \frac{\sigma_{\max} - \sigma_{\min}}{2} = \frac{81.5 - 16.3}{2} = 32.6 \text{(MPa)}$$

圆杆的工作安全因数

$$n_\sigma = \frac{\sigma_{-1}}{\dfrac{K_\sigma}{\varepsilon_\sigma \beta}\sigma_{\mathrm{a}} + \psi_\sigma \sigma_{\mathrm{m}}} = \frac{430}{\dfrac{2.18}{0.77 \times 1} \times 32.6 + 0.2 \times 48.9} = 4.21 > n = 2$$

可见,杆件满足疲劳强度条件。由于 $r = 0.2 > 0$,圆杆还需作静强度校核。由式(13.13),得到最大工作应力相对于屈服极限的工作安全因数为

$$n_\sigma = \frac{\sigma_{\mathrm{s}}}{\sigma_{\max}} = \frac{540}{81.5} = 6.62 > n = 2$$

显然,圆杆也满足静强度条件。

13.6　弯扭组合时的疲劳强度计算

工程实际中,许多构件工作在弯扭组合交变应力作用下。在静载荷条件下,根据第四强度理论,对于弯扭组合变形,有

$$\sqrt{\sigma^2 + 3\tau^2} \leqslant \sigma_{\mathrm{s}} \tag{a}$$

因为 $\tau_{\mathrm{s}} = \sigma_{\mathrm{s}}/\sqrt{3}$,式(a)可改写成

$$\left(\frac{\sigma}{\sigma_{\mathrm{s}}}\right)^2 + \left(\frac{\tau}{\tau_{\mathrm{s}}}\right)^2 \leqslant 1 \tag{b}$$

根据疲劳试验数据,强度条件(b)可扩展至弯扭组合交变应力情况下构件的疲劳强度分析

$$\left[\frac{(\sigma_{\mathrm{b}})_{\mathrm{d}}}{\sigma_{-1}^0}\right]^2 + \left[\frac{(\tau_{\mathrm{t}})_{\mathrm{d}}}{\tau_{-1}^0}\right]^2 \leqslant 1 \tag{c}$$

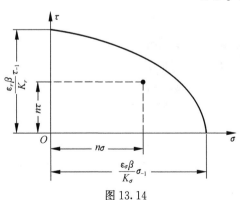

图 13.14

式中,$(\sigma_{\mathrm{b}})_{\mathrm{d}}$ 和 $(\tau_{\mathrm{t}})_{\mathrm{d}}$ 分别为实际构件在弯扭组合交变应力作用下的弯曲正应力和扭转切应力;σ_{-1}^0 和 τ_{-1}^0 分别表示单一的弯曲和扭转对称循环时实际构件的持久极限。疲劳强度条件(c),可以用图 13.14 所示的四分之一椭圆形象地表示,显然椭圆围成的区域是不引起疲劳失效的范围。

弯扭交变应力作用下,构件的工作弯曲正应力为 σ,扭转切应力为 τ,规定的安全系数为 n。若上述应力状态满足疲劳强度条件,则由 $n\sigma$ 和 $n\tau$ 确定的点 C 应位于椭圆曲线与坐标轴围成的区域

内。分别用 $n\sigma$ 和 $n\tau$ 代替式(c)中的 $(\sigma_b)_d$ 和 $(\tau_t)_d$，化简后可得弯扭组合对称循环下的强度条件

$$n_{\sigma\tau} = \frac{n_\sigma n_\tau}{\sqrt{n_\sigma^2 + n_\tau^2}} \geqslant n \tag{13.14}$$

式中，$n_\sigma = \sigma^0_{-1}/\sigma$ 为单一弯曲对称循环的工作安全因数；$n_\tau = \tau^0_{-1}/\tau$ 为单一扭转对称循环的工作安全因数；$n_{\sigma\tau}$ 为构件在弯扭组合对称循环交变应力作用下的工作安全因数。对于非对称循环，仍可按式(13.14)进行疲劳强度计算，但此时 n_σ 和 n_τ 必须分别由非对称循环的式(13.11)和式(13.12)进行计算。

【例 13.3】 阶梯轴的尺寸如图 13.15 所示。其材料为合金钢，$\sigma_b=900\mathrm{MPa}$，$\sigma_{-1}=410\mathrm{MPa}$，$\tau_{-1}=240\mathrm{MPa}$。轴上的弯矩变化在 $-1000\sim+1000\mathrm{N\cdot m}$，扭矩变化在 $0\sim+1500\mathrm{N\cdot m}$。由工程手册查得，$K_\sigma=1.55$，$K_\tau=1.24$，$\varepsilon_\sigma=0.73$，$\varepsilon_\tau=0.78$，$\beta=1$ 和 $\psi_\tau=0.1$。若规定的安全因数 $n=2$，试校核圆杆的强度。

解 轴上的弯矩变化在 $-1000\sim+1000\mathrm{N\cdot m}$，且交变弯矩是对称循环，因而只需确定弯曲正应力的最大值和应力比即可。扭矩变化在 $0\sim+1500\mathrm{N\cdot m}$，交变扭矩为脉动循环，需要确定非对称循环扭转切应力的最大值、最小值、平均应力、应力幅和应力比。圆轴的计算直径取 $d=50\mathrm{mm}$。

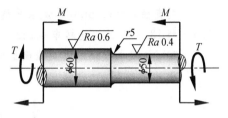

图 13.15

交变弯曲正应力的最大值和应力比分别为

$$\sigma_{max} = \frac{M_{max}}{W} = \frac{32 \times 1000 \times 10^3}{\pi \times 50^3} = 81.3(\mathrm{MPa})$$

$$r = -1.0$$

对于非对称循环扭转切应力，有

$$\tau_{max} = \frac{T_{max}}{W_p} = \frac{16 \times 1500 \times 10^3}{\pi \times 50^3} = 61.0(\mathrm{MPa})$$

$$\tau_{min} = 0$$

$$r = \frac{\sigma_{min}}{\sigma_{max}} = 0$$

$$\sigma_m = \frac{\sigma_{max} + \sigma_{min}}{2} = \frac{61.0 + 0}{2} = 30.5(\mathrm{MPa})$$

$$\sigma_a = \frac{\sigma_{max} - \sigma_{min}}{2} = \frac{61.0 - 0}{2} = 30.5(\mathrm{MPa})$$

弯曲对称循环的工作安全因数为

$$n_\sigma = \frac{\sigma_{-1}}{\dfrac{K_\sigma}{\varepsilon_\sigma \beta}\sigma_{max}} = \frac{410}{\dfrac{1.55}{0.73 \times 1} \times 81.3} = 2.38$$

扭转非对称循环的工作安全因数为

$$n_\tau = \frac{\tau_{-1}}{\dfrac{K_\tau}{\varepsilon_\tau \beta}\tau_a + \psi_\tau \tau_m} = \frac{240}{\dfrac{1.24}{0.78 \times 1} \times 30.5 + 0.1 \times 30.5} = 4.66$$

弯扭组合交变应力下轴的工作安全因数为

$$n_{\sigma\tau} = \frac{n_\sigma n_\tau}{\sqrt{n_\sigma^2 + n_\tau^2}} = \frac{2.38 \times 4.66}{\sqrt{2.38^2 + 4.66^2}} = 2.12 \geqslant n = 2$$

显然,阶梯轴满足疲劳强度条件。

　　疲劳裂纹的萌生主要出现在应力集中的部位和构件表面。因此,提高疲劳强度,应从减轻应力集中、降低表面粗糙度和增强表面强度等方面入手。

习　　题

13.1　柴油机活塞杆的直径 $d=60\text{mm}$,当汽缸发火时活塞杆受轴向压力 520kN,吸气时所受轴向拉力为 120kN。试求活塞杆的平均应力 σ_m、应力幅 σ_a 和应力比 r。

13.2　发动机螺栓大头工作时承受的最大拉力 $F_\text{max}=57.3\text{kN}$,最小拉力 $F_\text{min}=51.7\text{kN}$。螺纹内直径 $d=11.5\text{mm}$。试求平均应力 σ_m、应力幅 σ_a 和应力比 r,并绘制 $\sigma\text{-}t$ 曲线。

13.3　题 13.3 图所示旋转车轴,设 $a=500\text{mm}$,$l=1.5\text{m}$,车轴中段直径 $d=15\text{cm}$。若 $F=60\text{kN}$,试求车轴中段某截面边缘上表面任意一点的最大应力 σ_max、最小应力 σ_min 和应力比 r,并绘制 $\sigma\text{-}t$ 曲线。

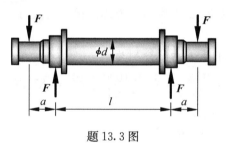

题 13.3 图

13.4　在 $\sigma_\text{m}\text{-}\sigma_\text{a}$ 坐标系中标出题 13.4 图所示应力循环对应的点,并求出自原点出发并通过这些点的射线与 σ_m 轴的夹角。

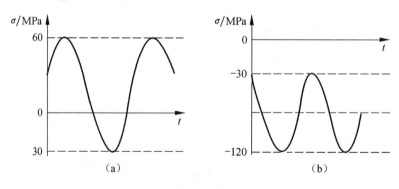

题 13.4 图

13.5　已知某材料的持久极限曲线如题 13.5 图所示。试求该材料脉动循环时的持久极限。用该材料制成的光滑小试件,当承受 $\sigma_\text{min}=0$,$\sigma_\text{max}=240\text{MPa}$ 的交变应力时,是否会发生疲劳破坏?

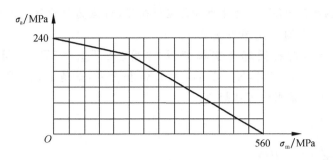

题 13.5 图

13.6 题 13.6 图所示重物 P 通过轴承对圆轴作用一铅垂向下的集中力 $P=12$kN,轴在 $\pm30°$ 范围内往复转动。已知材料的 $\sigma_b=500$MPa,$\sigma_{-1}=250$MPa,$\sigma_s=340$MPa 和 $K_\sigma=1$,$\varepsilon_\sigma=1$,$\beta=1$,$\psi_\sigma=0.1$。试求危险截面上 1、2、3 和 4 点的应力比与工作安全因数。

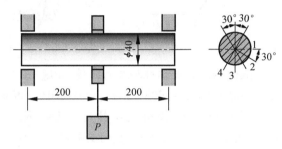

题 13.6 图

13.7 阶梯形圆轴在不变弯矩作用下旋转,尺寸如题 13.7 图所示。已知材料的 $\sigma_b=800$MPa 和 $\sigma_{-1}=360$MPa,由工程手册查得 $K_\sigma=1.62$,$\varepsilon_\sigma=0.64$ 和 $\beta=0.75$。若规定安全因数 $n=1.5$,试求许可弯矩 M。

13.8 一钢轴受 $-800\sim800$N·m 变化的交变扭矩作用(题 13.8 图)。材料的 $\tau_{-1}=110$MPa,且 $K_\tau=1.28$,$\varepsilon_\tau=0.82$,$\beta=1$,工作安全因数 $n=2.0$。试校核该轴的疲劳强度。

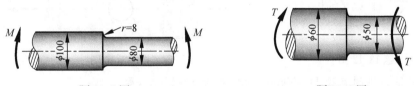

题 13.7 图　　　　　　　　　　　题 13.8 图

13.9 旋转圆轴 I-I 截面承受不变弯矩 $M=860$N·m,材料的 $\sigma_b=520$MPa,$\sigma_{-1}=220$MPa,如题 13.9 图所示。规定的安全因数 $n=1.4$,且 $\varepsilon_\sigma=0.82$,$\beta=0.95$,$K_\sigma=1.65$。试校核 I-I 截面的疲劳强度。

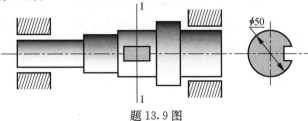

题 13.9 图

13.10 题 13.10 图所示 EDB 为构件的持久极限曲线,M 点为此构件的工作应力点。试求构件工作时的安全因数 n_σ 和应力比 r。

13.11 阶梯轴受到不对称循环交变扭矩 T 作用,且 $T_{max}=5T_{min}$。材料为碳钢,$\tau_{-1}=190\text{MPa}$。已知 $\psi_\tau=0.1,K_\tau=1.4,\varepsilon_\tau=0.85$ 和 $\beta=1$,如题 13.11 图所示。若规定的安全因数 $n=1.6$,试求许可扭矩值。

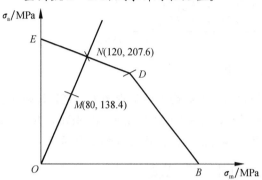

题 13.10 图

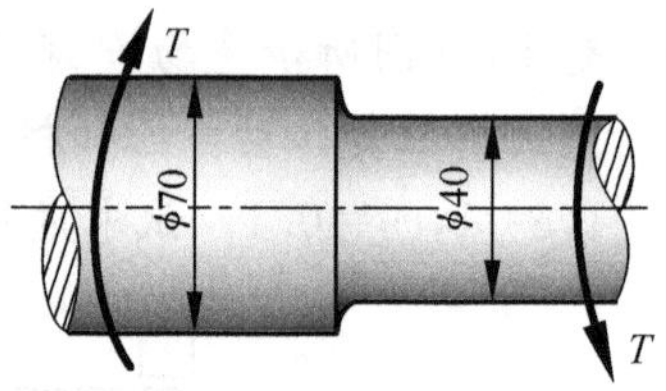

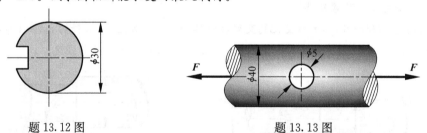

题 13.11 图

13.12 电动机轴直径 $d=30\text{mm}$,轴上开有端铣加工的缝槽,如题 13.12 图所示。材料是合金钢,$\sigma_b=750\text{MPa},\tau_b=400\text{MPa},\tau_s=260\text{MPa},\tau_{-1}=190\text{MPa}$。转速为 750r/min,功率为 20 马力,该轴时而工作时而停止,没有反向转动。已知 $K_\tau=1.80,\varepsilon_\tau=0.89,\psi_\tau=0.05,\beta=1$。若规定的安全因数 $n=2$,静强度的安全因数 $n_s=1.5$,试校核轴的强度。

13.13 题 13.13 图所示圆轴表面未经加工,且因径向圆孔而削弱,杆受由 0 到 F_{max} 的交变轴向力作用。已知材料为普通碳钢,$\sigma_b=600\text{MPa},\sigma_s=340\text{MPa},\sigma_{-1}=200\text{MPa},\psi_\sigma=0.07,\varepsilon_\sigma=0.834,K_\sigma=2.01,\beta=0.70$。若规定的安全因数 $n=1.7$,静强度的安全因数 $n_s=1.5$。试求圆轴所能承受的最大载荷。

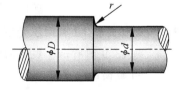

题 13.12 图   题 13.13 图

13.14 阶梯轴粗段的直径 $D=50\text{mm}$,细段直径 $d=45\text{mm}$,承受弯扭组合交变载荷,如题 13.14 图所示。对称循环弯矩 $M=\pm450\text{N·m}$,扭矩 T 在 $350\sim700\text{N·m}$ 变化,圆角半径 $r=2\text{mm}$。材料为碳钢,$\sigma_b=550\text{MPa},\sigma_{-1}=220\text{MPa},\tau_{-1}=120\text{MPa},\sigma_s=300\text{MPa},\tau_s=180\text{MPa},K_\sigma=1.93,\varepsilon_\sigma=0.88,K_\tau=1.46,\varepsilon_\tau=0.81,\beta=1,\psi_\tau=0.1$。试求轴的工作安全因数。

题 13.14 图

附录 A 平面图形的几何性质

A.1 形心与静矩

考虑在 y-z 坐标系中的任意图形(图 A.1),其面积为 A。假设该图形的形心为 C,则形心坐标 $\bar{y}$ 及 $\bar{z}$ 可由下式得出:

$$\bar{y} = \frac{S_z}{A}, \quad \bar{z} = \frac{S_y}{A} \tag{A.1}$$

式中

$$S_y = \int_A z\,\mathrm{d}A, \quad S_z = \int_A y\,\mathrm{d}A \tag{A.2}$$

称为图形对 y、z 轴的**静矩**。由式(A.2)可知,静矩的量纲是长度的三次方,其值可取正、负或零。

重写式(A.1),静矩为

$$S_z = \bar{y}A, \quad S_y = \bar{z}A \tag{A.3}$$

可见,图形对形心的静矩为零。显然,对某轴的静矩为零,该轴必通过图形的形心。

一般,有三种情况,形心可凭直觉判定:①如图 A.2(a)所示,有两条对称轴的图形,形心位于两轴线的交点上;②如图 A.2(b)所示,有一条对称轴的图形,形心位于该对称轴的某一位置上,仅需确定一个坐标值即可定出形心 C;③如图 A.2(c)所示图形是中心对称的,则中心点就是形心。

当平面图形由若干简单图形组成时,由定积分的性质可知,图形各组成部分对某一轴的静矩的代数和等于整个图形对同一轴的静矩,即

$$S_y = \sum_{i=1}^n S_{yi} = \sum_{i=1}^n \bar{z}_i A_i, \quad S_z = \sum_{i=1}^n S_{zi} = \sum_{i=1}^n \bar{y}_i A_i \tag{A.4}$$

式中,S_{yi}、S_{zi} 分别为第 i 块图形对 y、z 轴的静矩;A_i、$\bar{y}_i$、$\bar{z}_i$ 分别为其面积和形心坐标。

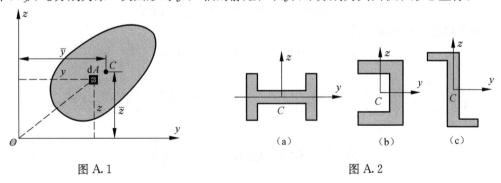

图 A.1   图 A.2

【例 A.1】 计算图 A.3 所示抛物线与 y 轴围成图形的面积 A、静矩 S_y 及 S_z 和该图形的形心。

解 抛物线方程为

$$z = f(y) = hy^2/b^2$$

取图示阴影部分为面元 $\mathrm{d}A$,则

$$dA = z\,dy = (hy^2/b^2)\,dy$$

故总面积为

$$A = \int_A dA = \int_0^b (hy^2/b^2)\,dy = bh/3$$

面元的形心坐标分别为 y 及 $z/2$,因此,静矩为

$$S_y = \int_A \frac{z}{2}\,dA = \int_0^b (hy^2/b^2)^2\,dy/2 = bh^2/10$$

$$S_z = \int_A y\,dA = \int_0^b y(hy^2/b^2)\,dy = b^2h/4$$

最后,求出抛物线图形的形心位置如下:

$$\bar{y} = \frac{S_z}{A} = \frac{3}{4}b, \quad \bar{z} = \frac{S_y}{A} = \frac{3}{10}h$$

【例 A. 2】　求图 A. 4 所示 T 形截面图形的形心位置 $\bar{y}$ 及 $\bar{z}$。

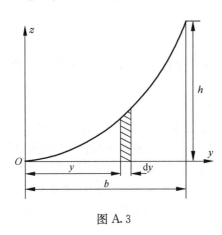

图 A. 3　　　　　　　　　　　　图 A. 4

解　由对称性可知,$\bar{y}=0$。

将该 T 形截面图形分成两个矩形,这两个矩形的形心分别在 C_1 及 C_2。形心 C_1 及 C_2 的 z 轴坐标分别为

$$z_1 = 10\text{mm}, \quad z_2 = 20 + 60 = 80(\text{mm})$$

这两个矩形的面积分别是

$$A_1 = 1600\text{mm}^2, \quad A_2 = 2400\text{mm}^2$$

所以

$$\bar{z} = \frac{S_y}{A} = \frac{S_{y1} + S_{y2}}{A_1 + A_2} = \frac{z_1 A_1 + z_2 A_2}{A_1 + A_2} = \frac{10 \times 1600 + 80 \times 2400}{1600 + 2400} = 52(\text{mm})$$

A. 2　惯性矩和惯性半径

平面图形的惯性矩也称为面积二次矩。如图 A. 1 所示,对 y 及 z 轴的惯性矩分别定义为

$$I_y = \int_A z^2\,dA \quad , \quad I_z = \int_A y^2\,dA \tag{A.5}$$

由惯性矩的定义可知,惯性矩的量纲是长度的四次方,且恒为正值。

力学计算中,惯性矩有时用下面的公式表示:

$$I_y = Ai_y^2, \quad I_z = Ai_z^2 \tag{A.6}$$

或记为

$$i_y = \sqrt{\frac{I_y}{A}}, \quad i_z = \sqrt{\frac{I_z}{A}} \tag{A.7}$$

式中,i_y 及 i_z 为图形分别对于 y 及 z 轴的惯性半径。

平面图形对垂直于图形的轴(此轴与平面的交点称极点)的惯性矩称为**极惯性矩**,记为 I_p,即

$$I_p = \int_A \rho^2 \, \mathrm{d}A \tag{A.8}$$

式中,ρ 是面元至极点的距离。

由坐标关系 $\rho^2 = x^2 + y^2$,可得

$$I_p = \int_A (y^2 + z^2) \, \mathrm{d}A = I_y + I_z \tag{A.9}$$

式(A.9)表示任意极点 O 的极惯性矩,等于平面上通过该极点、两相互垂直轴的惯性矩之和。

【**例 A.3**】　计算图 A.5 所示图形对两对称轴 y 和 z 轴的惯性矩。

解　如图 A.5(a)所示,取阴影部分为面元 $\mathrm{d}A = b\mathrm{d}z$,算出矩形对 y 轴的惯性矩,有

$$I_y = \int_{-h/2}^{h/2} z^2 b \mathrm{d}z = \frac{bh^3}{12} \tag{A.10}$$

同理,可得矩形对 z 轴的惯性矩 $I_z = hb^3/12$。显然,可知图 A.5(b)所示的平行四边形其惯性矩 I_y 也可由式(A.10)求得。

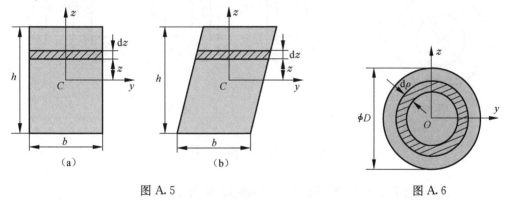

图 A.5　　　　　　　　　　　　　　　图 A.6

【**例 A.4**】　计算图 A.6 所示的实心圆面积对圆心的极惯性矩。

解　如图 A.6 所示取半径为 ρ 的圆环形阴影为面元,$\mathrm{d}A = 2\pi\rho\mathrm{d}\rho$,定义有

$$I_p = \int_0^{D/2} 2\pi\rho^3 \, \mathrm{d}\rho = \frac{\pi D^4}{32} = \frac{\pi R^4}{2} \tag{A.11}$$

式中,D 及 R 分别为圆的直径和半径。

因为圆形对半径的惯性矩都是一样的,故 $I_y = I_z$,再将 $I_y = I_z$ 代入式(A.9),即得

$$I_y = I_z = \frac{I_p}{2} = \frac{\pi D^4}{64} = \frac{\pi R^4}{4} \tag{A.12}$$

如果原图形可分成几块已知惯性矩的分图形,则根据定积分的性质,组合图形的惯性矩等于各组成部分的惯性矩之和。

$$\begin{cases} I_y = \int_A z^2 \,\mathrm{d}A = \sum_{i=1}^{n} \int_{A_i} z^2 \,\mathrm{d}A = \sum_{i=1}^{n} I_{yi} \\[2mm] I_z = \int_A y^2 \,\mathrm{d}A = \sum_{i=1}^{n} \int_{A_i} y^2 \,\mathrm{d}A = \sum_{i=1}^{n} I_{zi} \\[2mm] I_p = \int_A \rho^2 \,\mathrm{d}A = \sum_{i=1}^{n} \int_{A_i} \rho^2 \,\mathrm{d}A = \sum_{i=1}^{n} I_{pi} \end{cases} \tag{A.13}$$

如图 A.7 所示,要求空心圆图形的惯性矩,可以将空心圆看做直径为 D 的大实心圆减去直径为 d 的小实心圆。因此,空心圆图形对 y 轴(或 z 轴)的惯性矩即为大圆与小圆对相同轴的惯性矩之差,有

$$I_y = I_z = \frac{\pi D^4}{64} - \frac{\pi d^4}{64} = \frac{\pi(D^4 - d^4)}{64} \tag{A.14a}$$

对极惯性矩,有

$$I_p = \frac{\pi D^4}{32} - \frac{\pi d^4}{32} = \frac{\pi(D^4 - d^4)}{32} \tag{A.14b}$$

根据上面的示例,对图 A.8(a)、(b)、(c)所示的三个图形,也可应用同样的公式,如下所示:

$$I_y = \frac{bh^3}{12} - \frac{b_1 h_1^3}{12}$$

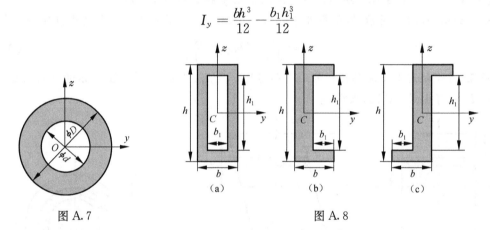

图 A.7　　　　　　　　　　　　　　　　图 A.8

A.3　惯　性　积

如图 A.1 所示的平面图形对 y 轴和 z 轴的惯性积定义如下:

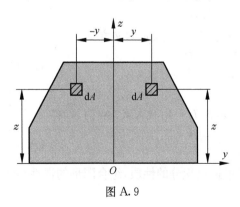

图 A.9

$$I_{yz} = \int_A yz \,\mathrm{d}A \tag{A.15}$$

由式(A.15)可见,惯性积可以为正,也可以为负,取决于图形在坐标轴中的位置。显然,图形整个都在第一、第三象限,由于 y 坐标与 z 坐标同号,则惯性积为正;而图形整个都在第二、第四象限,由于 y 坐标与 z 坐标异号,则惯性积为负。当图形处于两个或多于两个象限时,其惯性积的正负号将取决于图形在对称轴的分布情况。

现在考察图 A.9 所示图形对 z 轴有一对称轴的情

况，根据图形的对称性，必定有两块对称的面元，它们有相同的 z 坐标值和相反的 y 坐标值，故求和后惯性积为零。因此，我们可得如下结论：对于任意一对轴中，只要有一根轴是对称的，则图形的惯性积为零。由此可见，图 A.8(a)和(b)所示图形，$I_{yz}=0$；图 A.8(c)所示图形，因为 y 轴和 z 轴均非对称轴，故不能得出 $I_{yz}=0$ 的结论。

A.4　平行移轴公式

当坐标系平行移动时，平面图形的惯性矩和惯性积将发生变化。若以图形的形心轴作为参考坐标系，这种变化存在着比较简单的转换关系。

图 A.10

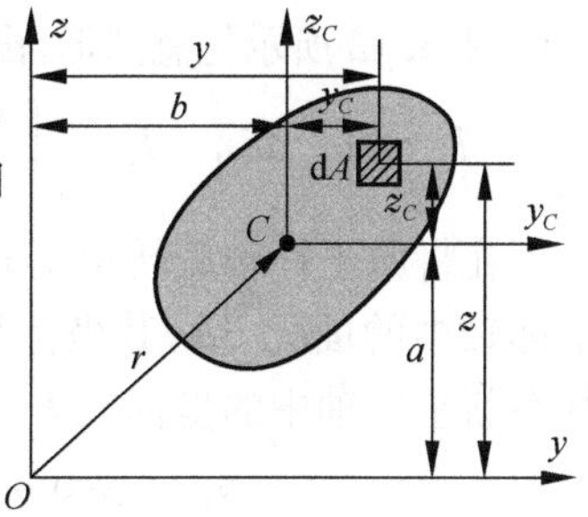

图 A.10 所示图形，形心为 C 及过形心的轴为 y_C 和 z_C。取轴 y、z 平行于轴 y_C、z_C，原点为 O。则由定义，对 y 轴及 z 轴的惯性矩为

$$I_y=\int_A z^2\mathrm{d}A=\int_A(z_C+a)^2\mathrm{d}A=\int_A z_C^2\mathrm{d}A+2a\int_A z_C\mathrm{d}A+a^2\int_A\mathrm{d}A$$

$$I_z=\int_A y^2\mathrm{d}A=\int_A(y_C+b)^2\mathrm{d}A=\int_A y_C^2\mathrm{d}A+2b\int_A y_C\mathrm{d}A+b^2\int_A\mathrm{d}A$$

对 y 轴和 z 轴的惯性积为

$$\begin{aligned}I_{yz}&=\int_A yz\mathrm{d}A=\int_A(y_C+b)(z_C+a)\mathrm{d}A\\&=\int_A y_Cz_C\mathrm{d}A+a\int_A y_C\mathrm{d}A+b\int_A z_C\mathrm{d}A+ab\int_A\mathrm{d}A\end{aligned}$$

因为轴 y_C 及 z_C 是形心轴，图形对这些轴的静矩为零，因此，在上面三式中积分 $\int_A y_C\mathrm{d}A$ 及 $\int_A z_C\mathrm{d}A$ 为零。最后可得

$$\begin{aligned}I_y&=I_{y_C}+Aa^2\\I_z&=I_{z_C}+Ab^2\\I_{yz}&=I_{y_Cz_C}+Aab\end{aligned}\tag{A.16}$$

图 A.11

注意：a 及 b 是在坐标系 Oyz 中形心 C 的坐标，因此 a 或 b 可正也可负。

【例 A.5】 确定图 A.11 所示 T 形截面图形的形心惯性矩。

解　该 T 形截面图形形心 C 的坐标已在例 A.1 中求出。为方便起见，取 Oyz 坐标系如图 A.11 所示，得

$$b=-52+20=-32(\mathrm{mm})$$

式中，负号意义是形心 C 低于 y 轴。

将原图分成两个矩形，记为Ⅰ和Ⅱ，应用平行移轴公式，可分别得矩形Ⅰ和Ⅱ对轴 y_C 的惯性矩 $I_{y_C}^{\mathrm{I}}$ 和 $I_{y_C}^{\mathrm{II}}$ 分别为

$$I_{y_C}^{\mathrm{I}}=80\times20^3/12+1600\times(32+10)^2=2.88\times10^6(\mathrm{mm}^4)$$

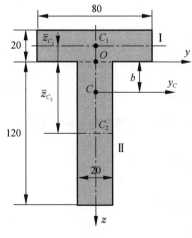

$$I_{y_C}^{\text{II}} = 20 \times 120^3/12 + 2400 \times (60 - 32)^2 = 4.76 \times 10^6 (\text{mm}^4)$$

由式(A.13),则有

$$I_{y_C} = I_{y_C}^{\text{I}} + I_{y_C}^{\text{II}} = 2.88 \times 10^6 + 4.76 \times 10^6 = 7.64 \times 10^6 (\text{mm}^4)$$

因为 z_C 轴通过形心 C,惯性矩 I_{z_C} 为

$$I_{z_C} = 20 \times 80^3/12 + 120 \times 20^3/12 = 0.933 \times 10^6 (\text{mm}^4)$$

A.5 转轴公式及主轴

取图 A.12 所示任意图形,设 y、z 轴为原坐标,其相应的惯性矩及惯性积为

$$I_y = \int_A z^2 \mathrm{d}A, \quad I_z = \int_A y^2 \mathrm{d}A, \quad I_{yz} = \int_A yz \mathrm{d}A \qquad (\text{a})$$

现在将原坐标轴旋转角 α,得新轴 y_1、z_1 的位置。考虑在原坐标轴中的面元 $\mathrm{d}A$,其坐标为 y、z,由简单的几何关系可得其在新坐标轴中的坐标应为

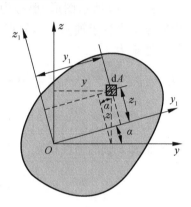

$$y_1 = y\cos\alpha + z\sin\alpha$$

$$z_1 = -y\sin\alpha + z\cos\alpha \qquad (\text{b})$$

式中,α 为从原坐标轴转到新坐标轴的角度。可得惯性矩 I_{y_1} 为

$$I_{y_1} = \int_A z_1^2 \mathrm{d}A = \int_A (-y\sin\alpha + z\cos\alpha)^2 \mathrm{d}A$$

图 A.12

$$= \cos^2\alpha \int_A z^2 \mathrm{d}A + \sin^2\alpha \int_A y \mathrm{d}A - 2\sin\alpha\cos\alpha \int_A yz \mathrm{d}A$$

考虑到式(a),有

$$I_{y_1} = I_y \cos^2\alpha + I_z \sin^2\alpha - I_{yz} \sin 2\alpha$$

化简,可得

$$I_{y_1} = \frac{I_y + I_z}{2} + \frac{I_y - I_z}{2}\cos 2\alpha - I_{yz}\sin 2\alpha \qquad (\text{A.17})$$

同理,有

$$I_{z_1} = \frac{I_y + I_z}{2} - \frac{I_y - I_z}{2}\cos 2\alpha + I_{yz}\sin 2\alpha \qquad (\text{A.18})$$

$$I_{y_1 z_1} = \frac{I_y - I_z}{2}\sin 2\alpha + I_{yz}\cos 2\alpha \qquad (\text{A.19})$$

式(A.17)~式(A.19)称为**转轴公式**。由式(A.17)~式(A.19)可见,随着角 α 的变化,I_{y_1}、I_{z_1} 及 $I_{y_1 z_1}$ 的值也将连续变化。

将式(A.17)对 α 求导数

$$\frac{\mathrm{d}I_{y_1}}{\mathrm{d}\alpha} = -2\left(\frac{I_y - I_z}{2}\sin 2\alpha + I_{yz}\cos 2\alpha\right) \qquad (\text{c})$$

令其为零

$$\frac{I_y - I_z}{2}\sin 2\alpha_0 + I_{yz}\cos 2\alpha_0 = 0 \qquad (d)$$

式中，α_0 为令 $\dfrac{\mathrm{d}I_{y_1}}{\mathrm{d}\alpha} = 0$ 的对应值。由式(d)可解得

$$\tan 2\alpha_0 = -\frac{2I_{yz}}{I_y - I_z} \qquad (A.20)$$

由式(A.20)，可得 α_0 的两个值，其相差 $\pi/2$，即式(A.20)确定了一对坐标轴，图形对其中一轴的惯性矩取极大值，对另一轴取极小值。这样的一对坐标轴，称为过该点的**主惯性轴**。对主惯性轴的极大惯性矩与极小惯性矩，称为主惯性矩。由式(A.19)可知，平面图形对主轴的惯性积为零。

将式(A.20)代入式(A.17)及式(A.18)，可得主惯性矩的表达式如下：

$$\left.\begin{array}{r}I_{\max}\\I_{\min}\end{array}\right\} = \frac{I_y + I_z}{2} \pm \sqrt{\left(\frac{I_y - I_z}{2}\right)^2 + I_{yz}^2} \qquad (A.21)$$

过图形上任意一点，都可以确定平面图形的一对主惯性轴。过形心的主惯性轴，称为**形心主惯性轴**，图形对形心主惯性轴的惯性矩，称为**形心主惯性矩**，在梁的弯曲问题中，求截面的形心主惯性矩的值具有重要意义。

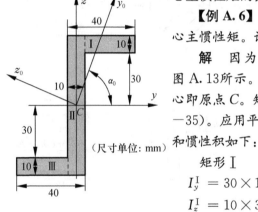

图 A.13

（尺寸单位：mm）

【例 A.6】 图 A.13 所示反 Z 形图形，求其形心主轴及形心主惯性矩。设坐标原点为形心 C。

解 因为该反 Z 形截面有一对称中心，取 y、z 轴如图 A.13 所示。将原图分为三块，记为 Ⅰ、Ⅱ 和 Ⅲ。矩形 Ⅱ 的形心即原点 C。矩形 Ⅰ 和 Ⅲ 的形心坐标分别为 $(25,35)$ 和 $(-25,-35)$。应用平行轴公式可求得每一个矩形对 y 和 z 轴的惯性矩和惯性积如下：

矩形 Ⅰ
$$I_y^{\mathrm{I}} = 30 \times 10^3/12 + 30 \times 10 \times 35^2 = 3.70 \times 10^5\,(\mathrm{mm}^4)$$
$$I_z^{\mathrm{I}} = 10 \times 30^3/12 + 30 \times 10 \times 20^2 = 1.425 \times 10^5\,(\mathrm{mm}^4)$$
$$I_{yz}^{\mathrm{I}} = 0 + 30 \times 10 \times 20 \times 35 = 2.10 \times 10^5\,(\mathrm{mm}^4)$$

矩形 Ⅱ
$$I_y^{\mathrm{II}} = 10 \times 80^3/12 = 4.27 \times 10^5\,(\mathrm{mm}^4)$$
$$I_z^{\mathrm{II}} = 80 \times 10^3/12 = 0.067 \times 10^5\,(\mathrm{mm}^4)$$
$$I_{yz}^{\mathrm{II}} = 0$$

矩形 Ⅲ
$$I_y^{\mathrm{III}} = I_y^{\mathrm{I}} = 3.70 \times 10^5\,\mathrm{mm}^4$$
$$I_z^{\mathrm{III}} = I_z^{\mathrm{I}} = 1.425 \times 10^5\,\mathrm{mm}^4$$
$$I_{yz}^{\mathrm{III}} = I_{yz}^{\mathrm{I}} = 2.10 \times 10^5\,\mathrm{mm}^4$$

因此，整个图形对 y 和 z 轴的惯性矩与惯性积为
$$I_y = I_y^{\mathrm{I}} + I_y^{\mathrm{II}} + I_y^{\mathrm{III}} = (3.70 \times 2 + 4.27) \times 10^5 = 11.67 \times 10^5\,(\mathrm{mm}^4)$$
$$I_z = I_z^{\mathrm{I}} + I_z^{\mathrm{II}} + I_z^{\mathrm{III}} = (1.425 \times 2 + 0.067) \times 10^5 = 2.917 \times 10^5\,(\mathrm{mm}^4)$$
$$I_{yz} = I_{yz}^{\mathrm{I}} + I_{yz}^{\mathrm{II}} + I_{yz}^{\mathrm{III}} = 2.10 \times 2 \times 10^5 = 4.20 \times 10^5\,(\mathrm{mm}^4)$$

代入式(A. 20)，得

$$\tan 2\alpha_0 = \frac{-2 \times 4.20 \times 10^5}{(11.67 - 2.917) \times 10^5} = -0.960$$

故有

$$2\alpha_0 = -43.8° \text{ 或 } 136.2°, \quad \alpha_0 = -21.9° \text{ 或 } 68.1°$$

$$\left.\begin{matrix} I_{\max} \\ I_{\min} \end{matrix}\right\} = \frac{11.67 \times 10^5 + 2.917 \times 10^5}{2} \pm \sqrt{\left(\frac{11.67 \times 10^5 - 2.917 \times 10^5}{2}\right)^2 + (4.20 \times 10^5)^2}$$

$$= \begin{cases} 13.36 \times 10^5 \, (\mathrm{mm}^4) \\ 1.228 \times 10^5 \, (\mathrm{mm}^4) \end{cases}$$

几种常见截面对其形心主轴的惯性矩列于表 A.1 中。

表 A.1　典型平面图形的性质

序号	形状和尺寸	平面图形性质	序号	形状和尺寸	平面图形性质
1	矩形	$A = bh, \bar{y} = \dfrac{b}{2}, \bar{z} = \dfrac{h}{2}$ $I_y = \dfrac{bh^3}{12}, I_z = \dfrac{hb^3}{12}$ $I_{yz} = 0, I_p = \dfrac{bh(b^2+h^2)}{12}$	5	圆环	$A = \dfrac{\pi(D^2-d^2)}{4}, I_{yz} = 0$ $I_y = I_z = \dfrac{\pi(D^4-d^4)}{64}$ $I_p = \dfrac{\pi(D^4-d^4)}{32}$
2	三角形	$A = \dfrac{bh}{2}, \bar{y} = \dfrac{b+c}{2}$ $\bar{z} = \dfrac{h}{3}, I_y = \dfrac{bh^3}{36}$ $I_z = \dfrac{bh^2(b-2c)}{72}$ $I_p = \dfrac{bh(b^2+h^2-bc+c^2)}{36}$	6	T形	$A = b_1 h_1 + b_2 h_2$ $\bar{z} = \dfrac{b_2 h_2^2 - b_1 h_1^2}{2A}, I_{yz} = 0$ $I_y = \dfrac{b_1 h_1^3 + b_2 h_2^3}{12} - A\bar{z}^2$ $I_z = \dfrac{h_1 b_1^3 + h_2 b_2^3}{12}$
3	梯形	$A = \dfrac{(a+b)h}{2}$ $\bar{z} = \dfrac{h(2a+b)}{2(a+b)}$ $I_y = \dfrac{h^3(a^2+4ab+b^2)}{36(a+b)}$ $I_{BB} = \dfrac{h^3(3a+b)}{12}$	7	工字形	$A = b_1 h_1 - b_2 h_2, \bar{z} = \dfrac{h_2}{2}$ $I_y = \dfrac{b_1 h_1^3 - b_2 h_2^3}{12}, I_{yz} = 0$
4	圆	$A = \dfrac{\pi D^2}{4}, I_y = I_z = \dfrac{\pi D^4}{64}$ $I_{yz} = 0, I_p = \dfrac{\pi D^4}{32}$ $I_{BB} = \dfrac{5\pi D^4}{64}$	8	椭圆	$A = \dfrac{\pi ab}{4}, I_y = \dfrac{\pi ab^3}{4}$ $I_z = \dfrac{\pi a^3 b}{4}, I_{yz} = 0$ $I_p = \dfrac{\pi ab(a^2+b^2)}{12}$

续表

序号	形状和尺寸	平面图形性质	序号	形状和尺寸	平面图形性质
9		$A=\dfrac{2bh}{3}$，$\bar{y}=\dfrac{3b}{8}$ $\bar{z}=\dfrac{2h}{5}$	10	反抛物线	$A=\dfrac{bh}{3}$，$\bar{y}=\dfrac{3b}{4}$ $\bar{z}=\dfrac{3h}{10}$

注：$\bar{y}$、$\bar{z}$ 为形心坐标；A 为面积；I_y、I_z 为 y、z 轴的惯性矩；I_{yz} 为 y、z 轴的惯性积；I_p 为极惯性矩；I_{BB} 为对轴 $B\text{-}B$ 的惯性矩。

习　题

A. 1　确定题 A.1 图所示图形形心 C 的位置。

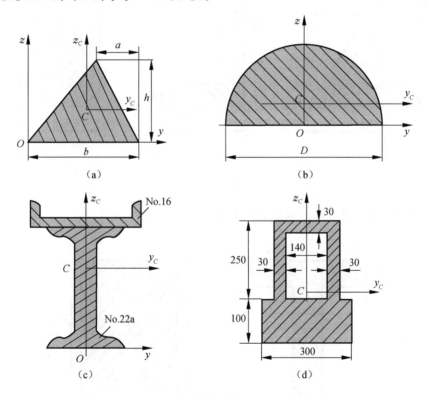

题 A.1 图

A. 2　题 A.2 图所示扇形，证明图形面积 $A=\alpha D^2/4$ 及形心位置 $\bar{y}=D\sin^2(\alpha/2)3\alpha$。

A. 3　题 A.3 图所示切去 $1/4$ 的边长 b 的正方体，求形心 C 的坐标。

A. 4　试求题 A.4 图所示平面图形对 x 轴和 y 轴的惯性矩。

A. 5　计算题 A.1 中各图形对形心轴 y_C 的惯性矩及惯性半径 i_{y_C}。

A. 6　求：(1) 边长为 a 的正方形，对对角线的惯性矩；

　　　(2) 边长为 a、b 的矩形，对对角线的惯性矩。

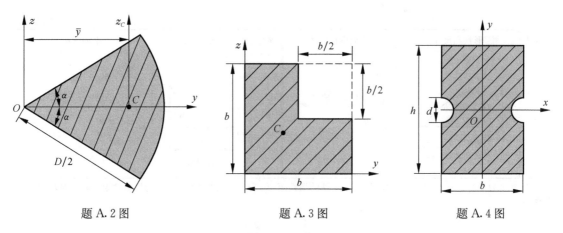

題 A.2 图　　　　　　　題 A.3 图　　　　　　　題 A.4 图

A.7　计算题 A.7 图所示图形关于轴 y 和轴 z 的惯性积。

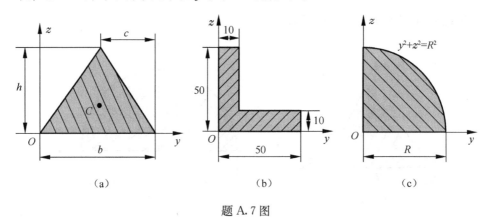

（a）　　　　　　　　（b）　　　　　　　　（c）

題 A.7 图

A.8　求题 A.8 图中各图形对形心轴 z 的惯性矩。

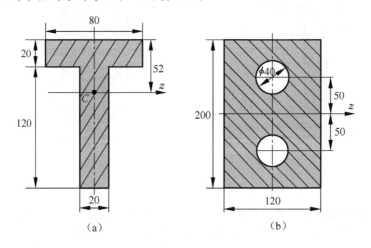

（a）　　　　　　　　　　　（b）

題 A.8 图

A.9　用转轴公式求题 A.9 图所示矩形对轴 y_1 和 z_1 的惯性矩与惯性积。

A.10　确定倒 T 字形图形(题 A.10 图)的形心主轴的方向及形心主惯性矩。

A.11　题 A.11 图所示角钢形截面,(1)确定通过 O 的主轴及相应的惯性矩;(2)确定形心主轴及相应的形心主惯性矩。

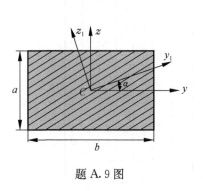
题 A.9 图

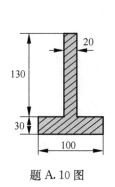
题 A.10 图

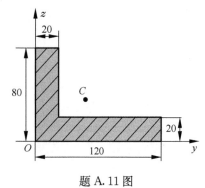
题 A.11 图

附录 B 型钢表

附表 1 热轧等边角钢（GB 9787—1988）

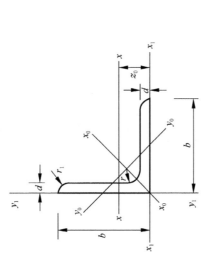

符号意义：

b—— 边宽度；
d—— 边厚度；
r—— 内圆弧半径；
r_1—— 边端内圆弧半径；
I—— 惯性矩；
i—— 惯性半径；
W—— 截面系数；
z_0—— 重心距离

角钢号数	尺寸/mm			截面面积 /cm²	理论重量 /(kg/m)	外表面积 /(m²/m)	参考数值															
							$x-x$				x_0-x_0				y_0-y_0				x_1-x_1	z_0/cm
	b	d	r				I_x/cm⁴	i_x/cm	W_x/cm³		I_{x_0}/cm⁴	i_{x_0}/cm	W_{x_0}/cm³		I_{y_0}/cm⁴	i_{y_0}/cm	W_{y_0}/cm³		I_{x_1}/cm⁴	
2	20	3	3.5	1.132	0.889	0.078	0.40	0.59	0.29		0.63	0.75	0.45		0.17	0.39	0.20		0.81	0.60
		4		1.459	1.145	0.077	0.50	0.58	0.36		0.78	0.73	0.55		0.22	0.38	0.24		1.09	0.64
2.5	25	3		1.432	1.124	0.098	0.82	0.76	0.46		1.29	0.95	0.73		0.34	0.49	0.33		1.57	0.73
		4		1.859	1.459	0.097	1.03	0.74	0.59		1.62	0.93	0.92		0.43	0.48	0.40		2.11	0.76

续表

角钢号数	尺寸/mm b	d	r	截面面积/cm²	理论重量/(kg/m)	外表面积/(m²/m)	x-x I_x/cm⁴	i_x/cm	W_x/cm³	x0-x0 I_{x0}/cm⁴	i_{x0}/cm	W_{x0}/cm³	y0-y0 I_{y0}/cm⁴	i_{y0}/cm	W_{y0}/cm³	x1-x1 I_{x1}/cm⁴	z_0/cm
3.0	30	3	4.5	1.749	1.373	0.117	1.46	0.91	0.68	2.31	1.15	1.09	0.61	0.59	0.51	2.71	0.85
		4		2.276	1.786	0.117	1.84	0.90	0.87	2.92	1.13	1.37	0.77	0.58	0.62	3.63	0.89
3.6	36	3	4.5	2.109	1.656	0.141	2.58	1.11	0.99	4.09	1.39	1.61	1.07	0.71	0.76	4.68	1.00
		4		2.756	2.163	0.141	3.29	1.09	1.28	5.22	1.38	2.05	1.37	0.70	0.93	6.25	1.04
		5		3.382	2.654	0.141	3.95	1.08	1.56	6.24	1.36	2.45	1.65	0.70	1.09	7.84	1.07
4.0	40	3	5	2.359	1.852	0.157	3.59	1.23	1.23	5.69	1.55	2.01	1.49	0.79	0.96	6.41	1.09
		4		3.086	2.422	0.157	4.60	1.22	1.60	7.29	1.54	2.58	1.91	0.79	1.19	8.56	1.13
		5		3.791	2.976	0.156	5.53	1.21	1.96	8.76	1.52	3.10	2.30	0.78	1.39	10.74	1.17
4.5	45	3	5	2.659	2.088	0.177	5.17	1.40	1.58	8.20	1.76	2.58	2.14	0.89	1.24	9.12	1.22
		4		3.486	2.736	0.177	6.65	1.38	2.05	10.56	1.74	3.32	2.75	0.89	1.54	12.18	1.26
		5		4.292	3.369	0.176	8.04	1.37	2.51	12.74	1.72	4.00	3.33	0.88	1.81	15.25	1.30
		6		5.076	3.985	0.176	9.33	1.36	2.95	14.76	1.70	4.64	3.89	0.88	2.06	18.36	1.33
5	50	3	5.5	2.971	2.332	0.197	7.18	1.55	1.96	11.37	1.96	3.22	2.98	1.00	1.57	12.50	1.34
		4		3.897	3.059	0.197	9.26	1.54	2.56	14.70	1.94	4.16	3.82	0.99	1.96	16.69	1.38
		5		4.803	3.770	0.196	11.21	1.53	3.13	17.79	1.92	5.03	4.64	0.98	2.31	20.90	1.42
		6		5.688	4.465	0.196	13.05	1.52	3.68	20.68	1.91	5.85	5.42	0.98	2.63	25.14	1.46
5.6	56	3	6	3.343	2.624	0.221	10.19	1.75	2.48	16.14	2.20	4.08	4.24	1.13	2.02	17.56	1.48
		4		4.390	3.446	0.220	13.18	1.73	3.24	20.92	2.18	5.28	5.46	1.11	2.52	23.43	1.53
		5		5.415	4.251	0.220	16.02	1.72	3.97	25.42	2.17	6.42	6.61	1.10	2.98	29.33	1.57
		8		8.367	6.568	0.219	23.63	1.68	6.03	37.37	2.11	9.44	9.89	1.09	4.16	47.24	1.68
6.3	63	4	7	4.978	3.907	0.248	19.03	1.96	4.13	30.17	2.46	6.78	7.89	1.26	3.29	33.35	1.70
		5		6.143	4.882	0.248	23.17	1.94	5.08	36.77	2.45	8.25	9.57	1.25	3.90	41.73	1.74
		6		7.288	5.721	0.247	27.12	1.93	6.00	43.03	2.43	9.66	11.20	1.24	4.46	50.14	1.78
		8		9.515	7.469	0.247	34.46	1.90	7.75	54.56	2.40	12.25	14.33	1.23	5.47	67.11	1.85
		10		11.657	9.151	0.246	41.09	1.88	9.39	64.85	2.36	14.56	17.33	1.22	6.36	84.31	1.93

参考数值

续表

角钢号数	尺寸/mm b	尺寸/mm d	尺寸/mm r	截面面积/cm²	理论重量/(kg/m)	外表面积/(m²/m)	x-x I_x/cm⁴	x-x i_x/cm	x-x W_x/cm³	x_0-x_0 I_{x_0}/cm⁴	x_0-x_0 i_{x_0}/cm	x_0-x_0 W_{x_0}/cm³	y_0-y_0 I_{y_0}/cm⁴	y_0-y_0 i_{y_0}/cm	y_0-y_0 W_{y_0}/cm³	x_1-x_1 I_{x_1}/cm⁴	z_0/cm
7	70	4	8	5.570	4.372	0.275	26.39	2.18	5.14	41.80	2.74	8.44	10.99	1.40	4.17	45.74	1.86
		5		6.875	5.397	0.275	32.21	2.16	6.32	51.08	2.73	10.32	13.34	1.39	4.95	57.21	1.91
		6		8.160	6.406	0.275	37.77	2.15	7.48	59.93	2.71	12.11	15.61	1.38	5.67	68.73	1.95
		7		9.424	7.398	0.275	43.09	2.14	8.59	68.35	2.69	13.81	17.82	1.38	6.34	80.29	1.99
		8		10.667	8.373	0.274	48.17	2.12	9.68	76.37	2.68	15.43	19.98	1.37	6.98	91.92	2.03
7.5	75	5	9	7.412	5.818	0.295	39.97	2.33	7.32	63.30	2.92	11.94	16.63	1.50	5.77	70.56	2.04
		6		8.797	6.905	0.294	46.95	2.31	8.64	74.38	2.90	14.02	19.51	1.49	6.67	84.55	2.07
		7		10.160	7.976	0.294	53.57	2.30	9.93	84.96	2.89	16.02	22.18	1.48	7.44	98.71	2.11
		8		11.503	9.030	0.294	59.96	2.28	11.20	95.07	2.88	17.93	24.86	1.47	8.19	112.97	2.15
		10		14.126	11.089	0.293	71.98	2.26	13.64	113.92	2.84	21.48	30.05	1.46	9.56	141.71	2.22
8	80	5	9	7.912	6.211	0.315	48.79	2.48	8.34	77.33	3.13	13.67	20.25	1.60	6.66	85.36	2.15
		6		9.397	7.376	0.314	57.35	2.47	9.87	90.98	3.11	16.08	23.72	1.59	7.65	102.50	2.19
		7		10.860	8.525	0.314	65.58	2.46	11.37	104.07	3.10	18.40	27.09	1.58	8.58	119.70	2.23
		8		12.303	9.658	0.314	73.49	2.44	12.83	116.60	3.08	20.61	30.39	1.57	9.46	136.97	2.27
		10		15.126	11.874	0.313	88.43	2.42	15.64	140.09	3.04	24.76	36.77	1.56	11.08	171.74	2.35
9	90	6	10	10.637	8.350	0.354	82.77	2.79	12.61	131.26	3.51	20.63	34.28	1.80	9.95	145.87	2.44
		7		12.301	9.656	0.354	94.83	2.78	14.54	150.47	3.50	23.64	39.18	1.78	11.19	170.30	2.48
		8		13.944	10.946	0.353	106.47	2.76	16.42	168.97	3.48	26.55	43.97	1.78	12.35	194.80	2.52
		10		17.167	13.476	0.353	128.58	2.74	20.07	203.90	3.45	32.04	53.26	1.76	14.52	244.07	2.59
		12		20.306	15.940	0.352	149.22	2.71	23.57	236.21	3.41	37.12	62.22	1.75	16.49	293.76	2.67
10	100	6	12	11.932	9.366	0.393	114.95	3.10	15.68	181.98	3.90	25.74	47.92	2.00	12.69	200.07	2.67
		7		13.796	10.830	0.393	131.86	3.09	18.10	208.97	3.89	29.55	54.74	1.99	14.26	233.54	2.71
		8		15.638	12.276	0.393	148.24	3.08	20.47	235.07	3.88	33.24	61.41	1.98	15.75	267.09	2.76
		10		19.261	15.120	0.392	179.51	3.05	25.06	284.68	3.84	40.26	74.35	1.96	18.54	334.48	2.84
		12		22.800	17.898	0.391	208.90	3.03	29.48	330.95	3.81	46.80	86.84	1.95	21.08	402.34	2.91
		14		26.256	20.611	0.391	236.53	3.00	33.73	374.06	3.77	52.90	99.00	1.94	23.44	470.75	2.99
		16		29.627	23.257	0.390	262.53	2.98	37.82	414.16	3.74	58.57	110.89	1.94	25.63	539.80	3.06

续表

角钢号数	尺寸/mm b	d	r	截面面积/cm²	理论重量/(kg/m)	外表面积/(m²/m)	I_x/cm⁴	i_x/cm	W_x/cm³	I_{x_0}/cm⁴	i_{x_0}/cm	W_{x_0}/cm³	I_{y_0}/cm⁴	i_{y_0}/cm	W_{y_0}/cm³	I_{x_1}/cm⁴	z_0/cm
							参考数值										
							x-x			x_0-x_0			y_0-y_0			x_1-x_1	
11	110	7	12	15.196	11.928	0.433	177.16	3.41	22.05	280.94	4.30	36.12	73.38	2.20	17.51	310.64	2.96
		8		17.238	13.532	0.433	199.46	3.40	24.95	316.49	4.28	40.69	82.42	2.19	19.39	355.20	3.01
		10		21.261	16.690	0.432	242.19	3.38	30.60	384.39	4.25	49.42	99.98	2.17	22.91	444.65	3.09
		12		25.200	19.782	0.431	282.55	3.35	36.05	448.17	4.22	57.62	116.93	2.15	26.15	534.60	3.16
		14		29.056	22.809	0.431	320.71	3.32	41.31	508.01	4.18	65.31	133.40	2.14	29.14	625.16	3.24
12.5	125	8	14	19.750	15.504	0.492	297.03	3.88	32.52	470.89	4.88	53.28	123.16	2.50	25.86	521.01	3.37
		10		24.373	19.133	0.491	361.67	3.85	39.97	573.89	4.85	64.93	149.46	2.48	30.62	651.93	3.45
		12		28.912	22.696	0.491	423.16	3.83	41.17	671.44	4.82	75.96	174.88	2.46	35.03	783.42	3.53
		14		33.367	26.193	0.490	481.65	3.80	54.16	763.73	4.78	86.41	199.57	2.45	39.13	915.61	3.61
14	140	10	14	27.373	21.488	0.551	514.65	4.34	50.58	817.27	5.46	82.56	212.04	2.78	39.20	915.11	3.82
		12		32.512	25.522	0.551	603.68	4.31	59.80	958.79	5.43	96.85	248.57	2.76	45.02	1099.28	3.90
		14		37.567	29.490	0.550	688.81	4.28	68.75	1093.56	5.40	110.47	284.06	2.75	50.45	1284.22	3.98
		16		42.539	33.393	0.549	770.24	4.26	77.46	1221.81	5.36	123.42	318.67	2.74	55.55	1470.07	4.06
16	160	10	16	31.502	24.729	0.630	779.53	4.98	66.70	1237.30	6.27	109.36	321.76	3.20	52.76	1365.33	4.31
		12		37.441	29.391	0.630	916.58	4.95	78.98	1455.68	6.24	128.67	377.49	3.18	60.74	1639.57	4.39
		14		43.296	33.987	0.629	1048.36	4.92	90.05	1665.02	6.20	147.17	431.70	3.16	68.24	1914.68	4.47
		16		49.067	38.518	0.629	1175.08	4.89	102.63	1865.57	6.17	164.89	484.59	3.14	75.31	2190.82	4.55
18	180	12	16	42.241	33.159	0.710	1321.35	5.59	100.82	2100.10	7.05	165.00	542.61	3.58	78.41	2332.80	4.89
		14		48.896	38.383	0.709	1514.48	5.56	116.25	2407.42	7.02	189.14	621.53	3.56	88.38	2723.48	4.97
		16		55.467	43.542	0.709	1700.99	5.54	131.13	2703.37	6.98	212.40	698.60	3.55	97.83	3115.29	5.05
		18		61.955	48.634	0.708	1875.12	5.50	145.64	2988.24	6.94	234.78	762.01	3.51	105.14	3502.43	5.13
20	200	14	18	54.642	42.894	0.788	2103.55	6.20	144.70	3343.26	7.82	236.40	863.83	3.98	111.82	3734.10	5.46
		16		62.013	48.680	0.788	2366.15	6.18	163.65	3760.89	7.79	265.93	971.41	3.96	123.96	4270.39	5.54
		18		69.301	54.401	0.787	2620.64	6.15	182.22	4164.54	7.75	294.48	1076.74	3.94	135.52	4808.13	5.62
		20		76.505	60.056	0.787	2867.30	6.12	200.42	4554.55	7.72	322.06	1180.04	3.93	146.55	5347.51	5.69
		24		90.661	71.168	0.787	3338.25	6.07	236.17	5294.97	7.64	374.41	1381.53	3.90	166.65	6457.16	5.87

注：截面图中的 $r_1=1/3d$ 及表中 r 的数据用于孔型设计，不作交货条件。

附表 2 热轧不等边角钢(GB 9788—1988)

符号意义:

B——长边宽度;　　b——短边宽度;
d——边厚度;　　　r₁——内圆弧半径;
r——边端内圆弧半径;　I——惯性矩;
i——惯性半径;　　W——抗弯截面系数;
x₀——形心坐标;　　y₀——形心坐标;

角钢号数	尺寸/mm				截面面积/cm²	理论重量/(kg/m)	外表面积/(m²/m)	参考数值												
								x-x			y-y			x_1-x_1		y_1-y_1		u-u			
	B	b	d	r				I_x/cm⁴	i_x/cm	W_x/cm³	I_{y_0}/cm⁴	i_{y_0}/cm	W_{y_0}/cm³	I_{x_1}/cm⁴	y_0/cm	I_{y_1}/cm⁴	x_0/cm	I_u/cm⁴	i_u/cm	W_u/cm³	$\tan\alpha$
2.5/1.6	25	16	3	3.5	1.162	0.912	0.080	0.70	0.78	0.43	0.22	0.44	0.19	1.56	0.86	0.43	0.42	0.14	0.34	0.16	0.392
			4		1.499	1.176	0.079	0.88	0.77	0.55	0.27	0.43	0.24	2.09	0.90	0.59	0.46	0.17	0.34	0.20	0.381
3.2/2	32	20	3	3.5	1.492	1.171	0.102	1.53	1.01	0.72	0.46	0.55	0.30	3.27	1.08	0.82	0.49	0.28	0.43	0.25	0.382
			4		1.939	1.522	0.101	1.93	1.00	0.93	0.57	0.54	0.39	4.37	1.12	1.12	0.53	0.35	0.42	0.32	0.374
4/2.5	40	25	3	4	1.890	1.484	0.127	3.08	1.28	1.15	0.93	0.70	0.49	5.39	1.32	1.59	0.59	0.56	0.54	0.40	0.385
			4		2.467	1.936	0.127	3.93	1.26	1.49	1.18	0.69	0.63	8.53	1.37	2.14	0.63	0.71	0.54	0.52	0.381
4.5/2.8	45	28	3	5	2.149	1.687	0.143	4.45	1.44	1.47	1.34	0.79	0.62	9.10	1.47	2.23	0.64	0.80	0.61	0.51	0.383
			4		2.806	2.203	0.143	5.69	1.42	1.91	1.70	0.78	0.80	12.13	1.51	3.00	0.68	1.02	0.60	0.66	0.380
5/3.2	50	32	3	5.5	2.431	1.908	0.161	6.24	1.60	1.84	2.02	0.91	0.82	12.49	1.60	3.31	0.73	1.20	0.70	0.68	0.404
			4		3.177	2.494	0.160	8.02	1.59	2.39	2.58	0.90	1.06	16.65	1.65	4.45	0.77	1.53	0.69	0.87	0.402
5.6/3.6	56	36	3	6	2.743	2.153	0.181	8.88	1.80	2.32	2.92	1.03	1.05	17.54	1.78	4.70	0.80	1.73	0.79	0.87	0.408
			4		3.590	2.818	0.180	11.45	1.79	3.03	3.76	1.02	1.37	23.39	1.82	6.33	0.85	2.23	0.79	1.13	0.408
			5		4.415	3.466	0.180	13.86	1.77	3.71	4.49	1.01	1.65	29.25	1.87	7.94	0.88	2.67	0.78	1.36	0.404

续表

角钢号数	B	b	d	r	截面面积/cm²	理论重量/(kg/m)	外表面积/(m²/m)	I_z/cm⁴	i_z/cm	W_x/cm³	I_{y_0}/cm⁴	i_{y_0}/cm	W_{y_0}/cm³	I_{x_1}/cm⁴	y_0/cm	I_{y_1}/cm⁴	x_0/cm	I_u/cm⁴	i_u/cm	W_u/cm³	$\tan\alpha$
								尺寸/mm ⟶			x—x			y—y			x₁—x₁	y₁—y₁		u—u	
6.3/4	63	40	4	7	4.058	3.185	0.202	16.49	2.02	3.87	5.23	1.14	1.70	33.20	2.04	8.63	0.92	3.12	0.88	1.40	0.398
			5		4.993	3.920	0.202	20.02	2.00	4.74	6.31	1.12	2.07	41.63	2.08	10.86	0.95	3.76	0.87	1.71	0.396
			6		5.908	4.638	0.201	23.36	1.99	5.59	7.29	1.11	2.43	49.98	2.12	13.12	0.99	4.34	0.86	1.99	0.393
			7		6.802	5.339	0.201	26.53	1.98	6.40	8.24	1.10	2.78	58.07	2.15	15.47	1.03	4.97	0.86	2.29	0.389
7/4.5	70	45	4	7.5	4.547	3.570	0.226	23.17	2.26	4.86	7.55	1.28	2.17	45.92	2.24	12.26	1.02	4.40	0.98	1.77	0.410
			5		5.609	4.403	0.225	27.95	2.23	5.92	9.13	1.26	2.65	57.10	2.28	15.39	1.06	5.40	0.98	2.19	0.407
			6		6.647	5.218	0.225	32.54	2.21	6.95	10.62	1.25	3.12	68.35	2.32	18.58	1.09	6.35	0.97	2.59	0.404
			7		7.657	6.011	0.225	37.22	2.20	8.03	12.01	1.24	3.57	79.99	2.36	21.84	1.13	7.16	0.97	2.94	0.402
(7.5/5)	75	50	5	8	6.125	4.808	0.245	34.86	2.39	6.83	12.61	1.43	3.30	70.00	2.40	21.04	1.17	7.41	1.10	2.74	0.435
			6		7.260	5.699	0.245	41.12	2.38	8.12	14.70	1.42	3.88	84.30	2.44	25.37	1.21	8.54	1.08	3.19	0.435
			8		9.467	7.431	0.244	52.39	2.35	10.52	18.53	1.40	4.99	112.50	2.52	34.23	1.29	10.87	1.07	4.10	0.429
			10		11.590	9.098	0.244	62.71	2.33	12.79	21.96	1.38	6.04	140.80	2.60	43.43	1.36	13.10	1.06	4.99	0.423
8/5	80	50	5	8	6.375	5.005	0.255	41.96	2.56	7.78	12.82	1.42	3.32	85.21	2.60	21.06	1.14	7.66	1.10	2.74	0.388
			6		7.560	5.935	0.255	49.49	2.56	9.25	14.95	1.41	3.91	102.53	2.65	25.41	1.18	8.85	1.08	3.20	0.387
			7		8.724	6.848	0.255	56.16	2.54	10.58	16.96	1.39	4.48	119.33	2.69	29.82	1.21	10.18	1.08	3.70	0.384
			8		9.867	7.745	0.254	62.83	2.52	11.92	18.85	1.38	5.03	136.41	2.73	34.32	1.25	11.38	1.07	4.16	0.381
9/5.6	90	56	5	9	7.212	5.661	0.287	60.45	2.90	9.92	18.32	1.59	4.21	121.32	2.91	29.53	1.25	10.98	1.23	3.49	0.385
			6		8.557	6.717	0.286	71.03	2.88	11.74	21.42	1.58	4.96	145.59	2.95	35.58	1.29	12.90	1.23	4.13	0.384
			7		9.880	7.756	0.286	81.08	2.86	13.49	24.36	1.57	5.70	169.60	3.00	41.71	1.33	14.67	1.22	4.72	0.382
			8		11.183	8.799	0.286	91.03	2.85	15.27	27.15	1.56	6.41	194.17	3.04	47.93	1.36	16.34	1.21	5.29	0.380
10/6.3	100	63	6	10	9.617	7.550	0.320	99.06	3.21	14.64	30.94	1.79	6.35	199.71	3.24	50.50	1.43	18.42	1.38	5.25	0.394
			7		11.111	8.722	0.320	113.45	3.20	16.88	35.26	1.78	7.29	233.00	3.28	59.14	1.47	21.00	1.38	6.02	0.394
			8		12.584	9.878	0.319	127.37	3.18	19.08	39.39	1.77	8.21	266.32	3.32	67.88	1.50	23.50	1.37	6.78	0.391
			10		15.467	12.142	0.319	153.81	3.15	23.32	47.12	1.74	9.98	333.06	3.40	85.73	1.58	28.33	1.35	8.24	0.387
10/8	100	80	6	10	10.637	8.350	0.354	107.04	3.17	15.19	61.24	2.40	10.16	199.83	2.95	102.68	1.97	31.65	1.72	8.37	0.627
			7		12.301	9.656	0.354	122.73	3.16	17.52	70.08	2.39	11.71	233.20	3.00	119.98	2.01	36.17	1.72	9.60	0.626
			8		13.944	10.946	0.353	137.92	3.14	19.81	78.58	2.37	13.21	266.61	3.04	137.37	2.05	40.58	1.71	10.80	0.625
			10		17.167	13.476	0.353	166.87	3.12	24.24	94.65	2.35	16.12	333.63	3.12	172.48	2.13	49.10	1.69	13.12	0.622
11/7	110	70	6	10	10.637	8.350	0.354	133.37	3.54	17.83	42.92	2.01	7.90	265.78	3.53	69.08	1.57	25.36	1.54	6.53	0.403
			7		12.301	9.656	0.354	153.00	3.53	20.60	49.01	2.00	9.09	310.07	3.57	80.82	1.61	28.95	1.53	7.50	0.402
			8		13.944	10.946	0.353	172.04	3.51	23.30	54.87	1.98	10.25	354.39	3.62	92.70	1.65	32.45	1.53	8.45	0.401
			10		17.167	13.467	0.353	208.39	3.48	28.54	65.88	1.96	12.48	443.13	3.70	116.83	1.72	39.20	1.51	10.29	0.397

注：参考数值一栏中 x—x、y—y、x₁—x₁、y₁—y₁、u—u 为各轴参数。

续表

角钢号数	尺寸/mm B	尺寸/mm b	尺寸/mm d	尺寸/mm r	截面面积/cm²	理论重量/(kg/m)	外表面积/(m²/m)	x-x I_z/cm⁴	x-x i_z/cm	x-x W_x/cm³	y-y I_{y_0}/cm⁴	y-y i_{y_0}/cm	y-y W_{y_0}/cm³	x₁-x₁ I_{x_1}/cm⁴	x₁-x₁ y_0/cm	y₁-y₁ I_{y_1}/cm⁴	y₁-y₁ x_0/cm	u-u I_u/cm⁴	u-u i_u/cm	u-u W_u/cm³	tanα
12.5/8	125	80	7	11	14.096	11.066	0.403	227.98	4.02	26.86	74.42	2.30	12.01	454.99	4.01	120.32	1.80	43.81	1.76	9.92	0.408
			8		15.989	12.551	0.403	256.77	4.01	30.41	83.49	2.28	13.56	519.99	4.06	137.85	1.84	49.15	1.75	11.18	0.407
			10		19.712	15.474	0.402	312.04	3.98	37.33	100.67	2.26	16.56	650.09	4.14	173.40	1.92	59.45	1.74	13.64	0.404
			12		23.351	18.330	0.402	364.41	3.95	44.01	116.67	2.24	19.43	780.39	4.22	209.67	2.00	69.35	1.72	16.01	0.400
14/9	140	90	8	12	18.038	14.160	0.453	365.64	4.50	38.48	120.69	2.59	17.34	730.53	4.50	195.79	2.04	70.83	1.98	14.31	0.411
			10		22.261	17.475	0.452	445.50	4.47	47.31	146.03	2.56	21.22	913.20	4.58	245.92	2.12	85.82	1.96	17.48	0.409
			12		26.400	20.724	0.451	521.59	4.44	55.87	169.79	2.54	24.95	1096.09	4.66	296.89	2.19	100.21	1.95	20.54	0.406
			14		30.456	23.908	0.451	594.10	4.42	64.18	192.10	2.51	28.54	1279.26	4.74	348.82	2.27	114.13	1.94	23.52	0.403
16/10	160	100	10	13	25.315	19.872	0.512	668.69	5.14	62.13	205.03	2.85	26.56	1362.89	5.24	336.59	2.28	121.74	2.19	21.92	0.390
			12		30.054	23.592	0.511	784.91	5.11	73.49	239.06	2.82	31.28	1635.56	5.32	405.94	2.36	142.33	2.17	25.79	0.388
			14		34.709	27.247	0.510	896.30	5.08	84.56	271.20	2.80	35.83	1908.50	5.40	476.42	2.43	162.23	2.16	29.56	0.385
			16		39.281	30.835	0.510	1003.04	5.05	95.33	301.60	2.77	40.24	2181.79	5.48	548.22	2.51	182.57	2.16	33.44	0.382
18/11	180	110	10	14	28.373	22.273	0.571	956.25	5.80	78.96	278.11	3.13	32.49	1940.40	5.89	447.22	2.44	166.50	2.42	26.88	0.376
			12		33.712	26.464	0.571	1124.72	5.78	93.53	325.03	3.10	38.32	2328.38	5.98	538.94	2.52	194.87	2.40	31.66	0.374
			14		38.967	30.589	0.570	1286.91	5.75	107.76	369.55	3.08	43.97	2716.60	6.06	631.95	2.59	222.30	2.39	36.32	0.372
			16		44.139	34.649	0.569	1443.06	5.72	121.64	411.85	3.06	49.44	3105.15	6.14	726.46	2.67	248.94	2.38	40.87	0.369
20/12.5	200	125	12	14	37.912	29.761	0.641	1570.90	6.44	116.73	483.16	3.57	49.99	3193.85	6.54	787.74	2.83	285.79	2.74	41.23	0.392
			14		43.867	34.436	0.640	1800.97	6.41	134.65	550.83	3.54	57.44	3726.17	6.62	922.47	2.91	326.58	2.73	47.34	0.390
			16		49.739	39.045	0.639	2023.35	6.38	152.18	615.44	3.52	64.69	4258.86	6.70	1058.86	2.99	366.21	2.71	53.32	0.388
			18		55.526	43.588	0.639	2238.30	6.35	169.33	677.19	3.49	71.74	4792.00	6.78	1197.13	3.06	404.83	2.70	59.18	0.385

注:(1) 括号内型号不准推荐使用。
(2) 截面图中的 $r_1 = 1/3d$ 及表中 r 的数据用于孔型设计,不作交货条件。

附表 3 热轧槽钢（GB 707—1988）

符号意义：

h——高度；
b——腿宽度；
d——腰厚度；
t——平均腿厚度；
r——内圆弧半径；
r1——腿端圆弧半径；
I——惯性矩；
W——截面系数；
i——惯性半径；
z_0——y-y 与 y_1-y_1 轴间距

型号	尺寸/mm						截面面积 /cm²	理论重量 /(kg/m)	参考数值							
									x-x			y-y			y_1-y_1	z_0/cm
	h	b	d	t	r	r_1			W_x/cm³	I_x/cm⁴	i_x/cm	W_y/cm³	I_y/cm⁴	i_y/cm	I_{y_1}/cm⁴	
5	50	37	4.5	7	7.0	3.5	6.928	5.438	10.4	26.0	1.94	3.55	8.30	1.10	20.9	1.35
6.3	63	40	4.8	7.5	7.5	3.8	8.451	6.634	16.1	50.8	2.45	4.50	11.9	1.19	28.4	1.36
8	80	43	5.0	8	8.0	4.0	10.248	8.045	25.3	101	3.15	5.79	16.6	1.27	37.4	1.43
10	100	48	5.3	8.5	8.5	4.2	12.748	10.007	39.7	198	3.95	7.8	25.6	1.41	54.9	1.52
12.6	126	53	5.5	9	9.0	4.5	15.692	12.318	62.1	391	4.95	10.2	38.0	1.57	77.1	1.59
14a	140	58	6.0	9.5	9.5	4.8	18.516	14.535	80.5	564	5.52	13.0	53.2	1.70	107	1.71
14b	140	60	8.0	9.5	9.5	4.8	21.316	16.733	87.1	609	5.35	14.1	61.1	1.69	121	1.67
16a	160	63	6.5	10	10.0	5.0	21.962	17.240	108	866	6.28	16.3	73.3	1.83	144	1.80
16	160	65	8.5	10	10.0	5.0	25.162	19.752	117	935	6.10	17.6	83.4	1.82	161	1.75
18a	180	68	7.0	10.5	10.5	5.2	25.699	20.174	141	1270	7.04	20.0	98.6	1.96	190	1.88
18	180	70	9.0	10.5	10.5	5.2	29.299	23.000	152	1370	6.84	21.5	111	1.95	210	1.84

续表

型号	尺寸/mm						截面面积/cm²	理论重量/(kg/m)	参考数值							
									x-x			y-y			y₁-y₁	
	h	b	d	t	r	r₁			W_x/cm³	I_x/cm⁴	i_x/cm	W_y/cm³	I_y/cm⁴	i_y/cm	I_{y_1}/cm⁴	z_0/cm
20a	200	73	7.0	11	11.0	5.5	28.837	22.637	178	1780	7.86	24.2	128	2.11	244	2.01
20	200	75	9.0	11	11.0	5.5	32.837	25.777	191	1910	7.64	25.9	144	2.09	268	1.95
22a	220	77	7.0	11.5	11.5	5.8	31.864	24.999	218	2390	8.67	28.2	158	2.23	298	2.10
22	220	79	9.0	11.5	11.5	5.8	36.246	28.453	234	2570	8.42	30.1	176	2.21	326	2.03
25a	250	78	7.0	12	12.0	6.0	34.917	27.410	270	3370	9.82	30.6	176	2.24	322	2.07
25b	250	80	9.0	12	12.0	6.0	39.917	31.335	282	3530	9.41	32.7	196	2.22	353	1.98
25c	250	82	11.0	12	12.0	6.0	44.917	35.260	295	3690	9.07	35.9	218	2.21	384	1.92
28a	280	82	7.5	12.5	12.5	6.2	40.034	31.427	340	4760	10.9	35.7	218	2.33	388	2.10
28b	280	84	9.5	12.5	12.5	6.2	45.634	35.823	366	5130	10.6	37.9	242	2.30	428	2.02
28c	280	86	11.5	12.5	12.5	6.2	51.234	40.219	393	5500	10.4	40.3	268	2.29	463	1.95
32a	320	88	8.0	14	14.0	7.0	48.513	38.083	475	7600	12.5	46.5	305	2.50	552	2.24
32b	320	90	10.0	14	14.0	7.0	54.913	43.107	509	8140	12.2	49.2	336	2.47	593	2.16
32c	320	92	12.0	14	14.0	7.0	61.313	48.131	543	8690	11.9	52.6	374	2.47	643	2.09
36a	360	96	9.0	16	16.0	8.0	60.910	47.814	660	11900	14.0	63.5	455	2.73	818	2.44
36b	360	98	11.0	16	16.0	8.0	68.110	53.466	703	12700	13.6	66.9	497	2.70	880	2.37
36c	360	100	13.0	16	16.0	8.0	75.310	59.118	746	13400	13.4	70.0	536	2.67	948	2.34
40a	400	100	10.5	18	18.0	9.0	75.068	58.928	879	17600	15.3	78.8	592	2.81	1070	2.49
40b	400	102	12.5	18	18.0	9.0	83.068	65.208	932	18600	15.0	82.5	640	2.78	1140	2.44
40c	400	104	14.5	18	18.0	9.0	91.068	71.488	986	19700	14.7	86.2	688	2.75	1220	2.42

注：截面图和表中标注的圆弧半径 r、r_1 的数据用于孔型设计，不作交货条件。

附表 4　热轨工字钢 (GB 706—1988)

符号意义:

h——高度;
b——腿宽度;
d——腰厚度;
t——平均腿厚度;
r——内圆弧半径;
r_1——腿端圆弧半径;
I——惯性矩;
W——截面系数;
i——惯性半径;
S——半截面的静力矩;

型号	尺寸/mm						截面面积 /cm²	理论重量 /(kg/m)	参考数值						
									x-x				y-y		
	h	b	d	t	r	r_1			I_x/cm⁴	W_x/cm³	i_x/cm	$I_x:S_x$	I_y/cm⁴	W_y/cm³	i_y/cm
10	100	68	4.5	7.6	6.5	3.3	14.345	11.261	245	49.0	4.14	8.59	33.0	9.72	1.52
12.6	126	74	5.0	8.4	7.0	3.5	18.118	14.223	488	77.5	5.20	10.8	46.9	12.7	1.61
14	140	80	5.5	9.1	7.5	3.8	21.516	16.890	712	102	5.76	12.0	64.4	16.1	1.73
16	160	88	6.0	9.9	8.0	4.0	26.131	20.513	1130	141	6.58	13.8	93.1	21.2	1.89
18	180	94	6.5	10.7	8.5	4.3	30.756	24.143	1660	185	7.36	15.4	122	26.0	2.00
20a	200	100	7.0	11.4	9.0	4.5	35.578	27.929	2370	237	8.15	17.2	158	31.5	2.12
20b	200	102	9.0	11.4	9.0	4.5	39.578	31.069	2500	250	7.96	16.9	169	33.1	2.06
22a	220	110	7.5	12.3	9.5	4.8	42.128	33.070	3400	309	8.99	18.9	225	40.9	2.31
22b	220	112	9.5	12.3	9.5	4.8	46.528	36.524	3570	325	8.78	18.7	239	42.7	2.27
25a	250	116	8.0	13.0	10.0	5.0	48.541	38.105	5020	402	10.2	21.6	280	48.3	2.40
25b	250	118	10.0	13.0	10.0	5.0	53.541	42.030	5280	423	9.94	21.3	309	52.4	2.40

续表

| 型号 | 尺寸/mm | | | | | | 截面面积 /cm² | 理论重量 /(kg/m) | 参考数值 | | | | | | |
| | h | b | d | t | r | r₁ | | | x-x | | | | y-y | | |
									I_x/cm⁴	W_x/cm³	i_x/cm	I_x : S_x	I_y/cm⁴	W_y/cm³	i_y/cm
28a	280	122	8.5	13.7	10.5	5.3	55.404	43.492	7110	508	11.3	24.6	345	56.6	2.50
28b	280	124	10.5	13.7	10.5	5.3	61.004	47.888	7480	534	11.1	24.2	379	61.2	2.49
32a	320	130	9.5	15.0	11.5	5.8	67.156	52.717	11100	692	12.8	27.5	460	70.8	2.62
32b	320	132	11.5	15.0	11.5	5.8	73.556	57.741	11600	726	12.6	27.1	502	76.0	2.61
32c	320	134	13.5	15.0	11.5	5.8	79.956	62.765	12200	760	12.3	26.8	544	81.2	2.61
36a	360	136	10.0	15.8	12.0	6.0	76.480	60.037	15800	875	14.4	30.7	552	81.2	2.69
36b	360	138	12.0	15.8	12.0	6.0	83.680	65.689	16500	919	14.1	30.3	582	84.3	2.64
36c	360	140	14.0	15.8	12.0	6.0	90.880	71.341	17300	962	13.8	29.9	612	87.4	2.60
40a	400	142	10.5	16.5	12.5	6.3	86.112	67.598	21700	1090	15.9	34.1	660	93.2	2.77
40b	400	144	12.5	16.5	12.5	6.3	94.112	73.878	22800	1140	15.6	33.6	692	96.2	2.71
40c	400	146	14.5	16.5	12.5	6.3	102.112	80.158	23900	1190	15.2	33.2	727	99.6	2.65
45a	450	150	11.5	18.0	13.5	6.8	102.446	80.420	32200	1430	17.7	38.6	855	114	2.89
45b	450	152	13.5	18.0	13.5	6.8	111.446	87.485	33800	1500	17.4	38.0	894	118	2.84
45c	450	154	15.5	18.0	13.5	6.8	120.446	94.550	35300	1570	17.1	37.6	938	122	2.79
50a	500	158	12.0	20.0	14.0	7.0	119.304	93.654	46500	1860	19.7	42.8	1120	142	3.07
50b	500	160	14.0	20.0	14.0	7.0	129.304	101.504	48600	1940	19.4	42.4	1170	146	3.01
50c	500	162	16.0	20.0	14.0	7.0	139.304	109.354	50600	2080	19.0	41.8	1220	151	2.96
56a	560	166	12.5	21.0	14.5	7.3	135.435	106.316	65600	2340	22.0	47.7	1370	165	3.18
56b	560	168	14.5	21.0	14.5	7.3	146.635	115.108	68500	2450	21.6	47.2	1490	174	3.16
56c	560	170	16.5	21.0	14.5	7.3	157.835	123.900	71400	2550	21.3	46.7	1560	183	3.16
63a	630	176	13.0	22.0	15.0	7.5	154.658	121.407	93900	2980	24.5	54.2	1700	193	3.31
63b	630	178	15.0	22.0	15.0	7.5	167.258	131.298	98100	3160	24.2	53.5	1810	204	3.29
63c	630	180	17.0	22.0	15.0	7.5	179.858	141.189	102000	3300	23.8	52.9	1920	214	3.27

注：截面图和表中标注的圆弧半径 r, r_1 的数据用于孔型设计，不作交货条件。

习题参考答案

第1章

1.1　$F_{Nc}=-2\mathrm{kN},F_{sc}=1.73\mathrm{kN},M_c=6.06\mathrm{kN\cdot m}$。

1.2　$F_{sc}=-2\mathrm{kN},M_c=5.33\mathrm{kN\cdot m}$。

1.3　$F_N(\theta)=-F\sin\theta,F_s(\theta)=F\cos\theta,M(\theta)=-FR\cos\theta$。

1.4　$F_{Nc}=12\mathrm{kN},F_{szc}=4\mathrm{kN},F_{syc}=-8\mathrm{kN},T_c=-36\mathrm{kN\cdot m},M_{zc}=4\mathrm{kN\cdot m},M_{yc}=20\mathrm{kN\cdot m}$。

第2章

2.1　(1) $F_{N1}=-40\mathrm{kN},F_{N2}=-10\mathrm{kN},F_{N3}=-40\mathrm{kN}$；

　　(2) $F_{N1}=-30\mathrm{kN},F_{N2}=10\mathrm{kN},F_{N3}=20\mathrm{kN}$；

　　(3) $F_{N1}=50\mathrm{kN},F_{N2}=10\mathrm{kN},F_{N3}=-20\mathrm{kN}$；

　　(4) $F_{N1}=0,F_{N2}=4F,F_{N3}=3F$。

2.2　$F_{N1}=-\dfrac{\gamma a^2 l}{4},F_{N2}=-\dfrac{3\gamma a^2 l}{4}-F$。

2.3　$\Delta L=-0.91\mathrm{mm},\dfrac{\sigma_{上}}{\sigma_{下}}=1.1$。

2.4　$\sigma_1=175\mathrm{MPa},\sigma_2=350\mathrm{MPa}$。

2.5　$\sigma_1=\sigma_2=\sigma_3=\sigma_4=-17.7\mathrm{MPa},\sigma_5=25\mathrm{MPa}$。

2.6　$\alpha=18.43°,F=66.7\mathrm{kN}$。

2.7　$\sigma=87.5\mathrm{MPa}$。

2.8　$\Delta l=0.92\mathrm{mm}$。

2.9　$\Delta_D=\dfrac{Fl}{3EA}$。

2.10　$\Delta_A=1.37\mathrm{mm}$。

2.11　$\Delta_A=0.25\mathrm{mm}$。

2.12　$E=73.4\mathrm{GPa},\mu=0.33$。

2.13　(1) $17.84\mathrm{mm}$；　(2) $833.33\mathrm{mm}^2$；　(3) $15.7\mathrm{kN}$。

2.14　$\alpha=54.74°$。

2.15　$\sigma_{AC}=135.8\mathrm{MPa}\leqslant[\sigma],\sigma_{BD}=131.0\mathrm{MPa}\leqslant[\sigma]$；$\Delta l_{AC}=\Delta l_A=1.62\mathrm{mm},\Delta l_{BD}=\Delta l_B=1.56\mathrm{mm}$。

2.16　$d\geqslant67.7\mathrm{mm}$,取 $d=68\mathrm{mm}$。

2.17　$n\geqslant38.14$,取 $n=39$。

2.18　$l=9.6\mathrm{m}$。

2.19　$\tau_s=318.3\mathrm{MPa},\sigma_{bs}=382.0\mathrm{MPa}$。

2.20　$[F]=94.3\mathrm{kN}$。

2.21　$d_1\geqslant21.9\mathrm{mm},d_2\geqslant13.4\mathrm{mm}$,取 $d=22\mathrm{mm}$。

2.22　$\delta=9\text{mm},l=90\text{m},h=48\text{m}$。

2.23　$\tau_s=34.0\text{MPa}\leqslant[\tau]$。

2.24　$\tau_s=99.5\text{MPa}\leqslant[\tau],\sigma_{bs}=125\text{MPa}\leqslant[\sigma_{bs}],\sigma_{max}=125\text{MPa}\leqslant[\sigma]$。

第 3 章

3.1

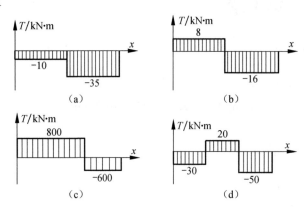

3.2　$t\geqslant3.9\text{mm}$,取 $t=4\text{mm}$。

3.4　$\tau_A=20.4\text{MPa},\tau_{max}=40.74\text{MPa}$。

3.5　$\tau=25.5\text{MPa},\Delta\varphi_{AC}=0.107°$。

3.6　$d_2=0.916D_2$。

3.7　$M_{eB}=3511.6\text{N}\cdot\text{m},\tau_B=17.9\text{MPa},M_{e\text{I}}=1755.8\text{N}\cdot\text{m},\tau_\text{I}=17.5\text{MPa},$
　　　$M_{e\text{II}}=702.3\text{N}\cdot\text{m},\tau_\text{II}=16.6\text{MPa}$。

3.8　$T_1=795.8\text{N}\cdot\text{m},\tau_1=63.3\text{MPa}\leqslant[\tau];T_2=1326.3\text{N}\cdot\text{m},\tau_2=31.3\text{MPa}\leqslant[\tau]$。

3.9　$s=39.5\text{mm}$。

3.10　$\varphi=\dfrac{mL^2}{2GI_p}$。

3.11　$17.4°$。

3.12　$d=72\text{mm},D=93\text{mm}$。

第 4 章

4.1　(a) $F_{S1}=F,F_{S2}=0,F_{S3}=0,M_1=-Fa,M_2=-Fa,M_3=-Fa;$

　　　(b) $F_{S1}=qa,F_{S2}=qa,F_{S3}=0,M_1=\dfrac{1}{2}qa^2,M_2=-\dfrac{1}{2}qa^2,M_3=0;$

　　　(c) $F_{S1}=\dfrac{1}{2}qa,F_{S2}=\dfrac{1}{2}qa,F_{S3}=-\dfrac{1}{2}qa,M_1=qa^2,M_2=0,M_3=0;$

　　　(d) $F_{S1}=F,F_{S2}=0,F_{S3}=0,M_1=Fa,M_2=Fa,M_3=0$。

4.2　(a) $|F_{Smax}|=2F,|M_{max}|=Fa;$　(b) $|F_{Smax}|=2qa,|M_{max}|=qa^2;$

　　　(c) $|F_{Smax}|=4F/3,|M_{max}|=\dfrac{5}{3}Fa;$　(d) $|F_{Smax}|=\dfrac{7}{6}qa,|M_{max}|=\dfrac{5}{6}qa^2;$

　　　(e) $|F_{Smax}|=\dfrac{3}{2}qa,|M_{max}|=qa^2;$　(f) $|F_{Smax}|=\dfrac{7}{3}qa,|M_{max}|=\dfrac{17}{9}qa^2;$

(g) $|F_{Smax}|=\dfrac{5}{4}qa$, $|M_{max}|=\dfrac{1}{2}qa^2$;   (h) $|F_{Smax}|=\dfrac{1}{2}qa$, $|M_{max}|=\dfrac{1}{8}qa^2$;

(i) $|F_{Smax}|=\dfrac{3}{2}qa$, $|M_{max}|=qa^2$;   (j) $|F_{Smax}|=qa$, $|M_{max}|=qa^2$;

(k) $|F_{Smax}|=\dfrac{3}{2}qa$, $|M_{max}|=qa^2$;   (l) $|F_{Smax}|=F$, $|M_{max}|=Fa$;

(m) $|F_{Smax}|=2qa$, $|M_{max}|=3qa^2$;   (n) $|F_{Smax}|=2qa$, $|M_{max}|=3qa^2$;

(o) $|F_{Smax}|=\dfrac{3}{2}qa$, $|M_{max}|=qa^2$;   (p) $|F_{Smax}|=\dfrac{7}{6}qa$, $|M_{max}|=qa^2$。

4.3 (a) $|F_{Smax}|=2kN$, $|M_{max}|=1kN \cdot m$;   (b) $|F_{Smax}|=2qa$, $|M_{max}|=2qa^2$。

4.4 当小车位于端点时,即 $x=0$ 或 $x=l-d$ 时,剪力最大,$|F_{Smax}|=F\dfrac{2l-d}{2l}=95kN$;

当小车位于正中间时,即 $x=\dfrac{l-d}{2}$ 时,$|M_{max}|=\dfrac{F(l-d)}{4}=225kN \cdot m$。

第 5 章

5.1 (a) $\sigma_1=15.4MPa$, $\sigma_2=10.3MPa$, $\sigma_3=-15.4MPa$;

(b) $\sigma_1=19.8MPa$, $\sigma_2=13.2MPa$, $\sigma_3=-19.8MPa$;

(c) $\sigma_1=26.1MPa$, $\sigma_2=14.1MPa$, $\sigma_3=-46.2MPa$。

5.2 $\sigma_{Bmax}=63.4MPa$, $\sigma_{Dmax}=62.1MPa$。

5.3 (1) $[d]=109mm$;   (2) $b=69.4mm$, $h=104mm$;   (3) $[D]=124mm$;   (4) 16 号工字钢。

5.4 $F \leqslant 56.9kN$。

5.5 $F \leqslant 13.3kN$。

5.6 当 $x=3.17m$ 时,$M_{max}=140.2kN \cdot m$, $W_z \geqslant 437.5cm^3$,选取 28a 号工字钢;

当 $x=8m$ 时,$F_{s,max}=58kN$, $\tau_{max}=13.9MPa<[\tau]$,安全。

5.7 $F=3.75KN$。

5.8 $y_c=153.6mm$, $I_z=1.02\times10^8 \ mm^4$, $S_{z,max}^*=589824.0 \ mm^3$。

D 截面:$M_D=M_{max}^+=10kN \cdot m$, $\sigma_{max}^t=15.1MPa<[\sigma_t]$, $\sigma_{max}^c=9.47MPa<[\sigma_c]$。

B 截面:$M_B=M_{max}^-=20kN \cdot m$, $\sigma_{max}^t=18.9MPa<[\sigma_t]$, $\sigma_{max}^c=30.2MPa<[\sigma_c]$。

$F_{max}=20kN$, $\tau_{max}=2.32MPa<[\tau]$。

5.9 $a=2m$, $F \leqslant 14.8KN$。

5.11 $h \geqslant \dfrac{3ql}{4b[\tau]}$。

第 6 章

6.1 (a) $w_B=\dfrac{Fa^3}{EI}$, $\theta_B=\dfrac{Fa^2}{EI}$;   (b) $w_B=-\dfrac{41qa^4}{24EI}$, $\theta_B=-\dfrac{7qa^3}{6EI}$;

(c) $w_B=-\dfrac{q_0 l^4}{30EI}$, $\theta_B=-\dfrac{q_0 l^3}{24EI}$;   (d) $w_B=-\dfrac{5qa^4}{24EI}$, $\theta_B=\dfrac{qa^3}{6EI}$。

6.2 (a) $\theta_A=-\dfrac{7qa^3}{48EI}$, $\theta_B=\dfrac{3qa^3}{16EI}$, $w_C=-\dfrac{5qa^4}{48EI}$, $\theta_C=-\dfrac{qa^3}{48EI}$;

(b) $\theta_A=-\dfrac{q_0 l^3}{45EI}$, $\theta_B=\dfrac{7q_0 l^3}{360EI}$, $w_C=-\dfrac{5q_0 l^4}{768EI}$, $\theta_C=\dfrac{q_0 l^3}{360EI}$;

(c) $\theta_A = 0, \theta_B = -\dfrac{5qa^3}{6EI}, w_C = \dfrac{qa^4}{24EI}, w_B = -\dfrac{2qa^4}{3EI}$;

(d) $\theta_A = \dfrac{5qa^3}{6EI}, w_C = \dfrac{3qa^4}{8EI}, w_B = -\dfrac{19qa^4}{24EI}, \theta_B = -\dfrac{5qa^3}{6EI}$。

6.3 (a) $w_A = \dfrac{Fa^3}{3EI}, w_B = -\dfrac{Fa^3}{6EI}, \theta_C = \dfrac{Fa^2}{EI}$;

(b) $w_A = 0, w_B = -\dfrac{5qa^4}{24EI}, \theta_C = \dfrac{2qa^3}{3EI}$;

(c) $w_A = -\dfrac{qa^4}{12EI}, w_B = -\dfrac{qa^4}{8EI}, \theta_C = -\dfrac{qa^3}{6EI}$;

(d) $w_A = \dfrac{5qa^4}{24EI}, w_B = -\dfrac{13qa^4}{24EI}, \theta_C = \dfrac{7qa^3}{12EI}$。

6.4 $w_A = -\dfrac{5qa^4}{48EI}$。

6.5 $w_A = -\dfrac{3Fa^2}{2EI}, \theta_A = -\dfrac{5Fa^2}{4EI}$。

6.6 $\Delta_D = -0.4725\text{mm}$。

6.7 $\Delta_{Ax} = -\dfrac{3qa^4}{2EI}, \Delta_{Ay} = -\dfrac{5qa^4}{8EI}$。

6.8 $w(x) = \dfrac{F(l-x)^2 x^2}{3EIl}$。

6.9 $I_z = 1.11\times10^8\,\text{mm}^4, \left|\dfrac{w_{max}}{l}\right| = \dfrac{Fl^2}{48EI} = \dfrac{1}{729} \leqslant \dfrac{[w]}{l}$，满足刚度要求。

6.10 (a) $w_C = -\dfrac{5q_0 l^4}{768EI}$; (b) $w_C = -\dfrac{5(q_1+q_2)l^4}{768EI}$。

第7章

7.1 $\dfrac{Fl}{E_1 A_1 + E_2 A_2 + E_3 A_3}$。

7.2 75.8MPa。

7.3 $F_{N1} = 2F/7(拉), F_{N2} = 3F/7(拉), F_{N3} = 2F/7(拉)$。

7.4 49.8MPa。

7.5 $\sigma_1 = \sigma_3 = 16.7\text{MPa}, \sigma_2 = -33.3\text{MPa}$。

7.6 $F_{N1} = \dfrac{(4\sqrt{3}+9)\cos\theta - 3\sqrt{3}\sin\theta}{2(2\sqrt{3}+6)}F$, $F_{N2} = \dfrac{3\cos\theta + 3\sqrt{3}\sin\theta}{(2\sqrt{3}+6)}F$, $F_{N3} = \dfrac{(4\sqrt{3}+3)\sin\theta - 3\sqrt{3}\cos\theta}{2(2\sqrt{3}+6)}F$。

7.7 163.9N·m。

7.8 $D_2 = 78\text{mm}$。

7.9 (a) $F_{RA} = F_{RC} = \dfrac{3}{8}qa, F_{RB} = \dfrac{5}{4}qa$; (b) $F_{RA} = \dfrac{3}{8}F, F_{RB} = \dfrac{7}{8}F, F_{RC} = -\dfrac{1}{4}F$;

(c) $F_{RA} = \dfrac{3}{4}F, F_{RB} = \dfrac{7}{4}F, M_A = \dfrac{Fl}{4}$; (d) $F_{RA} = -\dfrac{9M_e}{8l}, F_{RB} = \dfrac{9M_e}{8l}, M_A = -\dfrac{M_e}{8}$。

7.10 $F_N = 0.91F, w_D = 5.05\text{mm}$。

7.11 $F_N = \dfrac{11ql^3 A}{48(Al^2+8I)}$。

7.12 $d = 4.34\text{mm}$。

第 8 章

8.2　(a) $\sigma_a=35.0\text{MPa},\tau_a=60.6\text{MPa}$;　(b) $\sigma_a=70.0\text{MPa},\tau_a=0\text{MPa}$;

　　(c) $\sigma_a=62.5\text{MPa},\tau_a=21.7\text{MPa}$;　(d) $\sigma_a=-12.5\text{MPa},\tau_a=65.0\text{MPa}$;

　　(e) $\sigma_a=-27.3\text{MPa},\tau_a=-27.3\text{MPa}$;　(f) $\sigma_a=52.3\text{MPa},\tau_a=-18.7\text{MPa}$;

　　(g) $\sigma_a=-10\text{MPa},\tau_a=-30\text{MPa}$。

8.3　(a) $\sigma_a=35.0\text{MPa},\tau_a=60.6\text{MPa}$;　(b) $\sigma_a=70.0\text{MPa},\tau_a=0\text{MPa}$;

　　(c) $\sigma_a=62.5\text{MPa},\tau_a=21.7\text{MPa}$;　(d) $\sigma_a=-12.5\text{MPa},\tau_a=65.0\text{MPa}$;

　　(e) $\sigma_a=-27.3\text{MPa},\tau_a=-27.3\text{MPa}$;　(f) $\sigma_a=52.3\text{MPa},\tau_a=-18.7\text{MPa}$;

　　(g) $\sigma_a=-10\text{MPa},\tau_a=-30\text{MPa}$。

8.4　(a) $\sigma_1=0\text{MPa},\sigma_2=0\text{MPa},\sigma_3=-50\text{MPa},\alpha_0=26.6°;\tau_{\max}=25\text{MPa},\alpha_1=71.6°$;

　　(b) $\sigma_1=30.0\text{MPa},\sigma_2=0\text{MPa},\sigma_3=-20.0\text{MPa},\alpha_0=-63.4°;\tau_{\max}=25\text{MPa},\alpha_1=-18.4°$;

　　(c) $\sigma_1=37.0\text{MPa},\sigma_2=0\text{MPa},\sigma_3=-27.0\text{MPa},\alpha_0=-70.7°;\tau_{\max}=32.0\text{MPa},\alpha_1=-25.7°$;

　　(d) $\sigma_1=62.4\text{MPa},\sigma_2=17.6\text{MPa},\sigma_3=0\text{MPa},\alpha_0=58.3°;\tau_{\max}=22.4\text{MPa},\alpha_1=103.3°$;

　　(e) $\sigma_1=74.2\text{MPa},\sigma_2=15.8\text{MPa},\sigma_3=0\text{MPa},\alpha_0=29.5°;\tau_{\max}=29.2\text{MPa},\alpha_1=74.5°$;

　　(f) $\sigma_1=0\text{MPa},\sigma_2=-4.6\text{MPa},\sigma_3=-65.4\text{MPa},\alpha_0=40.3°;\tau_{\max}=30.4\text{MPa},\alpha_1=85.3°$;

　　(g) $\sigma_1=8.3\text{MPa},\sigma_2=0\text{MPa},\sigma_3=-48.3\text{MPa},\alpha_0=-67.5°;\tau_{\max}=28.3\text{MPa},\alpha_1=-22.5°$;

　　(h) $\sigma_1=72.4\text{MPa},\sigma_2=0\text{MPa},\sigma_3=-12.4\text{MPa},\alpha_0=-67.5°;\tau_{\max}=42.4\text{MPa},\alpha_1=-22.5°$。

8.6　(a) $\sigma_1=(1+\sqrt3)\sigma,\sigma_2=(1-\sqrt3/3)\sigma,\sigma_3=0,\alpha_0=0°;\tau_{\max}=2\sqrt3/3\sigma$;

　　(b) $\sigma_1=100\text{MPa},\sigma_2=20\text{MPa},\sigma_3=0,\alpha_0=0°;\tau_{\max}=40\text{MPa}$。

8.7　(1) $\sigma_\theta=\sigma_1=146.7\text{MPa},\sigma_a=\sigma_2=73.3\text{MPa},\sigma_3=0$;　(2) $\tau_{\max}=73.3\text{MPa}$;

　　(3) $\sigma_{15°}=141.8\text{MPa},\sigma_{75°}=78.2\text{MPa},\tau_{15°}=18.3$。

8.8　(1) $\sigma_1=65.4\text{MPa},\sigma_2=4.6\text{MPa},\sigma_3=0,\tau_{\max}=32.7\text{MPa}$;

　　(2) $\sigma_1=80.0\text{MPa},\sigma_2=50.0\text{MPa},\sigma_3=-50.0\text{MPa},\tau_{\max}=65.0\text{MPa}$;

　　(3) $\sigma_1=57.7\text{MPa},\sigma_2=50.0\text{MPa},\sigma_3=-27.7\text{MPa},\tau_{\max}=42.7\text{MPa}$。

8.9　1.91MPa。

8.10　$\sigma_1=0\text{MPa},\sigma_2=-18.0\text{MPa},\sigma_3=-60.0\text{MPa}$。

8.11　铜柱：$\sigma_1=-2.47\text{MPa},\sigma_2=-2.47\text{MPa},\sigma_3=-101.9\text{MPa}$;

　　　钢管：$\sigma_1=61.85\text{MPa},\sigma_2=0\text{MPa},\sigma_3=0\text{MPa}$。

8.12　$9.29\times10^{-3}\text{mm}$。

8.13　(a) $\sigma_1=40\text{MPa},\sigma_2=0\text{MPa},\sigma_3=-40\text{MPa},\tau_{\max}=40\text{MPa}$,

　　　　$\theta=0,u=0.0104\text{MPa},u_d=0.0104\text{MPa}$;

　　(b) $\sigma_1=30\text{MPa},\sigma_2=-30\text{MPa},\sigma_3=-30\text{MPa},\tau_{\max}=30\text{MPa}$,

　　　　$\theta=-6\times10^{-5},u=0.0081\text{MPa},u_d=0.0078\text{MPa}$;

　　(c) $\sigma_1=50\text{MPa},\sigma_2=4.7\text{MPa},\sigma_3=-84.7\text{MPa},\tau_{\max}=67.4\text{MPa}$,

　　　　$\theta=-6\times10^{-5},u=0.031\text{MPa},u_d=0.031\text{MPa}$;

　　(d) $\sigma_1=50\text{MPa},\sigma_2=-50\text{MPa},\sigma_3=-50\text{MPa},\tau_{\max}=-50\text{MPa}$,

　　　　$\theta=-10\times10^{-5},u=0.023\text{MPa},u_d=0.022\text{MPa}$。

8.14　(a) $\sigma_1=50\text{MPa},\sigma_2=50\text{MPa},\sigma_3=-50\text{MPa}$,

　　　　$\sigma_{r1}=50\text{MPa},\sigma_{r2}=50\text{MPa},\sigma_{r3}=100\text{MPa},\sigma_{r4}=100\text{MPa}$;

  (b) $\sigma_1=52.2\text{MPa}$, $\sigma_2=50\text{MPa}$, $\sigma_3=-42.2\text{MPa}$,

    $\sigma_{r1}=52.2\text{MPa}$, $\sigma_{r2}=49.8\text{MPa}$, $\sigma_{r3}=94.34\text{MPa}$, $\sigma_{r4}=93.3\text{MPa}$;

  (c) $\sigma_1=130\text{MPa}$, $\sigma_2=30\text{MPa}$, $\sigma_3=-30\text{MPa}$,

    $\sigma_{r1}=130\text{MPa}$, $\sigma_{r2}=130\text{MPa}$, $\sigma_{r3}=160\text{MPa}$, $\sigma_{r4}=140\text{MPa}$。

第 9 章

9.1 16 号工字钢。

9.2 $\sigma_{\max}=54.0\text{MPa}$。

9.3 $\sigma_{t\max}=160\text{MPa}$。

9.4 (1) F 单独作用时 $\sigma_{t\max}=25.0\text{MPa}$ 和 $\sigma_{c\max}=0.0\text{MPa}$,

   q 单独作用时 $\sigma_{t\max}=26.0\text{MPa}$ 和 $\sigma_{c\max}=-26.0\text{MPa}$;

  (2) $\sigma_{t\max}=51.0\text{MPa}$ 和 $\sigma_{c\max}=-26.0\text{MPa}$。

9.5 $q=21.8\text{kN/m}$。

9.6

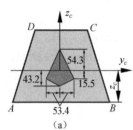
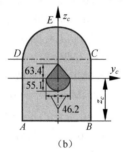

     (a)   (b)

9.7 $[d]=58\text{mm}$。

9.8 $d=90\text{mm}$。

9.9 $d=87\text{mm}$。

9.10 $d=60\text{mm}$。

9.11 $\sigma_{r3}=144.2\text{MPa}$。

9.12 $\sigma_{r3}=134.2\text{MPa}$。

9.13 $[F]=12.9\text{kN}$。

9.14 $\sigma_{r3}=66.0\text{MPa}$。

9.15 a 点: $\sigma_a=13.53\text{MPa}$, $\tau_a=19.1\text{MPa}$; b 点: $\sigma_b=-3.98\text{MPa}$, $\tau_b=19.1\text{MPa}$。

第 10 章

10.1 $F_{cr}=49.1\text{kN}$。

10.2 $[l]=2545\text{mm}$。

10.3 (1) $F_{cr}=116.6\text{kN}$; (2) $b/h=0.5$。

10.4 $F_{cr}=\alpha E\Delta T\pi d^2/4$。

10.5 $l_{\min}=880\text{mm}$。

10.6 $F_{cr}=60.6\text{kN}$。

10.7 $\lambda=92.4>\lambda_p$, $F_{cr}=\dfrac{3\sqrt{3}\,\pi^3 Ed^2}{8\lambda^2}$。

10.8 $F_{cr}=\dfrac{\pi^3 Ed^4}{64l^2}$。

10.9　$\tan\beta=\dfrac{1}{3}$,$\beta=18.4°$。

10.10　$F_{cr}=993.6\text{kN}$,$n=8.28>n_{st}$,满足稳定要求。

10.11　$F_{cr}=279.8\text{kN}$,$F=93.3\text{kN}$。

10.12　$F_{cr}=42.4\text{kN}$,$F=247.6\text{N}$,$K_d=60.6$,$F_d=15.0\text{kN}$,$n=2.83>n_{st}$,故满足稳定性要求。

10.13　$[F]=\dfrac{\sqrt{2}\pi^2EI}{3a^2}$。

10.14　$n=3.32$。

10.15　$F=7.06\text{kN}$,$F_{cr}=39.2\text{kN}$,$n=5.56>n_{st}$,故满足稳定性要求。

第 11 章

11.1　(1) $\dfrac{(2F_1^2-4F_1F_2+3F_2^2)l}{2EA}$;　(2) $F_2=\dfrac{2F_1}{3}$,$V_{ed,\min}=\dfrac{F_1^2l}{3EA}$。

11.2　$F=\dfrac{5}{3}\sqrt{\dfrac{EAV_{ed}}{2l}}$。

11.3　(a) $U=\dfrac{17q^2l^5}{15360EI}$;　(b) $V_\varepsilon=\dfrac{17q_0^2l^5}{10080EI}$。

11.4　$V_\varepsilon=\dfrac{8F^2R^3}{Ed^4}$。

11.5　$\Delta_C^M=\dfrac{M_ela}{6EI}$。

11.6　$w_A=\dfrac{11qa^4}{24EI}\downarrow$;$\theta_A=\dfrac{2qa^3}{3EI}$顺时针。

11.7　$\theta_B=\dfrac{M_el}{6EI}$逆时针。

11.8　$\Delta_{Ex}=\dfrac{38Fa^3}{3EI}+\dfrac{3Fl}{2EA}\rightarrow$;$\Delta_{Ey}=\dfrac{7Fa^3}{2EI}+\dfrac{9Fl}{4EA}\downarrow$。

11.9　$w_C=\dfrac{FR^3}{EI}\left(\dfrac{3\pi}{8}-1\right)\downarrow$,$\theta_B=\dfrac{FR^2}{4EI}(\pi-2)$逆时针。

11.10　$\Delta_{Ax}=\dfrac{Fl^3}{12EI}\rightarrow$,$\Delta_{Ay}=\dfrac{Fl^3}{12EI}\downarrow$。

11.11　$\Delta_{Dx}=\dfrac{38Fl^3}{3EI}\rightarrow$,$\theta_D=\dfrac{7Fl^2}{EI}$逆时针。

11.12　$\Delta_{Bx}=\dfrac{FR^3}{2EI}\leftarrow$,$\Delta_{By}=\dfrac{FR^3(4+3\pi)}{4EI}\downarrow$。

11.13　$F=\dfrac{2EI\Delta}{\pi R^3}$。

11.14　$\Delta_x=\dfrac{Fh^2(h+3a)}{6EI}$,$\Delta_y=0$。

11.15　$\theta_{DB}=\dfrac{(\sqrt{2}-1)F}{2EA}+\dfrac{\Delta}{2a}$,顺时针。

11.16　$R_C=\dfrac{27}{32}F$,$X_A=-F$,$Y_A=\dfrac{5}{32}F$,$M_A=\dfrac{21}{32}Fl$。

11.17　$F_N=\dfrac{qa^3}{4(a^2+2I/A)}$。

11.18　$F=\dfrac{7qa}{72}$,$\Delta_{By}=\dfrac{7qa^2}{72EA}\downarrow$。

11.19　$\beta=\dfrac{6\pi-6\sqrt{3}}{4\pi+3\sqrt{3}}=0.476$。

11.20　$X_1=\dfrac{4\sqrt{2}F}{27}$，$|M_{\max}|=\dfrac{5Fa}{9}$。

11.21　$|M_{\max}|=0.5M_e$（C 两侧截面）。

11.22　(a)$\theta_C=\dfrac{M_e l}{8EI}$，$\omega_C=0$；　　(b)$\theta_C=0$，$\omega_C=\dfrac{ml^2}{6EI}$。

11.23　$|M_{\max}|=0.189FR$（加力点处）。

第 12 章

12.1　$\sigma_d=200\text{MPa}$。

12.2　$[d]=160\text{mm}$。

12.3　$h=733.2\text{mm}$。

12.4　$\Delta_{st}=\Delta_C=0.0136\text{mm}$，$K_d=272.56$，$\Delta_{C,d}=3.71\text{mm}$，$\sigma_d=114.99\text{MPa}$。

12.5　$\Delta_{d,\max}=\left(1+\sqrt{1+\dfrac{24EIH}{7QL^3}}\right)\dfrac{7QL^3}{12EI}$。

12.6　$\Delta_{st}=\dfrac{W}{C}+\dfrac{WL^3}{3EI}$，$K_d=1+\sqrt{1+\dfrac{6HEIC}{W(L^3C+3EI)}}$，$\Delta_{d,\max}=\Delta_{dB}=\left(1+\sqrt{1+\dfrac{6HEIC}{W(L^3C+3EI)}}\right)\dfrac{WL^3}{3EI}$，

$\sigma_{d,\max}=\left(1+\sqrt{1+\dfrac{6HEIC}{W(L^3C+3EI)}}\right)\dfrac{WL}{W_z}$。

12.7　$v_0=2.81\text{m/s}$。

12.8　$\Delta_{d,C}=\left(1+\sqrt{1+\dfrac{96EIAH}{QAl^3+12QI}}\right)\left(\dfrac{Ql^3}{48EI}+\dfrac{Q}{4EA}\right)$。

12.9　$\sigma_{d,\max}=\left(1+\sqrt{\dfrac{EAv^2}{gQa}}\right)\dfrac{Q}{A}$。

第 13 章

13.1　$\sigma_m=-71\text{MPa}$，$\sigma_a=113\text{MPa}$，$r=-4.29$。

13.2　$\sigma_m=524.7\text{MPa}$，$\sigma_a=27.0\text{MPa}$ 和 $r=0.90$。

13.3　$\sigma_{\max}=90.54\text{MPa}$，$\sigma_{\min}=-90.54\text{MPa}$ 和 $r=-1$。

13.4　(a) $\sigma_m=15\text{MPa}$，$\sigma_a=45\text{MPa}$ 和 $\alpha=71.6°$；　　(b)$\sigma_m=-75\text{MPa}$，$\sigma_a=45\text{MPa}$ 和 $\alpha=31.0°$。

13.5　$\sigma_0=400\text{MPa}$；$\sigma_a=\sigma_m=120\text{MPa}$，不会疲劳破坏。

13.6　点 1：$r=-1$，$n_\sigma=2.62$；点 2：$r=0$，$n_\sigma=2.75$；点 3：$r=0.87$，$n_\sigma=8.17$；点 4：$r=0.5$，$n_\sigma=4.03$。

13.7　$3.57\text{kN}\cdot\text{m}$。

13.8　$n_\tau=2.16$。

13.9　$n_\sigma=1.48$。

13.10　$n_\sigma=0.5$，$r=-0.267$。

13.11　$[T_{\min}]=0.42\text{kN}\cdot\text{m}$，$[T_{\max}]=2.08\text{kN}\cdot\text{m}$。

13.12　按疲劳强度计算 $n_\tau=5.19$,按屈服强度计算 $n_\tau=7.37$。

13.13　84.2kN。

13.14　$n_\sigma=1.89$。

附录 A

A.1 (a) $y_c = \dfrac{2b-a}{3}, z_c = \dfrac{h}{3}$; (b) $y_c = 0, z_c = \dfrac{2D}{3\pi}$; (c) $y_c = 0, z_c = 157.68\text{mm}$; (d) $y_c = 0, z_c = 127.683\text{mm}$。

A.2 $A = \displaystyle\int_0^R 2\rho\alpha \mathrm{d}\rho = 2\alpha\dfrac{R^2}{2} = \dfrac{\alpha D^2}{4}, S_z = S_{z1} + S_{z2}$,

$S_{z1} = A_1 y_{c1} = R\cos\alpha R\sin\alpha \dfrac{2}{3}R\cos\alpha = \dfrac{1}{12}D^3 \sin\alpha \cos^2\alpha$,

$S_{z2} = \displaystyle\int_{A_2} y\mathrm{d}A = 2\int_{R\cos\alpha}^{R} yz\mathrm{d}y = -2\int_{\alpha}^{0} R^3 \cos\varphi\sin^2\varphi\mathrm{d}\varphi = \dfrac{1}{12}D^3 \sin^3\alpha$,

$y_c = \dfrac{S_z}{A} = \dfrac{D\sin\alpha}{3\alpha}$。

A.3 $y_c = z_c = \dfrac{b^2\times\dfrac{b}{2} - \dfrac{1}{4}b^2\times\dfrac{3b}{4}}{b^2 - \dfrac{1}{4}b^2} = \dfrac{\dfrac{1}{2}b^3 - \dfrac{3}{16}b^3}{\dfrac{3}{4}b^2} = \dfrac{5}{12}b$。

A.4 $I_x = \dfrac{bh^3}{12} - \dfrac{d^4}{64}, I_y = \dfrac{hb^3}{12} - \dfrac{\pi d^4}{64} - \dfrac{\pi d^2 b^2}{16} + \dfrac{bd^3}{6}$。

A.5 (a) $I_{y_c} = \dfrac{bh^3 - 12b^2 h + 6abh}{36}, i_{y_c} = \sqrt{\dfrac{h^2 - 12b + 6a}{18}}$;

(b) $I_{y_c} = \dfrac{\pi D^4}{128} - \dfrac{D^4}{18\pi}, i_{y_c} = D\sqrt{\dfrac{1}{16} - \dfrac{4}{9\pi^2}}$;

(c) $I_{y_c} = 60442600.34\text{mm}^4, i_{y_c} = 94.78\text{mm}$;

(d) $I_{y_c} = 607055853.7\text{mm}^4, i_{y_c} = 111.1\text{mm}$。

A.6 (a) $I_{y1} = I_{z1} = \dfrac{a^4}{12}$;

(b) $I_{y1} = \dfrac{a^3 b^3}{6(a^2 + b^2)}, I_{z1} = \dfrac{ab(b^4 + a^4)}{12(a^2 + b^2)}$。

A.7 (a) $I_{yz} = \dfrac{(3b-2c)h^2 b}{24}$; (b) $I_{yz} = 122500$; (c) $I_{yz} = \dfrac{R^4}{8}$。

A.8 (a) $I_z = 7637333$; (b) $I_z = 73465487$。

A.9 $I_{y1} = \dfrac{a^3 b^3}{6(a^2 + b^2)}$; $I_{z1} = \dfrac{ab(a^4 + b^4)}{12(a^2 + b^2)}$。

A.10 $I_{y_c} = 12800952.43, I_{z_c} = 2586666.67$。

A.11 $\alpha_0 = 11.47°$或$\alpha_0 = 103.51°, I_2 = 3201222.11, I_1 = 12170167.03$;

$z_c = 23.33, y_c = 43.33, \alpha_0 = -22.49°$或$\alpha_0 = 67.51°, I_2 = 1058454, I_1 = 5583146$。

参 考 文 献

白象忠,2007. 材料力学. 北京:科学出版社

冯维明,2010. 材料力学. 2 版. 北京:国防工业出版社

黄小清,陆丽芳,何庭蕙,2007. 材料力学. 广州:华南理工大学出版社

鞠彦忠,2008. 材料力学. 武汉:华中科技大学出版社

刘鸿文,2011. 材料力学. 5 版. 北京:高等教育出版社

刘庆潭,2007. 材料力学. 北京:机械工业出版社

秦世伦,2008. 材料力学. 成都:四川大学出版社

孙训方,2009. 材料力学. 5 版. 北京:高等教育出版社

田健,2005. 材料力学. 北京:中国石化出版社

王世斌,亢一澜,2008. 材料力学. 北京:高等教育出版社

徐博侯,陶伟明,应祖光,2008. 工程力学基础. 北京:机械工业出版社

张少实,2009. 新编材料力学. 北京:机械工业出版社

Benham P P,Crawford R J, Armstrong C G,1996. Mechanics of Engineering Materials. 2nd ed. 北京:世界图书
出版公司

Budynas R G, 2001. Advanced Strength and Applied Stress Analysis. 2nd ed. 北京:清华大学出版社

蔡增伸,梁利华,冯平,2002. Mechanics of Materials. 2nd ed. 北京:世界图书出版公司

Ferdinand P B,2008. Mechanics of Materials. 4th ed. 北京:清华大学出版社

Hibbeler R C,2004. Mechanics of Materials. 5th ed. 北京:高等教育出版社